本教材承蒙湖北文理学院特色教材项目资助

高等学校电子信息学科"十四五"应用型人才培养实用教材

单片机C语言
应用开发技术

主 编◎李 刚

西南交通大学出版社
·成 都·

图书在版编目（ＣＩＰ）数据

单片机 C 语言应用开发技术 / 李刚主编. 一成都：
西南交通大学出版社，2022.9
高等学校电子信息学科"十四五"应用型人才培养实
用教材
ISBN 978-7-5643-8901-7

Ⅰ. ①单… Ⅱ. ①李… Ⅲ. ①单片微型计算机 – C 语
言 – 程序设计 – 高等学校 – 教材 Ⅳ. ①TP368.1
②TP312.8

中国版本图书馆 CIP 数据核字（2022）第 165235 号

高等学校电子信息学科"十四五"应用型人才培养实用教材
Danpianji C Yuyan Yingyong Kaifa Jishu

单片机 C 语言应用开发技术

主编　李　刚

责任编辑	罗在伟
封面设计	何东琳设计工作室

出版发行	西南交通大学出版社
	（四川省成都市金牛区二环路北一段 111 号
	西南交通大学创新大厦 21 楼）
邮政编码	610031
发行部电话	028-87600564　028-87600533
网址	http://www.xnjdcbs.com
印刷	四川煤田地质制图印刷厂

成品尺寸	185 mm × 260 mm
印张	22
字数	551
版次	2022 年 9 月第 1 版
印次	2022 年 9 月第 1 次
定价	66.00 元
书号	ISBN 978-7-5643-8901-7

Intel 8051 技术诞生于 20 世纪 70 年代，经过各单片机芯片厂家几十年来对其不断改进，现今 8051 单片机仍被广泛应用到各类电子系统之中。深圳市宏晶科技有限公司对 8051 单片机进行了全面的技术升级与创新，发布了 STC89 系列、STC90 系列、STC10 系列、STC11 系列、STC12 系列、STC15 系列、STC8A 系列、STC8G 系列、STC8H 系列等，累计有上百种产品。本书主要介绍的是最新的 STC8H8K64U 系列单片机。

单片机学习最基本的是要搞懂单片机内部外设对应的各个特殊功能寄存器配置原理及方法，并通过编程语言来完成特殊功能寄存器的配置。本书在编程语言上选择的是 C 语言，旨在避免汇编语言给初学者带来额外的学习负担。

本书在内容结构安排上，首先介绍了单片机编程开发的软硬件环境，接着梳理了 C 语言中具有难度且在编程实践中经常用到的重要知识点，如指针、数组、结构体以及循环队列等。这些基础知识是学习单片机技术的基本功，需要下功夫掌握。特别是对不能够进行位寻址的寄存器的特定位进行的清零、置位及取反所对应的位操作技巧，要能够达到熟练应用。

结构体封装技巧可实现对单片机特殊功能寄存器的配置，使得程序具有更好的移植性。学习中不仅要去理解特殊功能寄存器的含义，更重要的是学习结构体封装寄存器的思想，这种思想可以应用到各种型号单片机的开发中。在众多的特殊功能寄存器中，首先选择介绍的是 GPIO 特殊功能寄存器，这个寄存器是操作外设模块的基础。本书把数码管、流水灯、矩阵按键及点阵看成是 GPIO 特殊功能寄存器的应用。针对各个外设模块的特点，又介绍了数码管的动态扫描、矩阵按键的状态机检测法、按键的环形队列等关键的技术点，并用程序实例展示了这些模块编程中的 C 语言应用技巧。

考虑到单片机开发中，经常有周期性的任务执行需求。在介绍完硬件定时器的原理之后，重点介绍了软件定时器的思想及程序实现方法，通过软件定时器，可以非常方便地拓展有限的硬件定时器资源，使得开发者只需关注应用层的周期性任务的编写，简化了单片机编程框架和模式。本书同时介绍了中断系统、串口、PWM、AD 等相关特殊功能寄存器的原理，特别是对 printf 函数进行串口的重定向技巧，可以方便地输出各种格式化信息，方便程序的调试。

协议类和文件系统原理和编程方法虽然学习难度较大，但实际应用非常广泛。协议主要包含 I²C、SPI、单总线、红外线通信等协议，每种协议的介绍都配有具体的外设模块应用实例和详细的代码注释。文件系统采用的是 FatFs 的简化版本 Petit FatFs，掌握了文件系统就可以方便操作 SD 卡、SPI Flash 等大容量的存储设备，可以实现一些复杂功能。本书的最后章节介绍了实际开发工程中的低功耗及可靠性设计策略。

  本书兼顾实用性、应用性与易学性，对传统 8051 单片机的授课内容及顺序进行了适当删减及调整，以达到提高读者的工程设计能力与实践动手能力的目标。

  本书在编写过程中，部分内容参考了网络上分享的资料，由于无法确认其作者及出处，故无法一一在参考文献中列出。在此，向所有在网络上分享资料的开源博主表示感谢，你们对技术的开源分享精神，促进了我国单片机技术更好地发展。

  鉴于编者水平有限，不妥之处在所难免，恳请各位专家、同行和读者批评指正，同时欢迎感兴趣的读者与编者（邮箱：122303240@qq.com）进一步进行沟通与交流。

编　者

2022 年 5 月

目 录
CONTENTS

第 1 章 STC 单片机硬件及软件开发介绍 ·········· 001

1.1 STC 单片机简介 ·········· 002

1.2 STC 单片机软件开发环境 ·········· 011

1.3 单片机开发板 ·········· 017

1.4 仿真软件 Proteus ·········· 020

第 2 章 C 语言编程要点 ·········· 022

2.1 指 针 ·········· 023

2.2 函数指针与指针函数 ·········· 029

2.3 结构体 ·········· 032

2.4 枚举体 ·········· 036

2.5 联合体 ·········· 037

2.6 循环队列 ·········· 040

2.7 位逻辑运算 ·········· 043

第 3 章 GPIO 模块 ·········· 044

3.1 STC8 系列单片机的 I/O 驱动原理 ·········· 046

3.2 STC8 系列单片机 IO 驱动程序 ·········· 048

3.3 74HC595 原理及驱动实现 ·········· 054

3.4 动态扫描驱动原理及编程实现 ·········· 056

3.5 矩阵按键检测原理及编程实现 ·········· 063

第 4 章 时钟和计数器/定时器原理 ·········· 074

4.1 系统时钟控制 ·········· 076

4.2 定时器/计数器模块概述 ·········· 078

4.3 定时器/计数器寄存器组 ·········· 078

4.4 定时器/计数器工作模式原理 ·········· 083

4.5 定时器驱动程序的实现 ·········· 085

4.6 软件定时器驱动实现 ·········· 086

4.7 流水灯范例 ·········· 089

第 5 章 中断系统 ··· 092

5.1 STC8H 系列单片机中断系统简介 ··· 093

5.2 中断使能及优先级设置驱动实现 ··· 099

5.3 外部中断驱动实现 ··· 100

5.4 外部中断范例 ··· 102

第 6 章 串口通信 ··· 103

6.1 串口相关寄存器 ··· 104

6.2 波特率计算公式 ··· 109

6.3 单片机硬件 UART 驱动程序 ··· 114

6.4 printf 重定向与格式化输出 ··· 120

6.5 常用字符串处理函数 ··· 123

第 7 章 存储器结构 ··· 135

7.1 程序存储器 ROM ··· 136

7.2 数据存储器 RAM ··· 139

7.3 EEPROM 原理及驱动 ··· 141

7.4 EEPROM 编程范例 ··· 146

第 8 章 PWM 定时器 ··· 150

8.1 PWM 定时器时基单元 ··· 151

8.2 时钟/触发控制器 ··· 158

8.3 捕获/比较通道 ··· 163

8.4 PWM 相关寄存器描述 ··· 177

8.5 PWM 驱动程序的实现 ··· 193

第 9 章 A/D 转换模块和比较器模块 ··· 202

9.1 A/D 转换模块的结构 ··· 203

9.2 A/D 转换模块相关寄存器 ··· 203

9.3 ADC 驱动实现和范例 ··· 205

9.4 比较器结构及特殊功能寄存器 ··· 211

9.5 比较器驱动实现 ································· 212

9.6 比较器编程范例 ································· 213

第 10 章 I²C 通信 ····································· 215

10.1 I²C 物理层 ····································· 216

10.2 协议层 ··· 216

10.3 STC8 系列单片机的 I²C 总线 ·················· 219

10.4 单片机硬件 I²C 驱动程序 ······················ 223

10.5 单片机 IO 模拟 I²C 驱动程序 ·················· 229

10.6 时钟芯片 PCF8563 编程范例 ··················· 234

10.7 液晶 OLED12832 编程范例 ·················· 240

第 11 章 SPI 通信 ··································· 252

11.1 SPI 物理层 ····································· 253

11.2 协议层 ··· 253

11.3 STC8 系列单片机的 SPI 总线 ················· 256

11.4 SPI 相关的寄存器 ····························· 258

11.5 SPI 驱动实现 ··································· 259

11.6 W25Q32 芯片编程范例 ······················· 262

11.7 TF 卡编程范例 ································· 275

第 12 章 单总线通信 ································· 288

12.1 单总线工作原理 ································· 289

12.2 DS18B20 简介 ································· 290

12.3 命令流程 ······································· 293

12.4 工作时序 ······································· 298

12.5 应用层驱动 ····································· 300

第 13 章 红外通信 ··································· 305

13.1 红外接收解码 ··································· 306

13.2 红外发射编码 ··································· 317

第 14 章　文件系统 ·· 323

14.1 Petit FatFs 文件系统简介 ····························· 324

14.2 Petit FatFs 应用层源码 ······························· 324

14.3 Petit FatFs 的移植过程 ······························· 325

14.4 Petit FatFs 的功能裁剪 ······························· 329

14.5 Petit FatFs 应用范例 ································· 330

第 15 章　低功耗与可靠性设计 ························· 333

15.1 低功耗设计 ··· 334

15.2 可靠性设计 ··· 337

参考文献 ·· 344

第 1 章

STC 单片机硬件及软件开发介绍

单片机是一种集成电路芯片，是采用超大规模集成电路技术把具有数据处理能力的中央处理器 CPU、随机存储器 RAM、只读存储器 ROM、多种 I/O 口和中断系统、定时器/计数器等功能集成到一块硅片上构成的一个小而完善的微型计算机系统。因此，单片机只需要有适当的软件和外部设备，便可组成为一个单片机控制系统。

单片机作为微型计算机的一个分支，它的产生与发展和微处理器的产生与发展大体同步，主要分为以下三个以下阶段：

第一阶段（1974—1978）：初级单片机阶段。以 Intel 公司的 MCS-48 为代表，这个系列的单片机在片内集成了 8 位 CPU、并行 I/O 口、8 位定时器/计数器、RAM 等，无串行 I/O 口，寻址范围不大于 4 kB。

第二阶段（1978—1982）：高性能单片机阶段。以 MCS-51 系列为代表，这个阶段的单片机均带有串行 I/O，具有多级中断处理系统，定时器/计数器为 16 位，片内 RAM 和 ROM 容量相对增大，且寻址范围可达 64k。这类单片机的应用领域极其广泛，由于其优良的性价比，特别适合我国的国情，故在我国得到广泛的应用。

第三阶段（1982—1990）：8 位单片机巩固、完善及 16 位单片机、32 位单片机推出阶段。以 MCS-96 系列为代表，16 位单片机除了 CPU 为 16 位以外，片内 RAM 和 ROM 的容量进一步增大，片内 RAM 增加为 232 字节，ROM 为 8k 字节，且片内带有高速输入/输出部件、多通道 10 位 A/D 转换器，具有 8 级中断等。

第四阶段（1990 至今）单片机全面发展阶段。随着单片机在各个领域的全面发展和应用，出现了高速、大寻址范围、强运算能力的 8 位/16 位/32 位通用型单片机，以及小型廉价的专用型单片机。

1.1　STC 单片机简介

STC micro（宏晶科技公司）于 1999 年成立，经过 20 多年的发展，目前已经成为全球最大的 8051 单片机设计公司。STC 公司具备 0.35 μm、0.18 μm、0.13 μm 和 90 nm 的高阶数模混合集成电路设计技术。目前设计的芯片在台积电上海流片生产，在南通富士通微电子股份有限公司封装。

宏晶科技公司生产的 STC 单片机对原有的 51 内核进行了重大改进并增加了很多片内外设，第一代 STC89 系列单片机的性能就显著超越了 AT89 系列。又经历了几代的发展，现在 STC 已经发展到了 8 系列，具有低功耗、低价格、高性能、使用方便等显著特点。

STC8 系列单片机又分为多个子系列，如 STC8A、STC8F、STC8C、STC8G 和 STC8H。由于每个系列芯片具体型号众多，不可能每一个都去学，所以本书主要讲解功能强劲的 STC8H 系列中的 STC8H8K64U 型号芯片。

STC8H 系列单片机是不需要外部晶振和外部复位的单片机，是以超强抗干扰/超低价/高速/低功耗为目标的 8051 单片机。在相同的工作频率下，STC8H 系列单片机比传统的 8051 约快 12 倍（速度快 11.2 ~ 13.2 倍），依次按顺序执行完全部的 111 条指令，STC8H 系列单片机仅需 147 个时钟，而传统 8051 则需要 1 944 个时钟。STC8H 系列单片机是 STC 生产的单时钟/机器周期（1T）的单片机，是宽电压/高速/高可靠/低功耗/强抗静电/较强抗干扰的新一代 8051 单片机，超级加密，指令代码完全兼容传统 8051。

STC8H 系列单片机内部集成了增强型的双数据指针。通过程序控制，可实现数据指针自动递增或递减功能以及两组数据指针的自动切换功能。

1.1.1　STC8 系列单片机命名规则

STC8A：字母"A"代表 ADC，是 STC 单片机 12 位 ADC 的起航产品

STC8F：无 ADC、PWM 和 PCA 功能，现 STC8F 的改版芯片与原始的 STC8F 管脚完全兼容，但内部设计进行了优化和更新，用户需要修改程序，所以命名为 STC8C。

STC8C：字母"C"代表改版，是 STC8F 的改版芯片。

STC8G：字母"G"最初是芯片生产时打错字了，后来将错就错，定义 G 系列为"GOOD"系列，STC8G 系列简单易学。

STC8H：字母"H"取自"高"的英文单词"High"的首字母，"高"表示"16 位高级 PWM"。

STC8H8K64U 单片机内 SRAM 的容量有 8KB，Flash 的容量为 64k，有 4 个独立串口，12 位 ADC 等资源。

1.1.2　STC 单片机 IAP 和 ISP

当单片机软件开发人员使用 Keil μVision 集成开发环境完成软件代码的编写和调试后，需要使用 STC 公司提供的 STC-ISP 软件工具将最终的程序下载固化到 8051 单片机内部的程序存储器中。

通过单片机专用的异步串行编程接口和 STC 提供的专用串口下载器固化程序软件工具 STC-ISP，将程序下载到单片机内部的 Flash 程序存储器中的方式称为在系统编程（In System Programming，ISP）。另一种程序固化方式称为在应用编程（In Application Programming，IAP）。IAP 技术从结构上将单片机内的 Flash 存储器映射为两个存储空间，当运行一个存储器空间的用户程序时，可对另一个存储空间重新编程。然后，将控制权从一个存储空间切换到另一个存储空间。与 ISP 相比，IAP 的实现更加灵活。可以这样理解，支持 ISP 方式的单片机，不一定支持 IAP 方式。但是，支持 IAP 方式的单片机，一定支持 ISP 方式。ISP 方式应该是 IAP 方式的一个特殊"子集"。

1.1.3　STC8 系列单片机主要性能

1. 内　核

- 超高速 8051 内核（1T），比传统 8051 约快 12 倍以上。
- 指令代码完全兼容传统 8051。
- 22 个中断源，4 级中断优先级。
- 支持在线仿真。

2．工作电压

- 1.9 ~ 5.5 V。

3．工作温度

- – 40 ~ 85 ℃（芯片为 – 40 ~ 125 ℃ 制程，超温度范围应用请参考电气特性章节说明）。

4．Flash 存储器

- 最大 17K 字节 FLASH 程序存储器（ROM），用于存储用户代码，支持用户配置 EEPROM 大小，512 字节单页擦除，擦写次数可达 10 万次以上。
- 支持在系统编程方式（ISP）更新用户应用程序，无需专用编程器，支持单芯片仿真，无需专用仿真器，理论断点个数无限制。

5．SRAM

- 128 字节内部直接访问 RAM（DATA，C 语言程序中使用 data 关键字进行声明）。
- 128 字节内部间接访问 RAM（IDATA，C 语言程序中使用 idata 关键字进行声明）。
- 8192 字节内部扩展 RAM（内部 XDATA，C 语言程序中使用 xdata 关键字进行声明）。
- 1280 字节 USB 数据 RAM。

6．时钟控制

用户可自由选择下面的 3 种时钟源

- 内部高精度 IRC（4 MHz ~ 45 MHz，ISP 编程时选择或手动输入，还可以用户软件分频到较低的频率工作，如 100 kHz），误差 ± 0.3%（常温下 25 ℃），– 1.35% ~ + 1.30% 温漂（全温度范围，– 40 ~ 85 ℃），– 0.76% ~ + 0.98% 温漂（温度范围，– 20 ~ 65 ℃）。
- 内部 32 kHz 低速 IRC（误差较大）。
- 外部晶振（4 MHz ~ 45 MHz）和外部时钟。

7．复位

复位分为硬件复位和软件复位。软件复位通过编程写复位触发寄存器实现。硬件复位可分为以下几种：

- 上电复位。实测电压值为 1.69 ~ 1.82 V（在芯片未使能低压复位功能时有效）。上电复位电压由一个上限电压和一个下限电压组成的电压范围，当工作电压从 5 V/3.3 V 向下降到上电复位的下限门槛电压时，芯片处于复位状态；当电压从 0 V 上升到上电复位的上限门槛电压时，芯片解除复位状态。
- 复位脚复位。出厂时 P5.4 默认为 I/O 口，ISP 下载时可将 P5.4 管脚设置为复位脚（注意：当设置 P5.4 管脚为复位脚时，复位电平为低电平）。
- 看门狗溢出复位。
- 低压检测复位，提供 4 级低压检测电压：1.9 V、2.3 V、2.8 V、3.7 V。每级低压检测电压都是由一个上限电压和一个下限电压组成的电压范围，当工作电压从 5 V/3.3 V 向下降到低压检测的下限门槛电压时，低压检测生效；当电压从 0 V 上升到低压检测的上限门槛电压时，低压检测生效。

8. 中 断

- 提供 22 个中断源：INT0（支持上升沿和下降沿中断）、INT1（支持上升沿和下降沿中断）、INT2（只支持下降沿中断）、INT3（只支持下降沿中断）、INT4（只支持下降沿中断）、定时器 0、定时器 1、定时器 2、定时器 3、定时器 4、串口 1、串口 2、串口 3、串口 4、ADC 模数转换、LVD 低压检测、SPI、I^2C、比较器、PWMA、PWMB、USB 。
- 提供 4 级中断优先级。
- 时钟停振模式下可以唤醒的中断：INT0（P3.2）、INT1（P3.3）、INT2（P3.6）、INT3（P3.7）、INT4（P3.0）、T0（P3.4）、T1（P3.5）、T2（P1.2）、T3（P0.4）、T4（P0.6）、RXD（P3.0/P3.6/P1.6/P4.3）、RXD2（P1.0/P4.6）、RXD3（P0.0/P5.0）、RXD4（P0.2/P5.2）、I^2C_SDA（P1.4/P2.4/P3.3）以及比较器中断、低压检测中断、掉电唤醒定时器唤醒。

9. 数字外设

- 5 个 16 位定时器：定时器 0、定时器 1、定时器 2、定时器 3、定时器 4，其中定时器 0 的模式 3 具有 NMI（不可屏蔽中断）功能，定时器 0 和定时器 1 的模式 0 为 16 位自动重载模式。
- 4 个高速串口：串口 1、串口 2、串口 3、串口 4，波特率时钟源最快可为 FOSC/4。
- 8 路/2 组高级 PWM，可实现带死区的控制信号，并支持外部异常检测功能，另外还支持 16 位定时器、8 个外部中断、8 路外部捕获测量脉宽等功能。
- SPI：支持主机模式和从机模式以及主机/从机自动切换。
- I^2C：支持主机模式和从机模式。
- MDU16：硬件 16 位乘除法器（支持 32 位除以 16 位、16 位除以 16 位、16 位乘 16 位、数据移位以及数据规格化等运算）。
- USB：USB2.0/USB1.1 兼容全速 USB，6 个双向端点，支持 4 种端点传输模式（控制传输、中断传输、批量传输和同步传输），每个端点拥有 64 字节的缓冲区。

10. 模拟外设

- 超高速 ADC：支持 12 位高精度 15 通道（通道 0～通道 14）的模数转换，速度最快能达到 800K（每秒进行 80 万次 ADC 转换）。ADC 的通道 15 用于测试内部 1.19 V 参考信号源（芯片在出厂时，内部参考信号源已调整为 1.19 V）。
- 比较器：一组比较器（比较器的正端可选择 CMP+端口和所有的 ADC 输入端口，所以比较器可当作多路比较器进行分时复用）。
- DAC：8 路高级 PWM 定时器可当 8 路 DAC 使用。

11. GPIO

- 最多可达 61 个 GPIO：P0.0～P0.7、P1.0～P1.7（无 P1.2）、P2.0～P2.7、P3.0～P3.7、P4.0～P4.7、P5.0～P5.4、P6.0～P6.7、P7.0～P7.7。所有的 GPIO 均支持如下 4 种模式：准双向口模式、强推挽输出模式、开漏输出模式、高阻输入模式。除 P3.0 和 P3.1 外，其余所有 IO 口上电后的状态均为高阻输入状态，用户在使用 IO 口时必须先设置 IO 口模式。另外每个 I/O 均可独立使能内部 4K 上拉电阻。

12．电源管理

- 系统有 3 种省电模式：降频运行模式、空闲模式与停机模式。

13．其他功能

- 在 STC_ISP 在线编程软件的支持下，可实现程序加密后传输、设置下次更新程序所需口令，同时支持 RS485 下载、USB 下载及在线仿真等。

STC8H8K64U 系列单片机包括 STC8H8K32U、STC8H8K60U 和 STC8H8K64U 三种型号，它们之间的区别在于，程序存储器与 EEPROM 的分配不同。

（1）STC8H8K32U 系列单片机：程序存储器与 EEPROM 是分开编址的，程序存储器是 32 kB，EEPROM 是 32 kB。

（2）STC8H8K30U 系列单片机：程序存储器与 EEPROM 是分开编址的，程序存储器是 60 kB，EEPROM 是 4 kB。

（3）STC8H8K64U 系列单片机：程序存储器与 EEPROM 是统一编址的，所有 64 kB 程序 Flash ROM 都可用作程序存储器，所有 64 kB Flash ROM 理论上也可用作。STC8H8K64U 系列单片机的程序存储空间为 64KB，未用的 Flash ROM 都可用作 EEPROM。

STC8H8K64U 系列单片机有 LQFP64、QFN64、LQFP48、QFN48 等封装形式。图 1.1、1.2 所示为 STC8H8K64U 单片机的 LQFP64/QFN64、LQFP48/QFN48 封装引脚图。

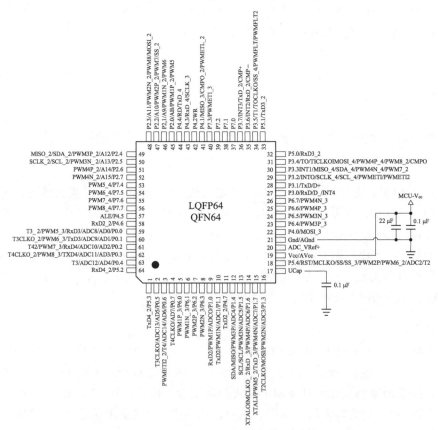

图 1.1　STC8H8K64U 单片机的 LQFP64/QFN64 封装引脚图

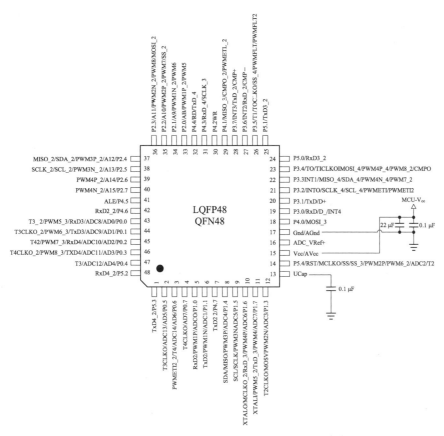

图 1.2　STC8H8K64U 单片机的 LQFP48/QFN48 封装引脚图

下面以 STC8H8K64U 单片机的 LQFP64/QFN64 封装为例介绍 STC8H8K64U 系列单片机的引脚功能。从图 1.1 中可以看出，其中有 4 个专用引脚：19（VCC/AVCC，即电源正极/ADC 电源正极）、21（GND/AGND，即电源地/ADC 电源地）、20（ADC_VRef+，即 ADC 参考电压）和 17（UCAP，即 USB 内核电源稳压引脚）。除此 4 个专用引脚外，其他引脚都可用作 I/O 口，无需外部时钟与复位电路。

1.1.4　STC8 系列单片机硬件下载电路

STC8H8K64U 系列单片机用户程序的下载本质上是通过计算机的 RS-232 串行通信端口与单片机的串行通信端口进行通信。目前，计算机与 STC8H8K64U 系列单片机的通信线路（下载电路）主要有三种：第一种是利用 RS-232 串行通信端口实现的通信线路，此时需要 RS-232 转 TTL 芯片实现电平转换，如 MAX232；第二种是利用 USB 串行总线实现的通信线路，此时需要 USB 转 TTL 芯片实现电平转换，有 CH340G 和 PL2303-GL 两种类型的转换芯片；第三种是直接利用 USB 接口实现的通信线路。考虑到现在大多数计算机已不具备 RS-232 串口，这里不再介绍 RS-232 串口的通信线路。

1. 计算机 USB 接口与 STC8H8K64U 系列单片机的通信线路

计算机 USB 接口与 STC8H8K64U 系列单片机的通信线路既可以采用 CH340G 转换芯片，

也可以采用 PL2303-GL 转换芯片。使用 PL2303-GL 转换芯片下载的在线编程电路如图 1.3 所示。

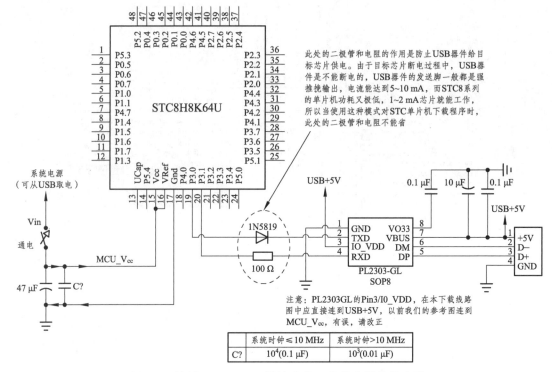

图 1.3　使用 PL2303-GL 转换芯片下载的在线编程电路

ISP 下载步骤：

● 给目标芯片停电，注意不能给 USB 转串口芯片停电（如：CH340、PL2303-GL 等）。注意：PL2303-SA 的部分波特率误差非常大，建议使用 PL2303-GL。

● 由于 USB 转串口芯片的发送脚一般都是强推挽输出，必须在目标芯片的 P3.0 口和 USB 转串口芯片的发送脚之间串接一个二极管，否则目标芯片无法完全断电，达不到给目标芯片停电的目标。

● 点击 STC-ISP 下载软件中的"下载/编程"按钮。

● 给目标芯片上电。

● 开始 ISP 下载。

注意：目前有发现使用 USB 线供电进行 ISP 下载时，由于 USB 线太细，在 USB 线上的压降过大，导致 ISP 下载时供电不足，所以在使用 USB 线供电进行 ISP 下载时，务必使用 USB 加强线。

2．STC8H8K64U 系列单片机直接与 USB 接口相连的在线编程电路

STC8H8K64U 系列单片机采用新型在线编程技术，除可以通过 USB 转串行通信端口芯片（PL2303-GL 或 CH340G）进行数据转换外，还可以直接与计算机的 USB 接口相连进行在线编程。计算机与 STC8H8K64U 系列单片机在线编程线路如图 1.4 所示。当 STC8H8K64U 系列单片机直接与计算机 USB 接口相连进行在线编程时，不具备在线仿真功能。

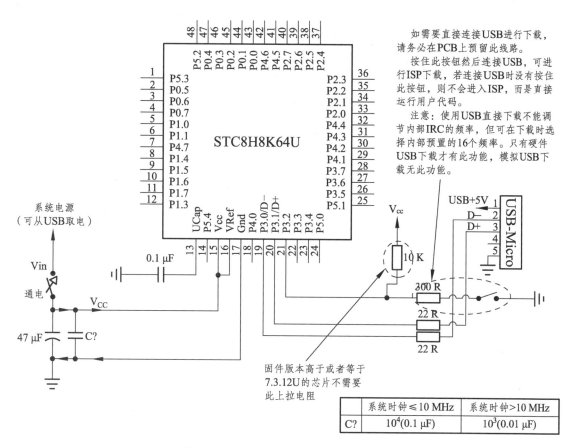

图 1.4　计算机与 STC8H8K64U 系列单片机在线编程线路图

ISP 下载步骤：

- 将目标芯片停电。

- P3.0/P3.1 按照如图所示的连接方式与 USB 端口连接好。

- 将 P3.2 与 GND 短接。

- 给目标芯片上电，并等待 STC-ISP 下载软件中自动识别出"STC USB Writer（HID1）"。

- 点击下载软件中的"下载/编程"按钮（注意：与串口下载的操作顺序不同）。

- 开始 ISP 下载。

注意：目前有发现使用 USB 线供电进行 ISP 下载时，由于 USB 线太细，在 USB 线上的压降过大，导致 ISP 下载时供电不足，所以请在使用 USB 线供电进行 ISP 下载时，务必使用 USB 加强线。

当用户使用硬件 USB 对 STC8H8K64U 系列进行 ISP 下载时不能调节内部 IRC 的频率，但用户可用选择内部预置的 16 个频率（分别是 5.5296M、6M、11.0592M、12M、18.432M、20M、22.1184M、24M、27M、30M、33.1776M、35M、36.864M、40M、44.2368M 和 48M）。下载时用户只能从频率下拉列表中选择其中一个，而不能手动输入其他频率。使用串口下载则可用输入 4M ~ 48M 的任意频率，详情如图 1.5 所示。

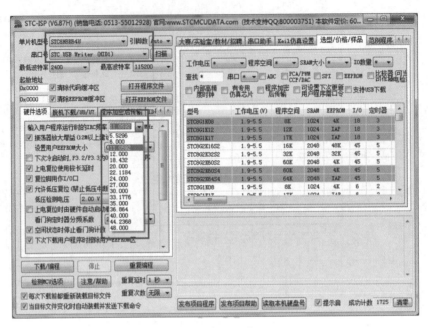

图 1.5　USB 接口下载配置图

1.1.5　单片机应用程序的下载

利用 STC-ISP 在线编程软件可将单片机应用系统的用户程序（hex 文件）下载到单片机中。STC-ISP 在线编程软件可从 STC 官方网站下载，运行下载程序（如 STC_ISP_V6.88F），弹出如图 1.6 所示的 STC-ISP 在线编程软件工作界面，按该界面左侧标注顺序操作即可完成单片机应用程序的下载任务。

步骤 1：选择单片机型号，必须与所使用单片机的型号一致。单击"单片机型号"的下拉按钮，在其下拉菜单中选择"STC8H8KG64U"。

步骤 2：打开文件。打开要烧录到单片机中的程序，该程序是经过编译而生成的机器代码文件，扩展名为".hex"。

步骤 3：选择串行通信端口。系统会直接检测 USB 的模拟串行通信端口号，如 Silicon Labs CP210x USB to UART 表示模拟串行通信端口号是 COM15。

步骤 4：设置硬件选项，一般情况下，按默认设置。可设置的硬件项如下：

（1）在"输入用户程序运行时的 IRC 频率"的下拉菜单中选择时钟频率，这里选择 24 MHz。可单击下拉按钮选择其他频率值，或者直接在文本框中输入频率值。

（2）"振荡器放大增益（12M 以上建议选择）"复选框：默认状态是不勾选。

（3）"设置用户 EEPROM 大小"：0.5k（0.5kB）。可单击下拉按钮选择其他值。

（4）"下次冷启动时，P3.2/P3.3 为 0/0 才可下载程序"复选框：默认状态是不勾选。

（5）"上电复位使用较长延时"复选框：默认为选中状态。

（6）"复位脚用作 10 口"复选框：默认状态是勾选。若要复位引脚具备复位功能，应不勾选该复选框。

（7）"允许低压复位（禁止低压中断）"复选框：默认状态是勾选。

（8）"低压检测电压"：1.90V。可单击下拉按钮选择其他电压值。

（9）"上电复位时由硬件自动启动看门狗"复选框：默认状态是不选择

（10）"看门狗定时器分频系数"：256。可单击下拉按钮选择其他值。

（11）"空闲状态时停止看门狗计数"复选框：默认状态是勾选。

（12）"下次卜载用户程序时擦除用户 EEPROM 区"复选框：默认状态是勾选。

（13）"串行通信端口 1 数据线[RxD，TxD]切换到[P3.6，P3.7]"复选框：默认状态是不勾选。

（14）"选择串行通信端口仿真端口"：P3.0，P3.1。可单击下拉按钮选择其他端口。

（15）"在程序区的结束处添加重要测试参数"复选框：默认状态是不勾选。

（16）"选择 Flash 空白区域的填充值"：FF。可单击下拉按钮选择其他值。

步骤 5：下载用户程序。单击"下载/编程"按钮，重新为单片机上电，启动用户程序下载流程。当用户程序下载完毕后，单片机自动运行用户程序。

（1）若勾选"每次下载都重新装载目标文件"复选框，则当用户程序发生变化时，不需要进行步骤 2，直接进入步骤 5 即可。

（2）若勾选"当目标文件变化时自动装载并发送下载指令"复选框，则当用户程序发生变化时，系统会自动侦测到该变化，同时启动用户程序装载并发送下载指令，用户只需要重新为单片机上电即可完成用户程序的下载。

1.2　STC 单片机软件开发环境

1.2.1　Keil μVision 集成开发环境简介

Keil C51 是美国 Keil Software 公司出品的 51 系列兼容单片机 C 语言软件开发系统，与汇编相比，C 语言在功能性、结构性、可读性、可维护性上有明显的优势，因而易学易用。Keil 提供了包括 C 编译器、宏汇编、链接器、库管理和一个功能强大的仿真调试器等在内的完整开发方案，通过一个集成开发环境（μVision）将这些部分组合在一起。运行 Keil 软件需要 Win98、NT、Win2000、WinXP 等操作系统。如果用户使用 C 语言编程，那么 Keil 几乎就是不二之选，即使不使用 C 语言而仅用汇编语言编程，其方便易用的集成环境、强大的软件仿真调试工具也会让用户事半功倍。

Keil μVision 5 集成开发环境本身不带 STC 系列单片机的数据库和头文件，为了能在 Keil μVision 5 集成开发环境软件设备库中直接选择 STC 系列单片机型号，并在编程时直接使用 STC 系列单片机新增的特殊功能寄存器，需要用 STC_ISP 在线编程软件中的工具将 STC 系列单片机的数指库（包括型号、文件与仿真器驱动）添加到 Keil μVision 5 集成开发环境软件设备库中，操作方法如下：

（1）运行 STC-ISP 在线编程软件，单击"Keil 仿真设置"选项，如图 1.6 所示。

（2）单击"添加型号和头文件到 Keil 中添加 STC 仿真器驱动到 Keil 中"按钮，弹出"浏览文件夹"对话框。在该对话框中选择 Keil 的安装目录（如 C:\Keil），如图 1.7 所示，单击"确定"按钮即可完成添加工作。

图 1.6　STC-ISP 的 "Keil 仿真设置" 选项　　　　图 1.7　选择 Keil 的安装目录

（3）查看 STC 系列单片机的头文件。添加的头文件在 Keil 安装目录的子目录下，如 D:\Keil_v5\C51\INC\STC。打开 STC 文件夹即可查看添加的 STC 系列单片机的头文件，如图 1.8 所示。其中，STC8H.H 头文件适用于所有 STC8H 系列单片机。

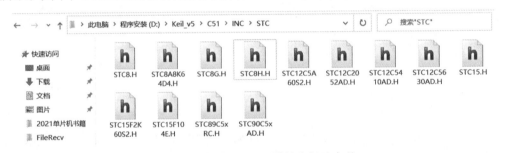

图 1.8　添加的 STC 系列单片机头文件

1.2.2　Keil μVision 集成开发流程

Keil μVision 5 集成开发流程如下：

1．创建项目

Keil μVision5 集成开发环境中的项目是一种具有特殊结构的文件，它包含所有应用系统相关文件的相互关系，在 Keil μVision5 集成开发环境中，主要使用项目来进行应用系统开发的。

（1）创建项目文件夹。

根据自己的存储规划，创建一个存储该项目的文件夹。

（2）启动 Keil μVision5 集成开发环境，执行 "Project" → "New μVision Project" 命令，弹出 "Create New Project"（创建新项目）对话框，在该对话框中选择新项目的保存路径并输入项目文件名，如图 1.9 所示。Keil μVision5 集成开发环境项目文件的扩展名为 ". uvproj/uvprojx"。

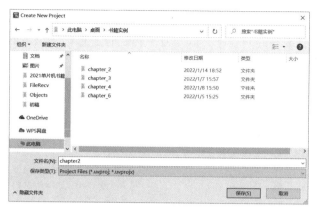

图 1.9 "Create New Project" 对话框

（3）单击"保存"按钮，弹出"Select Device for Target 'Target 1'"对话框，其下拉列中选择"STC MCU Database"选项，拖动垂直滚动条找到目标芯片（如 STC8H8K64U），如图 1.10 所示。

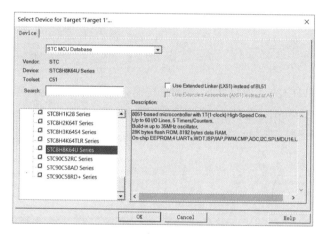

图 1.10 "Select Device for Target 'Target 1'" 对话框

（4）单击"Select Device for Target 'Target1'"对话框中的"OK"按钮，程序会弹出询问是否将标准 8051 初始化程序（STARTUP.A51）加入项目中的对话框，如图 1.11 所示。单击"是"按钮，程序会自动将标准 8051 初始化程序复制到项目所在目录并将其加入项目中。一般情况下应单击"是"按钮。

图 1.11 询问是否将初始化程序加入项目中的对话框

2. 输入、编辑应用程序

执行"File"→"New"命令，弹出程序编辑窗口，在程序编辑窗口工作区中，以"test.c"

文件名保存该程序，如图 1.12 所示。注意保存文件时候，文件的扩展名一定要写上。以.asm 为扩展名的是汇编语言编写的源程序，以.c 为扩展名的是 C 语言编写的源程序。

图 1.12　保存程序

3．将程序文件添加到项目中

选中"Project"窗口中的文件组后单击鼠标右键，在弹出的快捷菜单中选择"Add Existing Files to Group 'Source Group1'"选项，如图 1.13 所示。打开"Add Existing Files to Group 'Source Group1'"对话框，如图 1.14 所示，选中"test.c"文件，单击"Add"按钮添加文件，单击"Close"按钮关闭对话框。

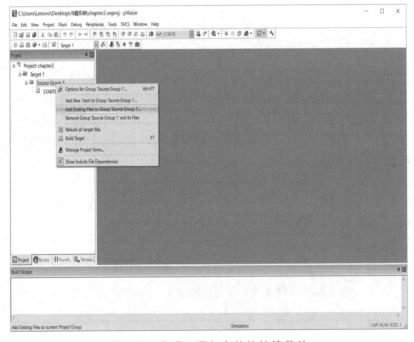

图 1.13　为项目添加文件的快捷菜单

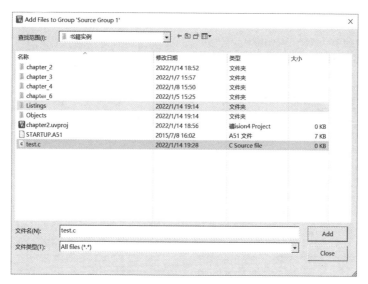

图 1.14 为项目添加文件的对话框

展开"Project"窗口中的文件组，即可查看添加的文件，如图 1.15 所示。

用户可连续添加多个文件，在添加完所有必要的文件后，即可在程序组目录下查看并管理相关文件，双击选中的文件即可在编辑窗口中打开该文件。

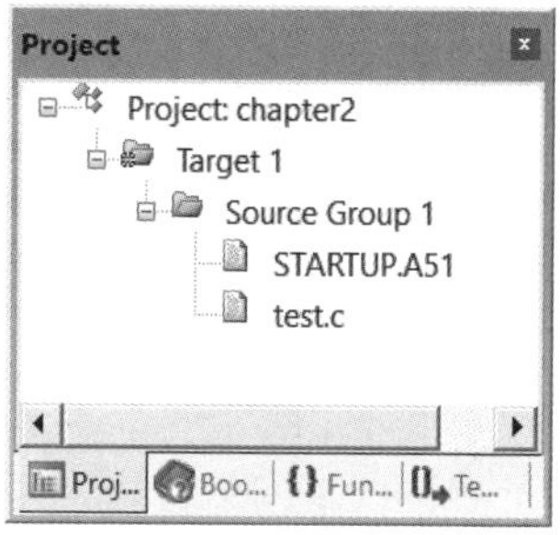

4．编译与连接、生成机器代码文件

项目文件创建完成后，就可以对项目文件进行编译与连接、生成机器代码文件（.hex）。但在编译、连接前需要根据样机的硬件环境先在 Keil μVision5 集成开发环境中进行目标配置。

（1）设置编译环境

图 1.15 查看添加的文件

执行"Project"→"Options for Target"命令或单击工具栏中的系按钮，弹出"Opotions for Target 'Target1'"对话框，在该对话框中可以设定目标样机的硬件环境，如图 1.16 所示。"Opotions for Target 'Target1'"对话框有多个选项页，用于设备选择，以及目标属性、输出属性、C51 编译器属性、A51 编译器属性、BL51 连接器属性、调试属性等信息的设置。一般情况下按默认设置应用即可，但在编译、连接程序时，自动生成机器代码文件（test.hex）。

单击"Output"选项页，如图 1.17 所示。在"Output"选项页中勾选"Create HEX File"复选框，单击"OK"按钮结束设置。在采用默认设置时，编译时自动生成的文件名与项目名相同，若需要采用不同的名字，则可在"Name of Executable"文本框中修改。

（2）编译与连接

执行"Project"→"Build target（Rebuild target files）"命令或单击编译工具栏中的按钮，启动编译、连接程序，在输出窗口中输出编译、连接信息，若提示"0 Error（s）"，则表示编译成功：否则提示错误类型和错误语句位置。双击错误信息，光标将出现在程序错误行，此时可进行程序修改，修改完成后，必须重新编译，直至提示"0 Error（s）"。需要注意的是，"0 Error(s)"只代表编译成功了，并不代表程序完全正常，最好修正到"0 Error(s)"，"0 Warning（s）"状态。

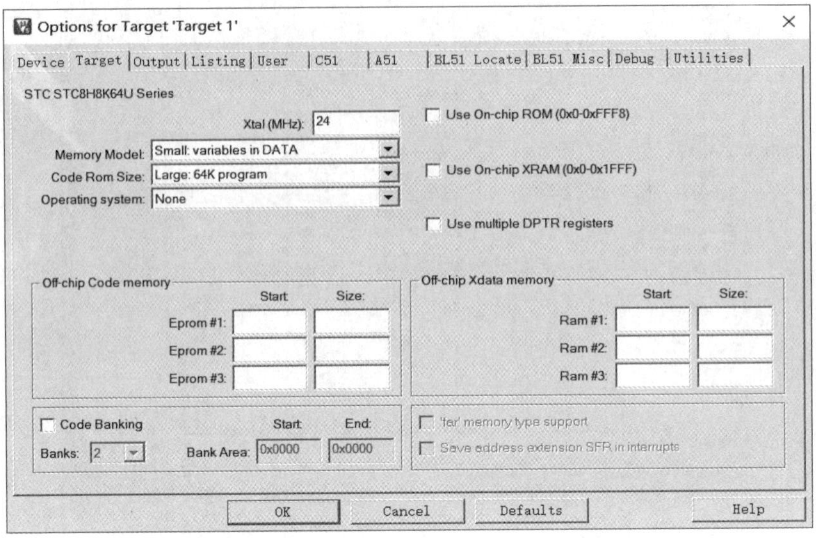

图 1.16 "Opotions for Target' Target1'" 对话框

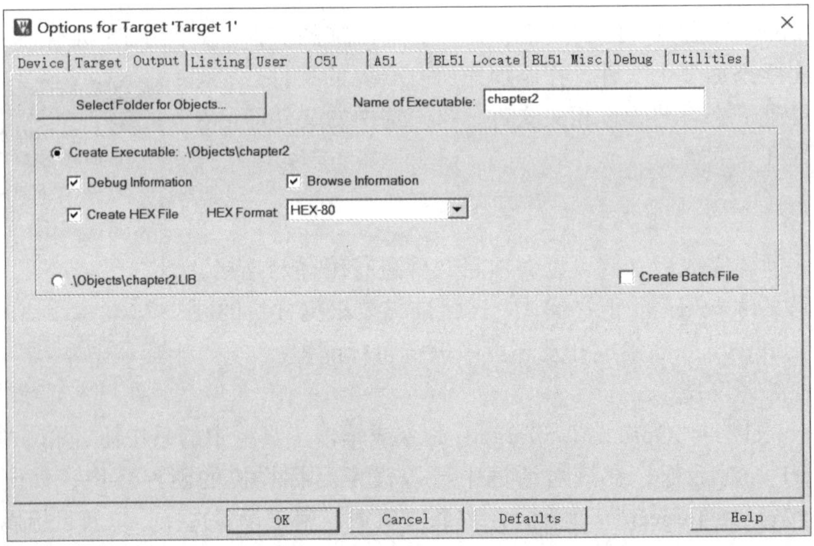

图 1.17 "Output" 选项页

（3）查看机器代码文件

.hex 文件是机器代码文件，即单片机运行文件。打开项目文件夹，查看是否存代码文件。图 1.18 中的 "test.hex" 即为编译时生成的机器代码文件。

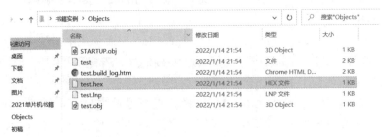

图 1.18 查看.hex 文件

获得.hex 文件之后，应用前面介绍的 STC-ISP 下载步骤，即可将程序下载进单片机中。实际开发过程中，用户不可能一次就把程序编好，总会有各种问题需要调试解决，Keil μVision5 集成开发环境提供了软件调试环境，配合 STC 的硬件调试性能，可实现单片机实时硬件调试。

1.3 单片机开发板

学习单片机编程，最好的方法就是在单片机开发板上验证所学知识。本书配套的开发板选择的是杭州好好搭搭科技有限公司开发的天问 51 开发板。这款开发板是一款带 USB 的 STC 51 全功能开发板，采用 STC8H8K64U 芯片，支持 USB、ADC、PWM、SPI、IIC 等，板载流水灯、8 位数码管、点阵模块、OLED 显示屏、SPI、FLASH、红外发射、红外接收、无源蜂鸣器、4 个独立按键、4×4 矩阵按键、可调电位器、振动马达、RTC 实时时钟、三轴加速度、NTC 温度传感器、光敏传感器、6 个 RGB 彩灯等，如图 1.19 所示。

由于 STC 单片机在下载程序时，需要断电一次。天问 51 开发板配套了 STC-LINK 下载器，如图 1.20 所示，该下载器芯片内部会自动检测 0x7F 方式以实现自动断电烧写程序，非常可靠方便，支持仿真。

程序开发完成后，需要将程序下载进开发板，图 1.21 显示了通过 STC-LINK 下载程序的硬件连接。

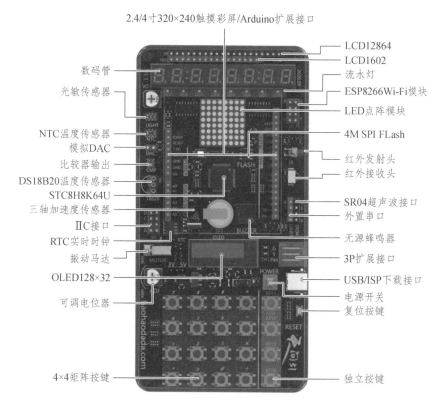

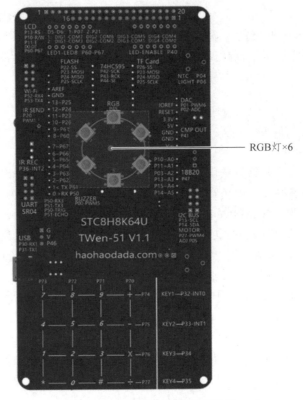

图 1.19　天问 51 开发板外形图

RGB灯×6

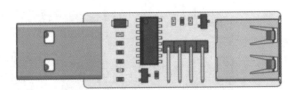

图 1.20　STC-LINK 下载器外形图

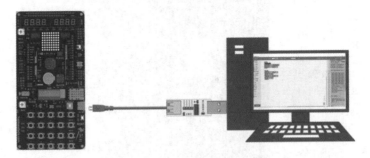

图 1.21　通过 STC-LINK 下载硬件连线图

如图 1.22 所示，打开 STC-ISP 软件，单片机型号选择对应型号，端口号选择刚才看到的端口号，运行频率选择 24 MHz，平台程序默认都以这个频率为准，最下面的两个复选框打钩，文件有更新时会自动下载程序。在 STC-ISP 软件里选择打开程序文件，打开平台编译保存的.bin 或者.hex 文件，点击"下载/编程"按钮，等待烧入固件完成。

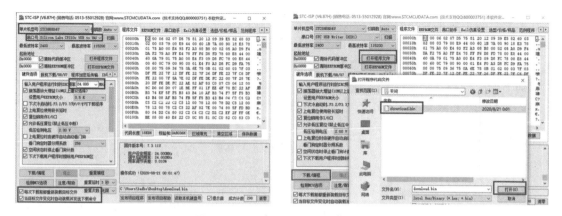

图 1.22　通过 STC-ISP 下载程序

前面介绍过，该系列芯片也支持 USB 下载，用 Type C 数据线直接连接天问开发板到计算机上，如图 1.23 所示。

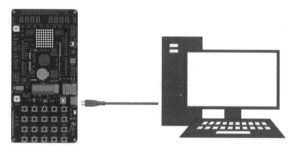

图 1.23　通过 USB 下载硬件连线图

关闭开发板上的电源按键，按住"KEY1/USB"按键，再打开电源按键，计算机会出现 HID 设备，如图 1.24 所示。在 STC-ISP 软件上，会看到 STC USB Writer（HID1），打开程序文件后，选择"下载/编程"，便可以将程序下载进单片机。

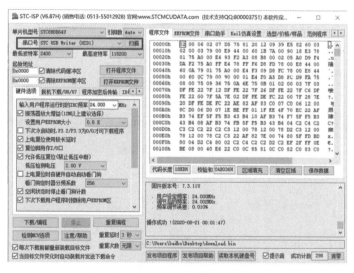

图 1.24　通过 USB 方式下载程序

由于每次下载都要执行先断电，再按住"KEY1/USB"按键，再上电这种方式操作，比较麻烦。如果不想断电，实现按一下"KEY1/USB"按键，就能进入下载模式，不再需要开关电源按键。需要在程序里把"KEY1/USB"按键配置为外部中断，并且在中断处理函数中写入如下程序。

```
Void   INT0_ISR(void)   interrupt   INT0_VECTOR
{
       IAP_CONTR = 0x60;          // 软件复位后进入 ISP
}
```

若不想配置外部中断，编写外部中断处理函数，还有另外的简单方法。如图 1.25 所示，在 STC-ISP 软件中不勾选"复位引脚用作 I/O 口"。然后关闭电源，按下"KEY1/USB"按键，进入下载模式，把程序先下载一遍。后面再下载的时候，不用断电，只用按下开发板上对应 P5.4 管脚的"RESET"复位键就可以进入下载模式。若 STC-ISP 软件中勾选了"复位引脚用作 I/O 口"，则需要在程序中加入下面语句，也可以将 P5.4 管脚设置为复位管脚功能。

RSTCFG = 0x50;

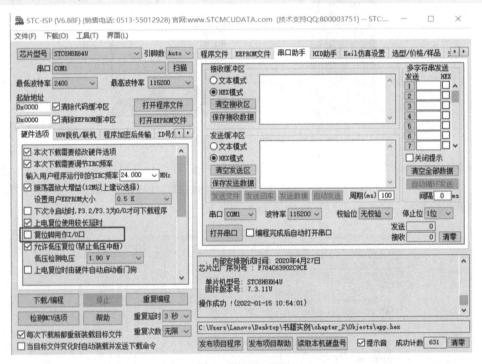

图 1.25　使能复位引脚

1.4　仿真软件 Proteus

Proteus 是英国 Labcenter 公司开发的电路分析与实物仿真软件，Proteus 运行于 Windows 操作系统上，可以仿真、分析各种模拟元器件和集成电路，它具有如下特点：

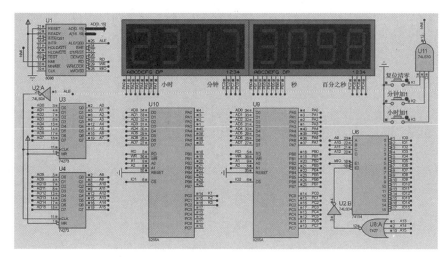

图 1.26　Proteus 软件搭建的电路图

1．实现了单片机仿真和 SPICE 电路仿真相结合

Proteus 具有模拟电路仿真、数字电路仿真、单片机及其外围电路组成的系统仿真，RS-232 动态仿真、I²C 调试器仿真、SPI 调试器仿真、键盘和 LCD 系统仿真的功能，以及模拟各种虚拟仪器，如示波器、逻辑分析仪、信号发生器等。

2．支持主流单片机系统的仿真

Proteus 目前支持的单片机类型有 68000 系列、8051 系列、AVR 系列、PIC12 系列、PIC16 系列、PIC18 系列、Z80 系列、HC11 系列、ARM7，以及各种外围芯片。由于 STC 系列单片机是新出现的芯片，在旧版本 Proteus 设备库中没有 STC 系列单片机，在利用 Proteus 绘制 STC 系列单片机电路原理图时，可选任何厂家的 51 或 52 系列单片机，但 STC 系列单片机的新增特性不能得到有效地仿真。

3．提供软件调试功能

由于硬件仿真系统具有全速、单步、设置断点等调试功能，同时可以观察各个变量、寄存器等的当前状态，因此在 Proteus 软件仿真系统中，也必须具有这些功能。

简单来说，Proteus 可以仿真一个完整的单片机应用系统，具体步骤如下：

（1）用 Proteus 绘制单片机应用系统的电路原理图。

（2）将用 Keil μVision5 集成开发环境编译生成的机器代码文件加载到单片机中。

（3）运行程序，进行调试。

第 2 章

C 语言编程要点

2.1 指　针

2.1.1 变量和指针

在计算机中，数据是存放在内存单元中的，一般把内存中的一个字节称为一个内存单元。为了更方便地访问这些内存单元，可预先给内存中的所有内存单元进行地址编号，根据地址编号，可准确找到其对应的内存单元。由于每一个地址编号均对应一个内存单元，因此可以形象地说一个地址编号就指向一个内存单元。C 语言中把地址形象地称作指针。C 语言中的每个变量均对应内存中的一块内存空间，而内存中每个内存单元均是有地址编号的。在 C 语言中，可以使用运算符 & 求某个变量的地址。

描述变量有三个要素：变量的类型、变量名和变量的值。比如：

char　iNum = 0x64;

编写程序测试变量与地址：

```
void main(void)
{
        char iNum = 0x64;
        printf("%p,0x%bx",&iNum,iNum);
while(1);
}
```

程序运行结果如图 2.1 所示。

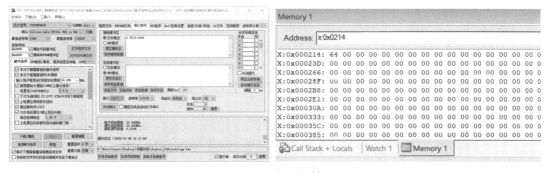

图 2.1　程序运行结果

通过运行结果可以清楚地看到，0x64 存储在 0x0214 内存单元中。虽然使用&运算符可以获取变量 iNum 在内存中的地址，但&iNum 是一个孤立的概念。当将地址形象化地称为"指针"时，即可通过该指针找到以它为地址的内存单元。于是&iNum 是指向 char 变量 iNum 的指针，该语句标识了"指针与变量"之间的关联关系。

既然通过&iNum 就能找到变量 iNum 的值 0x64，那么如何存放&iNum 呢？定义一个存放指针&iNum 的（指针）变量。比如：

```
char      iNum = 0x64;
char    * ptr = &iNum;
```

ptr 是指向 char 的指针变量，char * 类型名是指向 char 的指针类型。虽然有时候也将指针变量泛化为指针，但要根据当前所处的环境确定其含义。ptr 是指针变量，对该变量取地址 &ptr 表明指向指针变量 ptr 的指针。装载该地址的内存空间的类型为 char **，属于双重指针。

```
char    iNum = 0x64;

char    *ptr;

char    ** ptr_ptr;

ptr     =    &iNum;

ptr_ptr  = &ptr;

printf("ptr = %p , ptr_ptr=%p , iNum=0x%bx",ptr , ptr_ptr , iNum);
```

程序运行结果如图 2.2 所示。

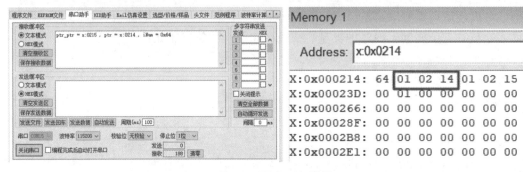

图 2.2　程序运行结果

C51 编译器提供两种不同类型的指针，即通用指针和指定存储器的指针。对于通用指针来说，使用 3 个字节保存。第一个字节表示存储的类型，第二个字节表示偏移地址的高 8 位；第三个字节表示偏移地址的低 8 位。从结果可以看到 ptr_ptr 的空间包含 3 个字节，而 0x0214 正是变量 ptr 值，该值指向的空间中装有数据 0x64。

以上例子，未指定存储区域的通用指针保存在片外数据存储空间，是因为存储模式选择 XDATA 区域，如图 2.3 所示。

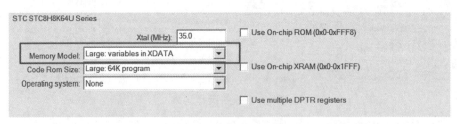

图 2.3　存储模式选择

用户可以在声明指针的时候，通过存储器类型和区域声明符说明一个指针变量自身地址所保存的存储器空间和它指向的存储器空间，指定存储区域和类型的指针声明格式为：

数据类型 存储器类型 * 存储器区域 指针名字；

存储器类型指指针变量装在的地址指向的空间区域类型，存储器区域指该指针变量自身地址存储的空间区域类型。

2.1.2 数组和指针

如果有以下声明：

char   a[2];

在声明"char a[2];"时，a、&a[0]和&a 是什么类型？按照变量的声明规则：a 是由 2 个 char 值组成的数组，取出标识符 a，剩下的 char [2]就是 a 的类型。通常将 char [2]解读为由 2 个 char 值组成的数组类型，简称数组类型。事实上，C 语言中并不存在二维数组，且 C 语法也不支持二维数组，仅支持由一维数组构造的数组的数组。

除了在声明中或数组名当作 sizeof 或&的操作数之外，表达式中的数组（变量）名 a 被解释为指向该数组首元素 a[0]的指针，因而可将这个原则标识为"a==&a[0]"或等价于"*a==*（&a[0]）== a[0]"。当 a[0]作为&的操作数时，&a[0]是指向 a[0]的指针，&a[0]的类型为 char，&a[0]的类型为 char* const，即指向常量的指针，简称常量指针，其指向的值不可修改。当 a 作为&的操作数时，则&a 是指向 a 的指针。

使用指针运算规则，当将一个整型变量 i 和一个数组名相加时，将得到指向第 i 个元素的指针，即"a+i==&a[i]"或"*（a+i）==*（&a[i]）==a[i]"，因为 a 在编译期和运行时的语义完全不同。由于 a 的类型为 char [2]，因此&a 是指向"char [2]数组类型"变量 a 的指针，简称数组指针。其类型为 char（*）[2]，即指向 char [2]的指针类型。为何要用"（ ）"将"*"括起来？如果不用括号将星号括起来，那么"char（*）[2]"就变成了"char * [2]"，而 char * [2]类型名为指向 char 的指针的数组（元素个数 2）类型，这是设计编译器时约定的语法规则。

假设有以下声明

char   data0[2] = {1, 2};
char   data1[2] = {3, 4};
char   data2[2] = {5, 6};

当去掉声明中的数组名时，则 data0、data1 和 data2 类型都是"char [2]"。实际上，数组本身也是一种数据类型，当数组的元素为一维数组时，则该数组为数组的数组，因此可以通过"char [2]"数组类型构造数组的数组。即：

typedef   char array [2];

可用 array 再定义个一维数组：

array   matrix[3];

其等价于：

char   matrix[3][2];

由于 array 的类型为 char [2]，即 matrix[0]、matrix[1]和 matrix[2]的类型均为 char [2]，占用 2 个 char 大小。而表达式中的 matrix 可以被解释为指针，其类型为 char [2]。显然，matrix 是由 matrix[0]、matrix[1]和 matrix[2]这 3 个元素组成的一维数组，而 matrix[0]、matrix[1]和 matrix[2]本身又是一个由 2 个 char 值组成的一维数组。因此可以用下标区分 matrix[0]、matrix[1]和 matrix[2]一维数组，其分别对应于 matrix[0] [0]和 matrix[0] [1] 、matrix[1] [0]和 matrix[1] [1]、matrix[2] [0]和 matrix[2] [1]。

由于表达式中的数组名 matrix 可以被解释为指针，即 matrix 是指向 matrix[0]的指针，因此 matrix 的值和&matrix[0]的值相等。则以下关系恒成立：

matrix== &matrix [0]

*matrix== *(&matrix [0]) == matrix [0]

由于 matrix [0]本身是一个由 2 个 char 值组成的数组，即表达式中的 matrix [0]是指向 matrix [0][0]的指针，因此 matrix [0]的值和它的首元素的地址&matrix [0][0]的值相等。则以下关系恒成立：

matrix [0] == & matrix [0][0]

*(matrix [0]) == *(& matrix [0][0]) == matrix [0][0]

* matrix == & matrix [0][0]

显而易见，matrix 是指针的指针，必须解引用两次才能获得原值，则以下关系恒成立：

matrix== &matrix [0] == &(&matrix [0][0])

**matrix== matrix [0][0]

虽然 matrix [0]指向的对象占用一个 char 大小，而 matrix 指向的对象占用 2 个 char 大小，但&matrix [0]和&matrix [0][0]都开始于同一个地址，因此 matrix 的值和 matrix [0]的值相等。则以下关系恒成立：

matrix == matrix [0] == & matrix [0] == & matrix [0][0]

当将数组的数组作为函数参数时，数组名同样视为地址，因此相应的形参如同一维数组样也是一个指针。比较困难的是如何正确地声明一个指针变量 pMatrix 指向一个数组的数组 matrix?如果将 pMatrix 声明为指向 char 类型是不够的，因为指向 char 类型的指针变量只能与 matrix [0]的类型匹配。假设有以下代码：

char   matrix[3][2] = {{1, 2}, {3, 4}, {5, 6}};

char   total = sum(matrix, 3);

那么 sum（ ）函数的原型是什么？由于表达式中的数组名 matrix 可以被解释为指针，即 matrix 的类型为指向 char [2]的指针类型 char （*）[2]，因此必须将 pMatrix 声明为与之匹配的类型，matrix 才能作为实参传递给 sum（ ）。其函数原型如下：

char   sum(char (*pMatrix)[2], char size);

当然，也可以将这个函数原型写成下面的形式：

char   sum(char matrix[3][2], char size);

还有一种格式，这种格式与上述原型的含义完全相同，但可读性更强。在声明一个接收二维数组为参数的函数时，只要提供第二个即可，如下：

char   sum(char matrix[ ][2], char size);

其中，data 表达式是数组指针的一种隐式声明，（* pMatrix）表达式则是指针的一种显式声明。虽然 data 是"由 2 个 char 值组成的数组（元素个数未知）"，但它同样可以被解释为"指向 char [2]的指针"，即：

char   sum(char (*pMatrix)[2], char size);

当然，也可以让函数将二维数组看成一维数组。比如，如何找到二维数组中的最大元素。其函数原型如下：

char   iMax(char *pMatrix, size_t   numData)

如果将数组的地址 Matrix 作为 iMax 函数的第 1 个实参，数组 Matrix 中的元素总数量 row*col 作为第 2 个实参：

```
largest = iMax(Matrix, row*col);
```

则无法通过编译，因为 Matrix 的类型为 char （*）[col]，而 iMax 函数期望的实参类型是 char *。正确的调用形式如下：

```
largest = iMax(Matrix[0], row*col);
```

其中的 Matrix[0]指向第 0 行的元素 0，经过编译器转换后，其类型为 char *，实参与形参类型一致。当将 Matrix 强制转换为（char *）Matrix 时，同样也可以求二维数组中元素的最大值，即

```
largest = iMax((char *)Matrix, row*col);
```

由于 matrix [0][0]是一个 char 值，因此&matrix [0][0]的类型为 char * const。即可用以下方式指向 matrix 的第 1 个元素，增加指针的值使它指向下一个元素，即：

```
char    *ptr = &matrix[0][0];

char    *ptr = matrix[0];
```

如果将某人一年之中的工作时间，使用下面这个"数组的数组"表示：

```
int    working_time[12][31];
```

在这里，如果开发一个根据一个月的工作时间计算工资的函数，可以像下面这样将某月的工作时间传递给这个函数：

```
calc_salary(working_time[month]);
```

其相应的函数原型如下：

```
int    calc_salary(int * working_time);
```

这种技巧只有通过"数组的数组"才能实现。

2.1.3　字符串与指针

字符常量是使用一对单引号""""包围起来的。比如，'O'编译器知道这个符号指的是字母 O 的 ASCII值，即 79。同样可以用' '指出空格，或用'9'指出数字 9。常量'9'指的是一个字符，不应该与整数值 9 混淆。字符的真正价值在于用户可以将它们串在一起形成一个字符序列，即字符串常量，简称字符串。字符串常量就是使用一对双引号"""""包围起来的，以空字符'\0'（ASCII 码值为 0×00）结尾的连续的字符串，其长度为字符串的长度加 1。

只要在程序中使用字符串，就必须确定如何声明保存字符串的变量。如果将它声明为数组，则编译时就已经为各个字符保留了内存空间；如果将它声明为指针，则编译时完全没有为字符分配任何内存，仅在运行时分配空间。比如：

```
char    cStr[4] = "OK!";    // 地址不可修改

char    *pcStr = "OK!";     // 内容不可修改
```

两者的区别是，数组名 cSr 是常量，而指针名 pcSr 是变量。由于"OK!"是一个字符串常量，因此是不可修改的。如果试图执行以下操作：

```
pcStr[2] = 'Z';    // 修改失败

cStr[2] = 'Z';     // 修改成功
```

虽然编译期可以通过，但在运行时会出错。如果以下面这样的形式赋值：

```
char    cStr[4];
```

```
cStr   = "OK!";        // 赋值失败
```

则是非法的,因为数组变量名 cStr 是不可修改的常量指针。如果字符数组中没有保存'\0',它仅仅是字符常量' O '、'K'、'!',不是字符串。即:

```
char   cStr[] = { 'O',   'K',   '!'};
```

而 char cStr[] = "OK!"只不过是 char cStr[] = {'O',   'K',   '!',   '\0'}的另一种写法,因为字符串是一种特殊的字符数组变量,所以其存储方式与数组变量一致。C 语言中的字符串是以字符数组变量的形式处理的,具有数组的属性,所以不能赋值给整个字符数组变量,只能将字符逐个赋给字符数组变量。比如:

```
char   cStr[4];
cStr[0] = 'O';   cStr[1] = 'K';   cStr[2] = '!';   cStr[3] = '\0';
```

其存储的不是字符本身,而是以 ASCII 码存储的字符常量（即存值）。初始化字符数组存储字符串和初始化指针指向字符串的区别在于,数组名是常量,而指针名是变量,因此字符串的绝大多数操作都是通过指针完成的。

由此可见,"OK!"就是"char 的数组",通过 sizeof（"OK!"）也可以证明字符串的本质还是数组,即可用"OK!"作为数组变量名。

```
void test01(void)
{
    printf("OK!占用的空间  %bd\r\n",sizeof("OK!"));    //输出"OK!"占用的空间,即 4 个字节
    printf("OK!地址  %p\r\n","OK!");                   //输出"OK!"的地址
    printf("%C\r\n","OK!"[1]);                         //输出"OK!"的第 1 个元素,即'K'
    printf("%bd\r\n","OK!"[3]);                        //输出"OK!"的第 3 个元素,即'\0'
    printf("%p\r\n","OK!"+1);                          //输出"OK!"的第 1 个元素地址
    printf("%c\r\n",*((char code *)"OK!"+1));          //必须指明 code 区域
}
```

显示结果如图 2.4 所示。

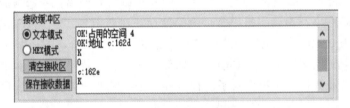

图 2.4   程序运行结果

可以利用这种方式将 0 ~ 15 转换为等价的 16 进制的字符。

```
char digit_to_hexchar(uint8_t digit)
{
return   "0123456789ABCDEF"[digit];
}
```

如果有以下定义:

```
int   data0 = 1,   data1 = 2,   data2 = 3;
```

```
int    *ptr0 = &data0,   *ptr1 = &data1,   *ptr2 = &data2;
int    *ptr[3] = { ptr0,   ptr1,   ptr2 };
```

　　将相同类型的指针变量集合在一起有序地排列构成指针数组。在指针数组变量的每一个元素中存放一个地址，并用下标区分它们。虽然数组与指针数组存储的都是数据，但还是有细微的差别。数组存储的是相同类型的字符或数值，而指针数组存储的是相同类型的指针。ptr 是指向 int 的指针的数组（元素个数 3），"int *[3]" 类型名被解释为指向 int 的指针的数组（元素个数 3）类型。即 ptr 指针数组是数组元素为 3 个指针的数组其本质是数组，类型为 int *[3]，ptr[0] 指向 &data0，ptr[1] 指向 &data1，ptr[2] 指向 &data2。

　　由于 ptr 声明为指针数组，因此 ptr[0] 返回的是一个地址。当用 * ptr[i] 解引用指针（i=0 ~ 2）时，则得到这个地址的内容，即 * ptr[0]==1，* ptr[1]==2，* ptr[2]==3。当然，也可以使用等价的指针表示法，ptr+i 表示数组第 i 个元素的地址。如果要修改这个地址中的内容，可以使用 *（ptr+i）。如果对 **（ptr+i）解引用两次，则返回所分配的内存的位置，即可对其赋值。比如，ptr[1] 位于地址 & ptr[1]，表达式 ptr +1 返回 & ptr[1]，用 *（ptr+1）则得到指针 &data1，再 **（ptr+i）解引用得到 &data1 的内容 "1"。由此可见，使用指针的指针表示法，让用户知道正在处理的是指针数组。

　　如图 2.5 所示，可用两种风格描述 C 风格的字符串数组，即二维数组和指针数组，比如

```
char    keyWord[][6] = {"eagle", "cat", "and", "dog", "ball"};
char    * keyWord[5] = {"eagle", "cat", "and", "dog", "ball"};
```

其中，第 1 个声明创建了一个二维数组。第 2 个声明创建了一个指针数组，每个指针元素都初始化为指向各个不同的字符串常量。

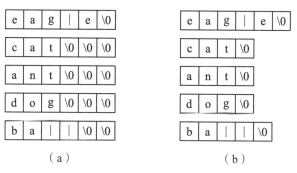

（a）　　　　　　　　　　　　（b）

图 2.5　数组在内存中的存储

　　二维数组每一行的长度都被固定为刚好能容纳最长的长度，但它不需要任何指针。指针数组也要占用内存，但是每个字符串常量占用的内存空间只是它本身的长度。

2.2　函数指针与指针函数

　　经过编译后的函数都是一段代码，系统随即为相应的代码分配一段存储空间，而存储这段代码的起始地址（又称为入口地址）就是这个函数的指针，即跳转到某一个地址单元的代码处去执行。因为函数名是一个常量地址，所以只要将函数的地址赋给函数指针即可调用相

应的函数。当一个函数名出现在表达式中时，编译器就会将其转换为一个指针，即类似于数组变量名的行为，隐式地取出了它的地址。即函数名直接对应于函数生成的指令代码在内存中的地址，因此函数名可以直接赋值给指向函数的指针。既然函数指针的值可以改变，那么就可以使用同一个函数指针指向不同的函数。如果有以下定义

  int (*pf)(int); // pf 函数指针的类型是什么?

  pf 是一个指向返回 int 的函数的指针，它所指向的函数接受一个 int 类型的参数。"int（*）（int）"类型名被解释为指向返回 int 函数（参数为 int）的指针类型。如果在该定义前添加 typedef，比如：

  typedef int (*pf)(int a);

  未添加 typedef 前，pf 是一个函数指针变量；而添加 typedef 后，pf 就变成了函数指针类型，习惯的写法是类型名 pf 大写为 PF。比如：

  typedef int (*PF)(int a);

  有了 PF 类型即可定义函数指针变量 pf1、pf2。比如：

  PF pf1, pf2;

  虽然此声明等价于：

  int (*pf1)(int a);

  int (*pf2)(int a);

  使用函数指针来调用函数，比如，pf（5,8），（*pf）（5,8）。为何 pf 与（*pf）等价呢？由于 pf 是函数指针，假设 pf 指向 add（ ）函数，则*pf 就是函数 add，因此使用（*pf）调用函数。

  由于任何数据类型的指针都可以给 void 指针变量赋值，且函数指针的本质就是一个地址，因此可以利用这一特性，将 pf 定义为一个 void *类型指针，那么任何指针都可以赋值给 void *类型指针变量。其调用方式如下：

  void * pf = add;

  printf("addition result:%d\n", ((int (*)(int, int)) pf)(5, 8));

  在函数指针的使用过程中，指针的值表示程序将要跳转的地址，指针的类型表示程序的调用方式。在使用函数指针调用函数时，务必保证调用的函数类型与指向的函数类型完全相同，所以必须将 void *类型转换为（int（*）（int,int）pf）来使用，其类型为"int（*）　　（int, int）"。

  指针不仅可以作为函数的参数，而且指针还可以作为函数的返回值。当函数的返回值是指针时，则这个函数就是指针函数。如果有以下定义：

  int *pf(int, int);

  int (*pf)(int, int);

  虽然两者之间只差一个括号，但表示的意义却截然不同。函数指针变量的本质是一个指针变量，其指向的是一个函数；指针函数的本质是一个函数，即将 pf 声明为一个函数，它接受 2 个参数，其中一个是 int，另一个是 int，其返回值是一个 int 类型的指针。在指针函数中，还有一类这样的函数，其返回值是指向函数的指针。比如，下面这样的语句：

  int (* ff (int))(int, int);

  这种写法确实让人非常难懂。当使用 typedef 后，则 PF 就成为了一个函数指针类型。即：

```
PF ff(int);
```
ff 是一个函数，函数输入参数 int，返回一个函数指针类型。
```
int add(int a, int b)              // 定义 add 函数
{
        Rcturn (a+b);
}
int sub(int a, int b)              // 定义 sub 函数
{
        Return (a-b);
}
PF ff(int a)                       // 定义 ff 函数
{
        if(a==1)    return add;
        if(a==2)    return sub;
return (void *)0;                  // 返回空指针
}
void test02(void)
{
        PF d;
        d = ff(1);                 // 返回 add 函数地址
        printf("add = %d\r\n",d(4,3));
        d = ff(2);                 // 返回 sub 函数地址
        printf("sub = %d\r\n",d(4,3));
}
```
运行结果如图 2.6 所示。

图 2.6　程序运行结果

　　如果定义一个数组，数组的元素是函数指针，则称为函数指针数组。可用 PF 定义一个
存储函数指针的数组：
```
typedef double (*PF)(double,double);
PF oper_func[4];
```
其中，oper_func 为指向函数的指针的数组，上述声明与以下声明：
```
double (* oper_func[4])(double, double);
```
虽然形式不一样，但其意义完全相同。如果给函数指针数组变量中的元素赋值，则与普

通数组元素相同。比如：

oper_func[0] = add;

在上述表达式中，除了等号右侧是函数名之外，是一个正常的数组元素，因此，同样可以在定义中初始化指针数组变量的所有元素。注意声明并初始化一个函数指针数组时候，一定要确保这些函数的原型出现在这个数组的声明之前。比如：

double add(double, double);

double sub(double, double);

double mul(double, double);

double div(double, double);

double (*oper_func[4])(double, double) = {add, sub, mult, div};

其调用形式如下：

result = oper_func[oper](op1, op2);

即 oper 从数组中选择正确的函数指针，函数调用操作符执行这个函数。当然，也可以去掉数组的大小，由初始化列表确定数组的大小。比如

double (*oper_func[])(double, double) = {add, sub, mult, div};

其中，大括号内的初始值个数确定了数组中元素的数目，因此函数指针数组的初始化列表与其他数组的初始化列表的作用一样。

2.3 结构体

在 C 语言中，可以使用结构体来存放一组不同类型的数据。结构体的定义形式为：

struct 结构体名{

　　结构体所包含的变量或数组

};

结构体是一种集合，它里面包含了多个变量或数组，它们的类型可以相同，也可以不同，每个这样的变量或数组都称为结构体的成员。请看下面的一个例子：

```
struct    stu{
    char   *name;    //姓名
    int    num;      //学号
    int    age;      //年龄
    char   group;    //所在学习小组
    float   score;   //成绩
};
```

stu 为结构体名，它包含了 5 个成员，分别是 name、num、age、group、score。既然结构体是一种数据类型，那么就可以用它来定义变量。例如：

struct stu   stu1,   stu2;

定义了两个变量 stu1 和 stu2，它们都是结构体类型，都由 5 个成员组成。可以把"struct stu"整体理解为结构体的类型，关键字 struct 不能少。结构体变量定义可以在定义结构体类

型的同时定义结构体变量，将变量放在结构体定义的最后即可。

```
struct stu{
    char    *name;      //姓名
    int     num;        //学号
    int     age;        //年龄
    char    group;      //所在学习小组
    float   score;      //成绩
} stu1,  stu2;
```

如果只需要 stu1、stu2 两个变量，后面不需要再使用结构体名定义其他变量，那么在定义时也可以不给出结构体名。

```
struct {                //没有名称
char    *name;          //姓名
int     num;            //学号
int     age;            //年龄
char    group;          //所在学习小组
float   score;          //成绩
} stu1，  stu2;
```

这样做让书写简单，但是因为没有结构体名，后面就没法用该结构体定义新的变量。结构体使用点号"."获取单个成员。获取结构体成员的一般格式为：

结构体变量名.成员名 ；

通过这种方式可以获取成员的值，也可以给成员赋值：

```
stu1.name = "Tom";
stu1.num = 12;
stu1.age = 18;
stu1.group = 'A';
stu1.score = 136.5;
```

除了可以对成员进行逐一赋值，也可以在定义时整体赋值，例如：

```
struct {
    char    *name;      //姓名
    int     num;        //学号
    int     age;        //年龄
    char    group;      //所在小组
    float   score;      //成绩
} stu1, stu2 = { "Tom", 12, 18, 'A', 136.5 };
```

整体赋值仅限于定义结构体变量的时候，在使用过程中只能对成员逐一赋值，这和数组的赋值非常类似。需要注意的是，结构体类型是一种自定义的数据类型，是创建变量的模板，不占用内存空间；结构体变量才包含了实实在在的数据，需要内存空间来存储。

结构体成员的获取，还可以通过结构体指针方式实现：

```
struct stu  *pStruct;       // 结构体指针定义
```

```
pStruct = &stu1;          // 取结构体变量地址
pStruct->name = "Tom";    // 通过指针方式获取成员
pStruct->num = 12;
pStruct->age = 18;
pStruct->group = 'A';
pStruct->score = 136.5;
```

也可以通过*，解引用结构体指针：

```
struct stu  *pStruct;        // 结构体指针定义
pStruct = &stu1;             // 取结构体变量地址
(*pStruct).name = "Tom";  // 通过指针方式获取成员
(*pStruct).num = 12;
(*pStruct).age = 18;
(*pStruct).group = 'A';
(*pStruct).score = 136.5;
```

实践中经常通过 typde 给结构体类型重命名：

```
Typedef   struct   _stu{
    char    *name;          //姓名
    int     num;            //学号
    int     age;            //年龄
    char    group;          //所在学习小组
    float   score;          //成绩
}STU;                       //新的结构体类型名称
STU  stu1,    stu2;        //定义结构体变量
STU  *pStruct;             //定义结构体指针
```

如果数组中的元素是结构体类型，则称为结构体数组。

```
STU  class[5];              // 定义结构体数组
```

对结构体数组中第 i 个元素的成员获取：

```
class[i]. name = "Tom";
(*(class+i)).name= "Tom";
(class+i)-> name = "Tom";
```

结构体指针也经常作为函数参数传入，能够简化编程。

```
void average(STU *ps, int len);
```

有些数据在存储时并不需要占用一个完整的字节，只需要占用一个或几个二进制位即可。例如开关只有通电和断电两种状态，用 0 和 1 表示足以，也就是用一个二进位。正是基于这种考虑，C 语言又提供了一种叫作位域的数据结构。在结构体定义时，可以指定某个成员变量所占用的二进制位数，这就是位域。请看下面的例子：

```
struct bs{
uint8_t   m;
uint8_t   n: 4;
```

```
uint8_t    ch: 6;
};
```

冒号 ":" 后面的数字用来限定成员变量占用的位数。成员 m 没有限制，根据数据类型即可推算出它占用 4 个字节的内存。成员 n、ch 被冒号 ":" 后面的数字限制，不能再根据数据类型计算长度，它们分别占用 4、6 位的内存。用结构体类型定义结构体变量并给结构体成员赋值：

```
struct bs tt;        // 定义结构体变量
tt.m = 0xEE;
tt.n = 0xF3;
tt.ch = 0xFF;
printf("m = %bx\r\n",tt.m);
printf("n = %bx\r\n",tt.n);
printf("ch = %bx\r\n",tt.ch);
```

输出结果如图 2.7 所示。

图 2.7　程序运行结果

从结果中看，成员 n、ch 的数值超过了其限定的位长，超过部分被截断。

位域的具体存储规则如下：当相邻成员的类型相同时，如果它们的位宽之和小于类型的 sizeof 大小，那么后面的成员紧邻前一个成员存储，直到不能容纳为止；如果它们的位宽之和大于类型的 sizeof 大小，那么后面的成员将从新的存储单元开始，其偏移量为类型大小的整数倍。示例代码如下：

```
struct bs{
    uint8_t    m:2;
    uint8_t    n:6;
    uint8_t    ch:3;
}tt;
    tt.m = 0xFD;        // 1111 1101
    tt.n = 0xF5;        // 1111 0101
    tt.ch = 0xFF;       // 1111 1111
    printf("tt.m = 0X%02bx\r\n",tt.m);
    printf("tt.n = 0X%02bx\r\n",tt.n);
    printf("tt.ch = 0X%02bx\r\n",tt.ch);
    printf("sizeof(struct tt) = %bd\r\n",sizeof(tt));
```

输出结果如图 2.8 所示。

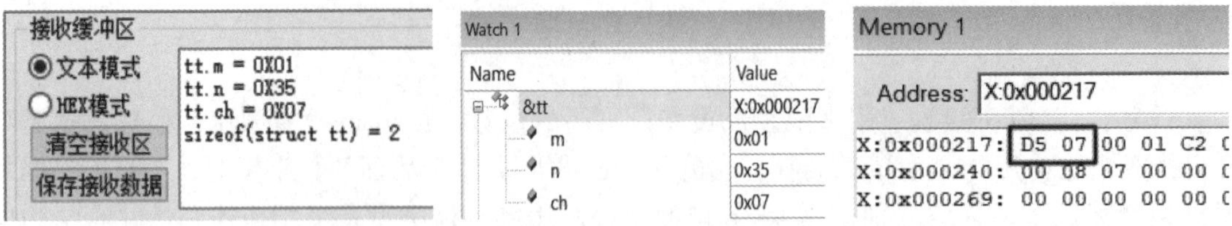

图 2.8　程序运行结果

结果显示结构体变量的大小为 2 个字节。在内存中存储规律是低位地址对应空间先存储 m 对应的 2 个位数据 01，然后再存储 n 对应的 6 个位数据 11 0101，内存中整体花销 1 个字节，这 8 个位数据组成 11010101 即 0xD5，再下一个字节存储 ch，即 0x07。

2.4　枚举体

在实际编程中，有些数据的取值往往是有限的，只能是非常少量的整数，并且最好为每个值都取一个名字，以方便在后续代码中使用，比如一个星期只有七天，一年只有十二个月，一个班每周有六门课程等。以每周七天为例，用户可以使用#define 命令来给每天指定一个名字：

#define	Mon	1
#define	Tues	2
#define	Wed	3
#define	Thurs	4
#define	Fri	5
#define	Sat	6
#define	Sun	7

#define 命令虽然能解决问题，但也带来了不小的副作用，导致宏名过多，代码松散，看起来总有点不舒服。C 语言提供了一种枚举（Enum）类型，能够列出所有可能的取值，并给它们取一个名字。枚举类型的定义形式为：

enum　typeName{ valueName1, valueName2, valueName3, … };

enum 是一个关键字，专门用来定义枚举类型；typeName 是枚举类型的名字；valueName1，valueName2，valueName3，……是每个值对应的名字的列表。注意最后的";"不能少。例如，列出一个星期有几天：

enum　week{ Mon, Tues, Wed, Thurs, Fri, Sat, Sun };

可以看到，这里仅仅给出了名字，却没有给出名字对应的值，这是因为枚举值默认从 0 开始，往后逐个加 1（递增）；也就是说，week 中的 Mon、Tues、…、Sun 对应的值分别为 0、1、…、6。我们也可以给每个名字都指定一个值：

enum　week{ Mon = 1, Tues = 2, Wed = 3, Thurs = 4, Fri = 5, Sat = 6, Sun = 7 };

更为简单的方法是只给第一个名字指定值：

enum　week{ Mon = 1, Tues, Wed, Thurs, Fri, Sat, Sun };

这样枚举值就从 1 开始递增，跟上面的写法是等效的。枚举是一种类型，通过它可以定义枚举变量：

enum   week a, b, c;

也可以在定义枚举类型的同时定义变量：

enum   week{ Mon = 1, Tues, Wed, Thurs, Fri, Sat, Sun } a, b, c;

有了枚举变量，即可把列表中的值赋给它：

enum   week{ Mon = 1, Tues, Wed, Thurs, Fri, Sat, Sun };

enum   week a = Mon, b = Wed, c = Sat;

或者：

enum   week{ Mon = 1, Tues, Wed, Thurs, Fri, Sat, Sun } a = Mon, b = Wed, c = Sat;

枚举类型经常应用于 switch case 语句：

enum week{ Mon = 1, Tues, Wed, Thurs, Fri, Sat, Sun } day;

switch(day){

case Mon: break;

case Tues: break;

case Wed: break;

case Thurs: break;

case Fri: break;

case Sat: break;

case Sun: break;

default: break;

}

需要注意：枚举列表中的 Mon、Tues、Wed 这些标识符的作用范围是全局的，不能再定义与它们名字相同的变量。Mon、Tues、Wed 等都是常量，不能对它们赋值，只能将它们的值赋给其他的变量。

枚举和宏其实非常类似：宏在预处理阶段将名字替换成对应的值，枚举在编译阶段将名字替换成对应的值。用户可以将枚举理解为编译阶段的宏。Mon、Tues、Wed 这些名字都被替换成了对应的数字。这意味着，Mon、Tues、Wed 等都不是变量，它们不占用数据区（常量区、全局数据区、栈区和堆区）的内存，而是直接被编译到命令里面，放到代码区，所以不能用&取得它们的地址，这就是枚举的本质。case 关键字后面必须是一个整数，或者是结果为整数的表达式，但不能包含任何变量，正是由于 Mon、Tues、Wed 这些名字最终会被替换成一个整数，所以它们才能放在 case 后面。

2.5 联合体

在 C 语言中，变量的定义是分配存储空间的过程。一般地，每个变量都具有其独有的存储空间，那么可不可以在同一个内存空间中存储不同的数据类型呢？使用联合体就可以达到这样的目的。联合体也叫共用体，在 C 语言中定义联合体的关键字是 union。定义一个联合类型的一般形式为：

```
union  联合名
{
成员表
};
```

成员表中含有若干成员，成员的一般形式为：类型说明符成员名。其占用的字节数与成员中最大数据类型占用的字节数。与结构体（struct）、枚举（enum）一样，联合体也是一种构造类型。下面是几种定义联合体变量定义的方法：

```
union perdata    // 定义联合体类型 union perdata
{
    int Class;
    char Office;
};
union perdata a，b;        // 使用该联合体类型定义联合体变量 a， b
```

或者

```
union perdata
{
    int Class;
    char Office;
}a，b;                      // 定义联合体类型 union perdata 的同时定义变量 a、b
```

或者

```
union
{
    int Class;
    char Office;
}a，b;
```

也可以用 typedef 给联合体类型重命名。

```
Typedef union perdata perdata_U;
```

联合体的初始化与结构体不同，联合体只能存储一个值。联合体初始化方法和结构体初始化类似，在此不再赘述。

在计算机系统中，我们是以字节为单位的，每个地址单元都对应着一个字节，一个字节为 8 位。但是在 C 语言中除了 8 位的 char 之外，还有 16 位的 short 型，32 位的 long 型（要看具体的编译器）。另外，对于位数大于 8 位的处理器，例如 16 位或者 32 位的处理器，由于寄存器宽度大于一个字节，那么必然存在着一个如何将多个字节安排的问题。因此就导致了大端存储模式和小端存储模式。大端模式：是指数据的高字节保存在内存的低地址中，而数据的低字节保存在内存的高地址中。这样的存储模式有点类似于把数据当成字符串顺序处理，地址由小向大增加，而数据从高位往低位放，这和用户的阅读习惯一致。小端模式：是指数据的高字节保存在内存的高地址中，而数据的低字节保存在内存的低地址中，这种存储模式将地址的高低和数据位权有效地结合起来，高地址部分权值高，低地址部分权值低。

通过联合体技巧，可以判断大小端模式。代码如下：

```
union {
long int   a;
uint8_t    b;
}tt={0x12345678};
        if(tt.b==0x78) printf("小端模式\r\n");
        if (tt.b==0x12) printf("大端模式\r\n");
```

成员 a 和 b 共用同一内存 4 个字节空间，b 只用低位 1 个字节空间，通过其判断是存储的高位数据 0x12 还是 0x78 便可判断大小端模式。

另外联合体可以和位域结构体配合使用，方便对寄存器的整体操作。假设单片机的矩阵键盘的 8 根 IO 口线由 P0 口的 P00 ~ P03 与 P1 口的 P1 ~ P4 组成，程序中想实现对这 8 个 IO 口线整体的赋值和数据读取，可以采用下面的技巧：

```
typedef    struct {
        uint8_t bit_0:1;

        uint8_t bit_1:1;

        uint8_t bit_2:1;

        uint8_t bit_3:1;

        uint8_t bit_4:1;

        uint8_t bit_5:1;

        uint8_t bit_6:1;

        uint8_t bit_7:1;

}bits;                          // 位域结构体类型别名
typedef    union{
        uint8_t    value;
        bits         bitsData;      // 定义位域结构体变量
} portData;                     // 联合体类型别名
void    port_set(portData * pPort, uint8_t value) // 端口整体赋值
{
        (*pPort).value = value;
        P00 = (*pPort).bitsData.bit_0;  // P00 是预先定义的，  sbit   P00 = P0^0
        P01 = (*pPort).bitsData.bit_1;  // P01 是预先定义的，  sbit   P01 = P0^1
        P02 = (*pPort).bitsData.bit_2;  // P02 是预先定义的，  sbit   P02 = P0^2
        P03 = (*pPort).bitsData.bit_3;  // P03 是预先定义的，  sbit   P03 = P0^3
        P11 = (*pPort).bitsData.bit_4;  // P11 是预先定义的，  sbit   P11 = P1^1
        P12 = (*pPort).bitsData.bit_5;  // P12 是预先定义的，  sbit   P12 = P1^2
        P13 = (*pPort).bitsData.bit_6;  // P13 是预先定义的，  sbit   P13 = P1^3
        P14 = (*pPort).bitsData.bit_7;  // P14 是预先定义的，  sbit   P14 = P1^4
}
uint8_t    port_get(portData * pPort)    // 端口整体读取值
{
```

```
    (*pPort).bitsData.bit_0 = P00;              // 读到对应的位中
    (*pPort).bitsData.bit_1 = P01;
    (*pPort).bitsData.bit_2 = P02;
    (*pPort).bitsData.bit_3 = P03;
    (*pPort).bitsData.bit_4 = P11;
    (*pPort).bitsData.bit_5 = P12;
    (*pPort).bitsData.bit_6 = P13;
    (*pPort).bitsData.bit_7 = P14;
    return (*pPort).value;                       // 整体返回数值
}
void test07(void)
{
portData test;                                   // 定义联合体变量
    uint8_t   temp = 0;                          // 定义临时变量
    port_set(&test,0x55);                        // 整体赋值
    temp = port_get(&test);                      // 整体读取值
}
```

显示结果如图 2.9 所示：

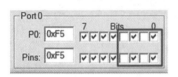 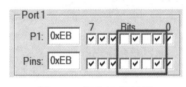 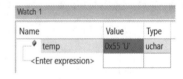

图 2.9   程序运行结果

可以清晰看到 0x55 赋值到对应的 P00 ~ P03 和 P11 ~ P14，temp 也成功获取 IO 数值。

2.6   循环队列

队列是一种常见的数据结构，生活中的排队买票，排队等车，都是队列的应用。队列的特点是先进先出 FIFO。队列可以基于数组实现，也可以基于链表实现，这里是基于数组实现的。每次出队操作，头指针后移，每次入队，尾指针也后移。因为数组是固定长度连续空间，首位指针后移，队尾可插入区域会越来越小。当然，可以每次出队，整个队列前移，但是数组移动需要牺牲性能。环形队列可以解决数组移动的缺点，当尾指针超出数组末尾时，尾指针移动数组头部。这就将数组虚拟成了一个环形，只要队列长度没达到最大值，就可以插入。

一般环形队列取出元素时候，会调用相应的函数进行处理，这里为方便操作，定义如下的结构体。结构体中有指针，与队列数组的头地址进行绑定。

```
#define    QUEUE_NUM          8            // 队列数组最大长度
uint8_t    queData[QUEUE_NUM];             // 队列数组
typedef    struct{
```

```
        uint8_t    * pData;                    // 指向数组首地址
        uint8_t      write;                     // 待写入数据位置
        uint8_t      read;                      // 取出数据位置
        uint8_t      num;                       // 队列数据个数
        void (*pFun)(void *);                   // 取出数据回调函数
}Queue;
Queue      testQue;                             // 定义结构体
typedef void (* pFUN)(void *);                  // 函数指针类型
```

结构体初始化函数如下：

```
void queue_register(uint8_t * pData ,pFUN pFun)      // 队列初始化
{
        testQue.pData  = pData;                 //绑定数组首地址
        testQue.pFun   = pFun;                  //绑定回调函数
        testQue.write  = 0;
        testQue.read   = 0;
        testQue.num    = 0;
}
```

把数据 value 写入队列之中函数：

```
void write_queue(uint8_t  value)
{
        if(testQue.write<QUEUE_NUM)                     // 队列有空
        {
            testQue.pData[testQue.write] = value;       // 数据存入队列
        }
        if(++testQue.write == QUEUE_NUM)
        {
            testQue.write = 0;                          // 从头开始
        }
        if(testQue.write >= testQue.read)
        {
            testQue.num = testQue.write - testQue.read;     // 队列中数据个数加 1
        }
        else
        {
            testQue.num = testQue.write + QUEUE_NUM - testQue.read;    //队列中数据个数加 1
        }
}
```

testQue.write 总是指向队列中待写入数据位置，当写入数据之后，testQue.write 位置就向后移动一个位置。如果写入数据前 testQue.write 已经移动到队列数组最后一个位置，则把数

据写入队列之后，testQue.write 移动到队列数组开始位置。从队列中读出数据函数如下：

```
void read_queue(void)                                          // 数据取出队列
{
    if(testQue.num > 0)
    {
        if(testQue.pFun != (void *)0)                          // 回调函数不为空
        {
            testQue.pFun(&testQue.pData[testQue.read]);        // 读出的数据传入回调函数
            if(++testQue.read==QUEUE_NUM)
            {
                testQue.read = 0;
            }
        }
        testQue.num--;                                         // 队列中数据个数减 1
    }
}
```

testQue.read 指向待读出数据位置，读取数据之后，testQue.read 向后移动 1 个位置，并且队列中剩余写入数据数目减 1。如果读出数据之前，testQue.read 已经移动到队列数组最后一个位置，则读出数据之后，testQue.read 要移动到数组开始位置。为方便查询队列当前数据个数，封装如下函数：

```
uint8_t    get_queueNum(void)
{
    return    testQue.num;    // 返回队列中数据个数
}
```

为验证上述程序正确性，先向队列中写入 6 个数据，再读出并打印输出写入的前 4 个数据，此时队列中还剩余 2 个数据。再次向队列中写入 4 个数据，此时，队列中共有 6 个数据，并且第二次写入数据时候，超过了队列的最大个数 8。最后，把队列中的 6 个数据，全部读取并打印出来。

```
void test08(void)
{
    uint8_t i = 0;
    queue_register(&queData[0],printf_task1);                  // 队列初始化
    for(i=0;i<6;i++)                                           // 存入 6 个数据
    {
        write_queue(i);
    }
    printf("first read...\r\n");
    for(i=0;i<4;i++)                                           // 取出 4 个数据,队列中还有 2 个数据
    {
```

```
        read_queue();
    }
    for(i=6;i<10;i++)                            // 再存入 5 个数据,超过最大 8 个
    {
        write_queue(i);
    }
    printf("second read...\r\n");
    while(get_queueNum()!=0)                      // 取出队列中全部数据
    {
        read_queue();
    }
}
```

其中，回调函数如下：

```
void    printf_task1(void * param)               /* 取出元素时候的回调函数 */
{
    uint8_t * temp = (uint8_t *)param;
    printf("get vaule = %bd\r\n",*temp);          // 打印出取出数据
}
```

输出结果如图 2.10 所示。

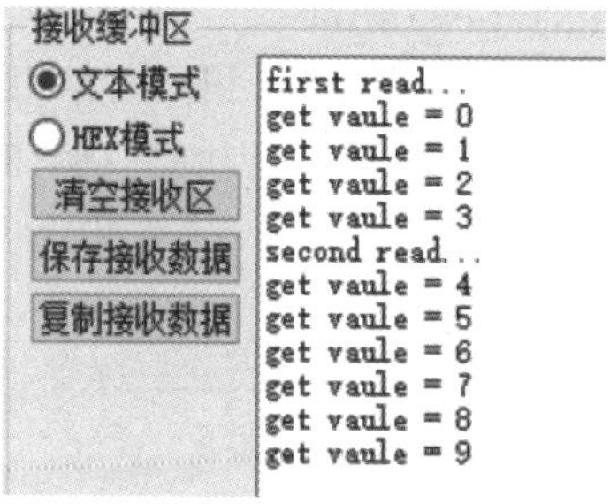

图 2.10　程序运行结果

从结果中看出，跟我们预期是一致的。这里队列的元素用的是 int8_t 的类型，实际工程中，根据项目需求，可以是结构体等复杂数据类型。

2.7　位逻辑运算

单片机编程经常需要对特殊功能寄存器进行配置，有的特殊功能寄存器无法位寻址，不能够对特殊功能寄存器中的位单独操作，只能够对其整体赋值。如何做到整体赋值时候，对特定的位清零，置位，取反而不影响其余位，就显得特别重要。结合 C 语言中的位逻辑运算和移位技巧能够方便实现这些功能。

一个比特位只有 0 和 1 两个取值，只有参与&运算的两个位都为 1 时，结果才为 1，否

则为 0。例如 1&1 为 1，0&0 为 0，1&0 也为 0，这和逻辑运算符 & 非常类似。C 语言中不能直接使用二进制，& 两边的操作数可以是十进制、八进制、十六进制，它们在内存中最终都是以二进制形式存储，& 就是对这些内存中的二进制位进行运算。其他的位运算符也是相同的道理。

例如，9 & 5 可以转换成如下的运算：

```
    0000 1001   （9 在内存中的存储）
&   0000 0101   （5 在内存中的存储）
--------------------------------------------------------
    0000 0001   （1 在内存中的存储）
```

用宏定义将一个数据 x 的第 n 位（从右边起算，也就是 bit0 位算第 0 位）清零。

```
# define   CLEAR_BIT_N（x，n）  （( x ) & ~（1u<<（n）））
```

参与 | 运算的两个二进制位有一个为 1 时，结果就为 1；两个都为 0 时，结果才为 0。例如 1|1 为 1，0|0 为 0，1|0 为 1，这和逻辑运算中的 || 非常类似。例如，9 | 5 可以转换成如下的运算：

```
    0000 1001   （9 在内存中的存储）
|   0000 0101   （5 在内存中的存储）
--------------------------------------------------------
    0000 1101   （13 在内存中的存储）
```

用宏定义将一个数据 x 的第 n 位（从右边起算，也就是 bit0 位算第 0 位）置位。

```
# define   SET_BIT_N(x,n)    ((x)|(1u<<(n)))
```

参与 ^ 运算两个二进制位不同时，结果为 1，相同时结果为 0。例如 0^1 为 1，0^0 为 0，1^1 为 0。可以通过跟 1 进行异或，可以实现取反功能。例如，9 ^ 5 可以转换成如下的运算：

```
    0000 1001   （9 在内存中的存储）
^   0000 0101   （5 在内存中的存储）
--------------------------------------------------------
    0000 1100   （12 在内存中的存储）
```

用宏定义将一个数据 x 的第 n 位（从右边起算，也就是 bit0 位算第 0 位）取反。

```
# define   TOGGLE_BIT_N(x,n)    ((x)^(1u<<(n)))
```

实践中，经常遇到要得知特殊功能寄存器中某位的状态的需求。用宏定义实现获取一个数据 x 的第 n 位功能，可以通过如下宏实现：

```
# define   GET_BIT_N(x,n)    (((x)&(1u<<(n)))>>(n))
```

以上都是以某一位的逻辑运算操作的，实际中可能需要对数据的多个位进行操作，可以重复多次应用上述宏来实现，也可以基于以上思路，构造其他宏来实现。以下宏实现了获取数据 x 的连续位（n ~ m）的数据。例如变量 0x88，也就是 0b10001000，若获取第 bit1 ~ bit3 位，则值为 0b100=4。

```
# DEFINEGET_BITS(X,N,M)  ((X)&~(~(0U)<<(M-N+1))<<(N))>>(N))
```

第 3 章

GPIO 模块

3.1 STC8 系列单片机的 I/O 驱动原理

STC8H 系列单片机的 I/O 口原理图如图 3.1 所示，根据数据流向来看，有输出功能也有输入功能。除此之外，各端口内部还加了上拉电阻，可以通过对应的 PxPU 寄存器控制上拉电阻的接入。设置 1 时，使能端口内部的上拉电阻；设置 PxSR 寄存器，可用于控制 I/O 口电平转换速度；设置为 0 时相应的 I/O 口为快速翻转，设置为 1 时为慢速翻转。设置 PxDR 寄存器，可用于控制 I/O 口驱动电流大小，设置为 1 时 I/O 输出为一般驱动电流，设置为 0 时为强驱动电流。设置 PxNCS 寄存器，可用于使能端口的施密特触发器，提高端口抗干扰能力，设置 0 时为使能施密特触发器功能。

注意：除 P3.0 和 P3.1 外，其余所有 I/O 口上电后的状态均为高阻输入状态，用户在使用 I/O 口时必须先设置 I/O 口模式。

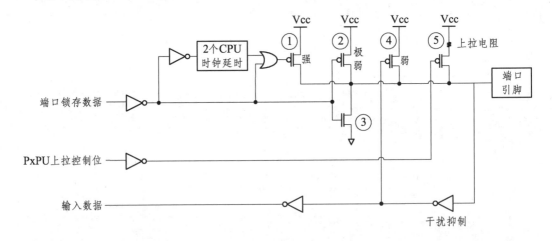

图 3.1 单片机的 I/O 口原理图

STC8H 系列单片机的 I/O 口有 4 种工作模式：准双向口模式（标准 8051 输出口模式）、强推挽输出模式、高阻输入模式（电流既不能流入也不能流出）、开漏模式。可使用软件对 I/O 口的工作模式寄存器 PxM0 和 PxM1 进行配置。

所谓双向口，指配置好端口工作模式之后，能够直接输出和读入数据，而在输出和读入数据过程中，不需要其他额外操作。STC8H 系列单片机的准双向口模式，在读入数据时候，先要对端口写 1，以便断开图 3.1 中的第 3 个晶体管，避免该晶体管可能处于导通接地状态对管脚的电平产生影响。跟双向口相比，由于在读入之前多了一步写 1 的操作，故称为准双向口。

图 3.1 中第 1 号上拉晶体管称为"强上拉"。当或门前面的两个输入电平处于稳定态（如有跳变，指跳变发生后的 2 个时钟之后），或门输出必定为 1，而强上拉晶体管截至断开。当端口锁存器由 1 到 0 跳变时，由于或门下端输入，立刻变为 1，所以此时强上拉晶体管仍然处于截至断开状态。当端口锁存器由 0 到 1 跳变时，或门的上一时刻上端输入 0，下面输入 1。发生跳变瞬间，下面的输入立刻变为 0，上面的输入由于有 2 个时钟的延迟，故状态保持上

一时刻的 0 约 2 个时钟，此时或门两个输入均为 0，输出便为 0，强上拉晶体管导通。2 个时钟之后，或门的上面输入变为 1，或门输出变为 1，强上拉晶体管截止断开。综上所述，强上拉晶体管主要用来加快准双向口由逻辑 0 到逻辑 1 转换，且该段时间仅持续约 2 个时钟，其余情况下，均处于截止断开状态。

第 2 号上拉晶体管，称为"极弱上拉"，该晶体管于第 3 个接地的晶体管形成推挽结构。当端口锁存器输出 1 时，极弱上拉晶体管导通，第 3 个接地晶体管断开。当外部引脚悬空时，这个极弱的上拉源产生很弱的上拉电流将引脚上拉为高电平。对于 5 V 单片机，"极弱上拉"晶体管的电流约 18 μA；对于 3.3 V 单片机，"极弱上拉"晶体管的电流约 5 μA。此模式下，允许外部设备强制把管脚电平拉低（要尽量避免出现这种情况）。

第 4 号上拉晶体管称为"弱上拉"，由端口寄存器状态和外部引脚电平状态共同确定，两者均为 1 时打开。此上拉提供基本驱动电流使准双向口输出为 1。如果一个引脚输出为 1 而由外部装置下拉到低时，弱上拉关闭而"极弱上拉"维持开状态，为了把这个引脚强拉为低，外部装置必须有足够的灌电流能力使引脚上的电压降到门槛电压以下。对于 5 V 单片机，"弱上拉"晶体管的电流约 250 μA；对于 3.3 V 单片机，"弱上拉"晶体管的电流约 150 μA。综上所述，"弱上拉"晶体管作用可理解为管脚输出 1 时，补充"极弱上拉"晶体管的驱动电流。

1. 准双向口模式

准双向口（弱上拉）输出类型可用作输出和输入功能而不需重新配置端口输出状态，如图 3.2 所示。这是因为当端口输出为 1 时驱动能力很弱，允许外部装置将其拉低。当引脚输出为低时，它的驱动能力很强，可吸收相当大的电流。准双向口有 3 个上拉晶体管适应不同的需要。

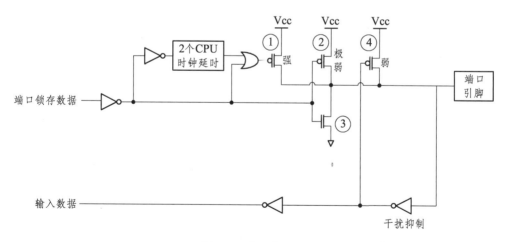

图 3.2　准双向配置

2. 强推挽输出模式

强推挽输出配置的下拉结构与开漏输出以及准双向口的下拉结构相同，如图 3.3 所示。但当锁存器为 1 时提供持续的强上拉。强推挽模式一般用于需要更大驱动电流的情况。

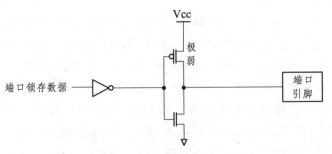

图 3.3 强推挽输出配置

3．高阻输入模式

电流既不能流入也不能流出输入口带有一个施密特触发输入以及一个干扰抑制电路，如图 3.4 所示。

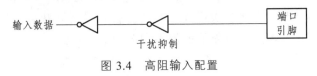

图 3.4 高阻输入配置

4．开漏模式

开漏模式既可读外部状态也可对外输出（高电平或低电平）。如要正确读外部状态或需要对外输出高电平，需外加上拉电阻，如图 3.5 所示。

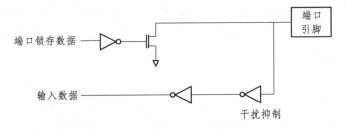

图 3.5 高阻输入配置

当端口锁存器为 0 时，开漏输出关闭所有上拉晶体管。当作为一个逻辑输出高电平时，这种配置方式必须有外部上拉，一般通过电阻外接到 Vcc。如果外部有上拉电阻，开漏的 I/O 口还可读外部状态，即此时被配置为开漏模式的 I/O 口还可作为输入 I/O 口。这种方式的下拉与准双向口相同。开漏端口带有一个施密特触发输入以及一个干扰抑制电路。

3.2 STC8 系列单片机 IO 驱动程序

如图 3.6 所示，在 SFR 中提供了 P0 ~ P7 端口模式的控制寄存器。

符号	地址	B7	B6	B5	B4	B3	B2	B1	B0
P0M0	94H	P07M0	P06M0	P05M0	P04M0	P03M0	P02M0	P01M0	P00M0
P0M1	93H	P07M1	P06M1	P05M1	P04M1	P03M1	P02M1	P01M1	P00M1
P1M0	92H	P17M0	P16M0	P15M0	P14M0	P13M0	P12M0	P11M0	P10M0

P1M1	91H	P17M1	P16M1	P15M1	P14M1	P13M1	P12M1	P11M1	P10M1
P2M0	96H	P27M0	P26M0	P25M0	P24M0	P23M0	P22M0	P21M0	P20M0
P2M1	95H	P27M1	P26M1	P25M1	P24M1	P23M1	P22M1	P21M1	P20M1
P3M0	B2H	P37M0	P36M0	P35M0	P34M0	P33M0	P32M0	P31M0	P30M0
P3M1	B1H	P37M1	P36M1	P35M1	P34M1	P33M1	P32M1	P31M1	P30M1
P4M0	B4H	P47M0	P46M0	P45M0	P44M0	P43M0	P42M0	P41M0	P40M0
P4M1	B3H	P47M1	P46M1	P45M1	P44M1	P43M1	P42M1	P41M1	P40M1
P5M0	CAH	—	—	P55M0	P54M0	P53M0	P52M0	P51M0	P50M0
P5M1	C9H	—	—	P55M1	P54M1	P53M1	P52M1	P51M1	P50M1
P6M0	CCH	P67M0	P66M0	P65M0	P64M0	P63M0	P62M0	P61M0	P60M0
P6M1	CBH	P67M1	P66M1	P65M1	P64M1	P63M1	P62M1	P61M1	P60M1
P7M0	E2H	P77M0	P76M0	P75M0	P74M0	P73M0	P72M0	P71M0	P70M0
P7M1	E1H	P77M0	P76M0	P75M1	P74M1	P73M1	P72M1	P71M1	P70M1

图 3.6 端口模式控制寄存器

配置端口模式的具体含义,其中 n 对应端口号,n=0 ~ 7,x 对应管脚号,x=0 ~ 7。

PnM1.x	PnM0.x	Pn.x 口工作模式
0	0	准双向口
0	1	推挽输出
1	0	高阻输入
1	1	开漏输出

图 3.7 端口模式控制寄存器

如图 3.7 所示,从上面寄存器信息中可以看到,配置管脚工作模式就是指定特定管脚的工作模式。用如下代码进行封装。

```
typedef struct {
uint8_t    Mode;    /*IO 模式 , GPIO_PullUp, GPIO_HighZ, GPIO_OUT_OD, GPIO_OUT_PP */
uint8_t    Pin;    /* 管脚号 */
}GPIO_InitTypeDef;
```

结构体中元素 Mode 表示 IO 模式设置,具体含义如下:

参数	功能描述
GPIO_PulluP	准双向口,内部弱上位,可输入/输出,当输入时要先写 1
GPIO_HighZ	高阻输入,只能做输入
GPIO_OUT_OD	开漏输出,可输入/输出,输入/输出 1 时需要接上拉电阻
GPIO_OUT_PP	推挽输出,只能做输出,根据需要串接限流电阻

应用如下宏定义:

```
#define    GPIO_PullUp      0      /*上拉准双向口*/
#define    GPIO_HighZ       1      /*浮空输入*/
#define    GPIO_OUT_OD      2      /*开漏输出*/
#define    GPIO_OUT_PP      3      /*推挽输出*/
```

结构体中元素 Pin 表示设置的端口，具体含义如下：

参数	功能描述
GPIO_Pin_0	IO 引脚 Px.0
GPIO_Pin_1	IO 引脚 Px.1
GPIO_Pin_3	IO 引脚 Px.3
GPIO_Pin_4	IO 引脚 Px.4
GPIO_Pin_5	IO 引脚 Px.5
GPIO_Pin_6	IO 引脚 Px.6
GPIO_Pin_7	IO 引脚 Px.7
GPIO_Pin_LOW	Px 整组 IO 低 4 位引脚
GPIO_Pin_HIGH	Px 整组 IO 高 4 位引脚
GPIO_Pin_All	Px 整组 IO 8 位引脚

应用如下宏定义：

```
#define    GPIO_Pin_0       0x01      /* IO 引脚 Px.0 */
#define    GPIO_Pin_1       0x02      /* IO 引脚 Px.1 */
#define    GPIO_Pin_2       0x04      /* IO 引脚 Px.2 */
#define    GPIO_Pin_3       0x08      /* IO 引脚 Px.3 */
#define    GPIO_Pin_4       0x10      /* IO 引脚 Px.4 */
#define    GPIO_Pin_5       0x20      /* IO 引脚 Px.5 */
#define    GPIO_Pin_6       0x40      /* IO 引脚 Px.6 */
#define    GPIO_Pin_7       0x80      /* IO 引脚 Px.7 */
#define    GPIO_Pin_LOW     0x0F      /* IO 低 4 位引脚 */
#define    GPIO_Pin_HIGH    0xF0      /* IO 高 4 位引脚 */
#define    GPIO_Pin_All     0xFF      /* IO 所有引脚    */
```

以 P0 端口为例，设置 P0 端口 Pin 脚的工作模式采用如下的宏：

```
#define    P0_MODE_IO_PU(Pin)     P0M1 &= ~(Pin); P0M0 &= ~(Pin)      /*准双向口*/
#define    P0_MODE_IN_HIZ(Pin)    P0M1 |= (Pin);   P0M0 &= ~(Pin)      /*高阻输入*/
#define    P0_MODE_OUT_OD(Pin)    P0M1 |= (Pin);   P0M0 |= (Pin)       /*开漏输出*/
#define    P0_MODE_OUT_PP(Pin)    P0M1 &= ~(Pin); P0M0 |= (Pin)        /*推挽输出*/
```

除了上述 4 种工作模式设置之外，P0 端口还有上拉电阻，电流驱动能力，电平反转速度等设置，这些设置对应 STC8H 系列单片机扩展的 SFR，在设置之前需要将外设端口切换控制寄存器 2（P_SW2）的最高位 EAXFR 进行设置。

符号	地址	B7	B6	B5	B4	B3	B2	B1	B0
P_SW2	BAH	EAXFR	—	I2C_S[1:0]		CMPO_S	S4_S	S3_S	S2_S

当 EAXFR=0 时，禁止访问扩展 RAM 区特殊功能寄存器（XFR）；当 EAXFR=1 时，使能访问 XFR。所以，当需要访问 XFR 时，必须先将 EAXFR 置 1，才能对 XFR 进行正常的读写。放了方便编程，可以定义如下宏来封装该操作。

```
#define    EAXSFR（ ）      P_SW2|=   0x80    /* 指令的操作对象为扩展 SFR（XSFR）*/
#define    EAXRAM（ ）      P_SW2 &= ~ 0x80  /* 指令的操作对象为扩展 RAM（XRAM）*/
```

端口上拉电阻电阻控制寄存器 PxPU 信息如下：

符号	地址	B7	B6	B5	B4	B3	B2	B1	B0
P0PU	FE10H	P07PU	P06PU	P05PU	P04PU	P03PU	P02PU	P01PU	P00PU
P1PU	FE11H	P17PU	P16PU	P15PU	P14PU	P13PU	P12PU	P11PU	P10PU
P2PU	FE12H	P27PU	P26PU	P25PU	P24PU	P23PU	P22PU	P21PU	P20PU
P3PU	FE13H	P37PU	P36PU	P35PU	P34PU	P33PU	P32PU	P31PU	P30PU
P4PU	FE14H	P47PU	P46PU	P45PU	P44PU	P43PU	P42PU	P41PU	P40PU
P5PU	FE15H	—	—	P55PU	P54PU	P53PU	P52PU	P51PU	P50PU
P6PU	FE16H	P67PU	P66PU	P65PU	P64PU	P63PU	P62PU	P61PU	P60PU
P7PU	FE17H	P77PU	P76PU	P75PU	P74PU	P73PU	P72PU	P71PU	P70PU

对应位置 1，表示使能端口内部的约 4.1 kΩ 的上拉电阻；对应位清 0，表示禁止端口内部的约 4.1 kΩ 的上拉电阻。

端口施密特触发控制寄存器 PxNCS 信息如下：

符号	地址	B7	B6	B5	B4	B3	B2	B1	B0
P0NCS	FE18H	P07NCS	P06NCS	P05NCS	P04NCS	P03NCS	P02NCS	P01NCS	P00NCS
P1NCS	FE19H	P17NCS	P16NCS	P15NCS	P14NCS	P13NCS	P12NCS	P11NCS	P10NCS
P2NCS	FE1AH	P27NCS	P26NCS	P25NCS	P24NCS	P23NCS	P22NCS	P21NCS	P20NCS
P3NCS	FE1BH	P37NCS	P36NCS	P35NCS	P34NCS	P33NCS	P32NCS	P31NCS	P30NCS
P4NCS	FE1CH	P47NCS	P46NCS	P45NCS	P44NCS	P43NCS	P42NCS	P41NCS	P40NCS
P5NCS	FE1DH	—	—	P55NCS	P54NCS	P53NCS	P52NCS	P51NCS	P50NCS
P6NCS	FE1EH	P67NCS	P66NCS	P65NCS	P64NCS	P63NCS	P62NCS	P61NCS	P60NCS
P7NCS	FE1FH	P77NCS	P76NCS	P75NCS	P74NCS	P73NCS	P72NCS	P71NCS	P70NCS

对应位置 1，表示禁止端口的施密特触发功能；对应位清 0，表示使能端口施密特出发功能（上电复位后默认使能施密特触发功能）。

端口电平转换速度控制寄存器 PxSR 信息如下：

符号	地址	B7	B6	B5	B4	B3	B2	B1	B0	复位值
P0SR	FE18H	P07SR	P06SR	P05SR	P04SR	P03SR	P02SR	P01SR	P00SR	1111,1111
P1SR	FE19H	P17SR	P16SR	P15SR	P14SR	P13SR	P12SR	P11SR	P10SR	1111,1111
P2SR	FE1AH	P27SR	P26SR	P25SR	P24SR	P23SR	P22SR	P21SR	P20SR	1111,1111
P3SR	FE1BH	P37SR	P36SR	P35SR	P34SR	P33SR	P32SR	P31SR	P30SR	1111,1111
P4SR	FE1CH	P47SR	P46SR	P45SR	P44SR	P43SR	P42SR	P41SR	P40SR	1111,1111
P5SR	FE1DH	—	—	P55SR	P54SR	P53SR	P52SR	P51SR	P50SR	xx11,1111
P6SR	FE1EH	P67SR	P66SR	P65SR	P64SR	P63SR	P62SR	P61SR	P60SR	1111,1111
P7SR	FE1FH	P77SR	P76SR	P75SR	P74SR	P73SR	P72SR	P71SR	P70SR	1111,1111

对应位置 1，表示电平转速速度慢，相应的上下冲比较小；对应位清 0，表示电平转换速度快，相应的上下冲会比较大。

端口驱动电流控制寄存器 PxDR 信息如下：

符号	地址	B7	B6	B5	B4	B3	B2	B1	B0	复位值
P0DR	FE28H	P07DR	P06DR	P05DR	P04DR	P03DR	P02DR	P01DR	P00DR	1111,1111
P1DR	FE29H	P17DR	P16DR	P15DR	P14DR	P13DR	P12DR	P11DR	P10DR	1111,1111
P2DR	FE2AH	P27DR	P26DR	P25DR	P24DR	P23DR	P22DR	P21DR	P20DR	1111,1111
P3DR	FE2BH	P37DR	P36DR	P35DR	P34DR	P33DR	P32DR	P31DR	P30DR	1111,1111
P4DR	FE2CH	P47DR	P46DR	P45DR	P44DR	P43DR	P42DR	P41DR	P40DR	1111,1111
P5DR	FE2DH	—	—	P55DR	P54DR	P53DR	P52DR	P51DR	P50DR	xx11,1111
P6DR	FE2EH	P67DR	P66DR	P65DR	P64DR	P63DR	P62DR	P61DR	P60DR	1111,1111
P7DR	FE2FH	P77DR	P76DR	P75DR	P74DR	P73DR	P72DR	P71DR	P70DR	1111,1111

对应位置 1，表示一般驱动能力；对应位清 0，表示增强驱动能力。

端口数字信号输入使能控制寄存器 PxIE 信息如下：

符号	地址	B7	B6	B5	B4	B3	B2	B1	B0
P0IE	FE30H	P07IE	P06IE	P05IE	P04IE	P03IE	P02IE	P01IE	P00IE
P1IE	FE31H	P17IE	P16IE	P15IE	P14IE	P13IE	P12IE	P11IE	P10IE
P3IE	FE33H	P37IE	P36IE	P35IE	P34IE	P33IE	P32IE	P31IE	P30IE

对应位清 0，表示禁止数字信号输入。若 I/O 被当作比较器输入口、ADC 输入口或者触摸按键输入口等模拟口时，进入时钟停振模式前，必须设置为 0，否则会有额外的耗电。

对应位置 1，表示使能数字信号输入。若 I/O 被当作数字口时，必须设置为 1，否则 MCU 无法读取外部端口的电平。

下面以 P0 端口为例，将上述特殊功能寄存器的设置封装为如下宏，其他端口封装方法相同。

```
#define P0_PULL_UP_ENABLE(Pin)    {EAXSFR(); P0PU |= (Pin); EAXRAM();}        /*上拉使能*/
```

```
#define P0_PULL_UP_DISABLE(Pin)      {EAXSFR(); P0PU &= ~(Pin); EAXRAM();}      /*上拉禁止*/
#define P0_ST_ENABLE(Pin)            {EAXSFR();P0NCS &= ~(Pin); EAXRAM();}       /*施密特触发使能*/
#define P0_ST_DISABLE(Pin)           {EAXSFR();P0NCS |= (Pin); EAXRAM();}        /*施密特触发禁止*/
#define P0_SPEED_LOW(Pin)            {EAXSFR();P0SR |= (Pin); EAXRAM();}         /*电平转换慢速*/
#define P0_SPEED_HIGH(Pin)           {EAXSFR();P0SR &= ~(Pin);EAXRAM();}         /*电平转换快速*/
#define P0_DRIVE_MEDIUM(Pin)         {EAXSFR();P0DR |= (Pin); EAXRAM();}         /*一般驱动能力*/
#define P0_DRIVE_HIGH(Pin)           {EAXSFR(); P0DR &= ~(Pin); EAXRAM();}       /*增强驱动能力*/
#define P0_DIGIT_IN_ENABLE(Pin)      {EAXSFR();P0IE |= (Pin);EAXRAM();}          /*使能数字信号输入*/
#define P0_DIGIT_IN_DISABLE(Pin)     {EAXSFR();P0IE &= ~(Pin);EAXRAM();}         /*禁止数字信号输入*/
```

对端口的工作模式初始化设置，可以封装成如下的函数：

```
uint8_t GPIO_Init（uint8_t GPIO,  GPIO_InitTypeDef *GPIOx）
```

其中第 1 个输入参数，输入如下的宏：

```
#define    GPIO_P0        0
#define    GPIO_P1        1
#define    GPIO_P2        2
#define    GPIO_P3        3
#define    GPIO_P4        4
#define    GPIO_P5        5
#define    GPIO_P6        6
#define    GPIO_P7        7
```

第 2 个输入参数，是结构体指针变量，该结构体就是前面定义的结构体类型 GPIO_InitTypeDef。

具体函数实现代码如下：

```
uint8_t GPIO_Init(uint8_t GPIO, GPIO_InitTypeDef *GPIOx)
{    if (GPIO > GPIO_P7)                          return FAIL;             /*错误*/
if (GPIOx->Mode > GPIO_OUT_PP)            return FAIL;             /*错误*/
if (GPIO == GPIO_P0)                                                 /* P0 端口设置  */
{    if(GPIOx->Mode == GPIO_PullUp)   P0_MODE_IO_PU(GPIOx->Pin);   /*上拉准双向口*/
if(GPIOx->Mode == GPIO_HighZ)        P0_MODE_IN_HIZ(GPIOx->Pin);  /*浮空输入*/
if(GPIOx->Mode == GPIO_OUT_OD)       P0_MODE_OUT_OD(GPIOx->Pin);  /*开漏输出*/
if(GPIOx->Mode == GPIO_OUT_PP)       P0_MODE_OUT_PP(GPIOx->Pin);  /*推挽输出*/
}
```

其余 P1 ~ P7 端口工作模式设置，与上述 P0 端口设置类似，在此省略。

```
return SUCCESS;                                                      /*成功*/

}
```

将上述的宏定义和函数 GPIO_Init（u8 GPIO, GPIO_InitTypeDef *GPIOx）声明写入到 STC8G_H_GPIO.h 头文件之中，函数的具体实现写入 STC8G_H_GPIO.C 文件之中。需要调用端口设置相关函数的模块，只需要应用 #inlcude "STC8G_H_GPIO.h"语句，包含头文件即可随意调用。

3.3 74HC595 原理及驱动实现

由于单片机的 IO 管脚有限，故资源紧张情况下，要对 IO 管脚进行扩展。74HC595 芯片就能够实现 IO 口的扩展，它能够实现串入并出的功能。74HC595 具有 8 位移位寄存器和一个存储器，三态输出功能的驱动芯片。移位寄存器和存储器分别具有独立的时钟信号。数据在 SCK 的上升沿输入，在 RCK 的上升沿进入到存储寄存器中去。如果两个时钟连在一起，则移位寄存器总是比存储寄存器早一个脉冲。移位寄存器有一个串行移位输入（SER），和一个串行输出（Q7′），和一个异步的低电平复位（SCLR），存储寄存器有一个并行 8 位的，具备三态的总线输出，当使能 G 时（为低电平），存储寄存器的数据输出到总线。

图 3.8 是开发板上的 74HC595 管脚连接图，从原理图中可以知道，两个 74HC595 串行连接到一起。13 管脚输出使能端接地，则表明输出端管脚电平就等于锁存寄存器输出端电平。10 管脚复位端接 V_{cc}，表明移位寄存器不会清零。两个 74HC595 的数据输入时钟 SCK 并联接到单片机管脚 P4.2，锁存寄存器时钟 RCK 并联接到单片机管脚 P4.3。为方便编程，定义如下的宏。

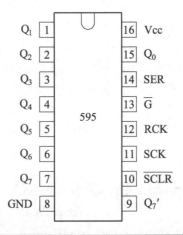

序号	符号	管脚名	功能描述
1	Q0 ~ Q7	并行输出端	8 位并行数据输出
2	Q7′	串行输出	串行数据输出
3	$\overline{SCLR}$	复位端	主复位（低电平有效）
4	SCK	数据输入时钟线	移位寄存器时钟，上升沿移位
5	RCK	输出存储器锁存时钟线	锁存寄存器时钟，上升沿存储
6	$\overline{G}$	输出有效（低电平有效）	输出使能端，为低电平时，输出端通；为高电平时，输出为 3 态
7	SER	串行数据输入	串行数据输入端
8	VCC	电源	供电管脚
9	GND	地	信号接地和电源接地

图 3.8 74HC595 管脚及功能示意图

```
#define    HC595_SCK              P42            /* 串行时钟线 */
#define    HC595_RCK              P43            /* 锁存时钟线 */
#define    HC595_SI               P44            /* 串行数据线 */
```

首先根据图 3.9 驱动电路，知道传递数据，先传送的是高位数据，故可以定义如下的传输子函数。

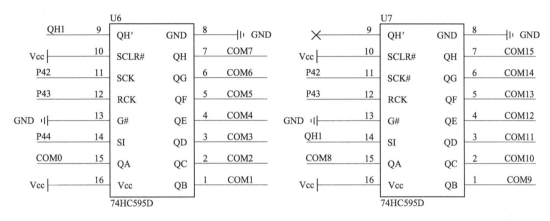

图 3.9   74HC595 驱动电路

```
/* MSB 先传,第 1 个字节 com8~com15,第 2 个字节 com0~com7 */
static void HC595_SendByte(uint8_t   datCom15, uint8_t   datCom07)
{
    uint8_t   i=0;
    HC595_RCK = 0;
    for(i=0;i<8;i++)
    {
        HC595_SCK = 0;
        HC595_SI = ((datCom15&0x80)==0x80);        /* 保存最高位数据 */
        HC595_SCK = 1;                             /* 上升沿移入数据 */
        datCom15<<=1;                              /* 下次数据做准备 */
    }
    for(i=0;i<8;i++)
    {
        HC595_SCK = 0;
        HC595_SI = ((datCom07&0x80)==0x80);        /* 保存最高位数据 */
        HC595_SCK = 1;                             /* 上升沿移入数据 */
        datCom07<<=1;                              /* 下次数据做准备 */
    }
    HC595_RCK = 1;                                 /* 上升沿锁存*/
}
```

```
static void HC595_GPIO_Init(void)    // 74HC595 初始化
{
        P4n_standard(Pin2);              // P42 口准双向口设置, 74HC595 的 SCK
        P4n_standard(Pin3);              // P43 口准双向口设置, 74HC595 的 RCK
        P4n_standard(Pin4);              // P44 口准双向口设置, 74HC595 的 SI
        HC595_SCK = 1;                   // 高电平
        HC595_RCK = 1;                   // 高电平
        HC595_SI   = 1;                  // 高电平
}
```

3.4 动态扫描驱动原理及编程实现

在天问 51 单片机开发板上，流水灯控制电路、数码管控制电路和 LED 点阵控制电路原理图如 3.10 所示。这 3 个电路的数据端 P60_A ~ P67_H 都是并联接到了单片机的 P60 ~ P67 管脚上。流水灯的控制端由管脚 P40 控制，数码管和点阵的控制端分别由 com0 ~ com7 和 com8 ~ com15 控制，且都是低电平选中。由于人眼的视觉暂留效应，某一时刻数据线上的数据仅仅只是属于流水灯、数码管或者点阵中的一个，通过分时选中数据属于的元件，就可以实现流水灯、数码管和点阵同时显示，相互之间没有影响的效果，这就是动态扫描的方法。为了保证数据刷新的速度，可以采用显示缓冲区的技巧，我们将要显示的数据放到数据显示缓冲区中，通过 1 ms 的定时器中断，每 1 ms 显示一组数据。这样操作的好处是分离了要显示数据和显示底层的操作，每次要跟新显示内容，仅仅更新数据缓冲区即可。

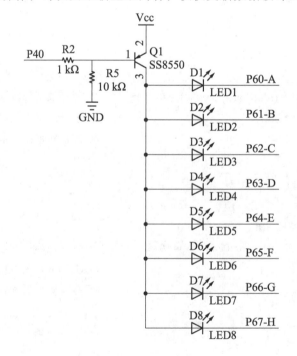

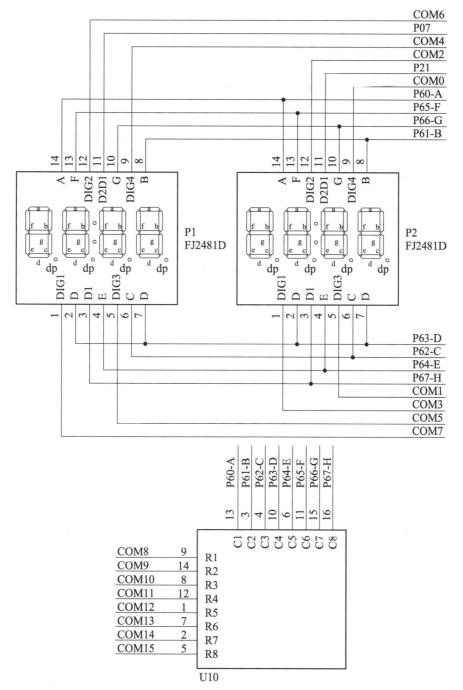

图 3.10　LED 显示原理图

　　流水灯显示状态比较简单，就亮和灭两种状态，用一个字节数据就可以定义其显示缓冲区，每一个位对应一个发光二极管。当 P40 端口是低电平时，晶体管导通，当发光二极管的阴极接的 I/O 口为低电平时，发光二极管点亮，反之，熄灭。

static　uint8_t　LED_lightBuffer = 0xff;　　　　　　/* 流水灯状态缓冲区，0—亮 */

　　数码管显示状态除了长亮和长灭两种状态之外，有时候还需要闪动状态，故可把每一个数码管抽象成一个结构体。

```c
#define    LED_BUFFER_SIZE        8      // 数码管个数
typedef   struct{
     uint8_t   showState;              // 显示状态，0—长灭，1—长亮，2—闪动
     uint8_t   showData;               // 当前位的显示缓冲区数据
     uint8_t   showFlag;               // 当前 1 ms，每位显示 0—灭，1—亮
     uint32_t  flashTick;              // 如果闪动，表示闪动周期，1 ms * 16
uint32_t  cnt;                         // 闪动计数器，1 ms 每次
}LED_DATA;
typedef   struct{
     uint8_t          dispIndex;                       // 当前显示指示器
     LED_DATA    s_tDisBuffer[LED_BUFFER_SIZE];
}LED_SHOW_STRUCT;
static   unsigned char   LED_buffer[8]={1, 2, 3, 4, 5, 6, 7, 8};    // 数码管显示缓冲区
static   LED_SHOW_STRUCT s_tShowData;        // 定义显示结构体
```

本开发板上的数码管共阳型，段码表如下：

```c
uint8_t   code   seg[] = { 0xC0, 0xF9, 0xA4, 0xB0, 0x99, 0x92, 0x82, 0xF8, 0x80, 0x90, 0x88, 0x83,
                0xC6, 0xA1, 0x86, 0x8E, ~0x40, 0xFF};      // 共阳
```

8×8 点阵动态扫描时候，每次扫描显示一行，每行对应一个字节，每个位对应一个发光二极管，故点阵的缓冲区可以定义如下：

```c
static   unsigned char LED_matrixBuffer[8]={0xFF, 0xFF, 0xFF, 0xFF, 0xFF, 0xFF, 0xFF, 0xFF};
                                        // 点阵缓冲区
```

以上三个显示模块，初始化函数如下：

```c
void   LDE_Init(void)
{
     P6n_standard(PinAll);            // P6 口准双向口设置
     P4n_push_pull(Pin0);             // P40 推挽输出设置
     HC595_GPIO_Init();               // 调用 74HC595 初始化函数
bsp_InitLEDStruct();                  // 数码管结构体初始化
}
/***********************************************************************
*    函 数 名: bsp_InitLED
*    功能说明: 初始化硬件设备。LED 结构体初始化。
*    形    参: 无
*    返 回 值: 无
***********************************************************************/
void bsp_InitLEDStruct(void)
{
     uint8_t i=0;
```

```
        s_tShowData.dispIndex = 0;
        for(i=0;i<LED_BUFFER_SIZE;i++)
        {
            s_tShowData.s_tDisBuffer[i].showState = 0;
            s_tShowData.s_tDisBuffer[i].showData      = LED_buffer[i];   // 显示缓冲区
            s_tShowData.s_tDisBuffer[i].showFlag      = 0;
            s_tShowData.s_tDisBuffer[i].flashTick     = 0;
            s_tShowData.s_tDisBuffer[i].cnt           = 0;
        }
    }
```

初始化后，编写如下显示刷新函数，该函数放到 1 ms 定时器中断函数调用：

```
/*按照 数码管 com0 ~ com7, 点阵的刷新 con8~com15, 流水灯 com16   顺序刷新*/
void   LED_refreshShow(void)
{
    static          uint8_t  index=0;
    uint8_t  showState = 0,  dispIndex = 0;
    uint32_t cnt=0;
    LED_selectCom(17);                  /* 不选择任何显示设备 */
/*************************** 数码管扫描 ***************************/
    if(index < 8)
    {
    dispIndex = LED_BUFFER_SIZE - 1 - s_tShowData.dispIndex;/* 颠倒顺序,适应从左到右 */
        showState = s_tShowData.s_tDisBuffer[dispIndex].showState;
        switch(showState)
        {
            case 0:             /*当前位 '灭'*/
            s_tShowData.s_tDisBuffer[dispIndex].showFlag = 0; /*显示 灭*/
            break;
            case 1:             /*当前位'亮'*/
            s_tShowData.s_tDisBuffer[dispIndex].showFlag = 1; /*显示 亮*/
            break;
            case 2:                 /*当前位'闪'*/
            s_tShowData.s_tDisBuffer[dispIndex].cnt+=17;        /* 每位轮一次约 17*1ms*/
            cnt = s_tShowData.s_tDisBuffer[dispIndex].cnt++;
            if(cnt >= s_tShowData.s_tDisBuffer[dispIndex].flashTick)
            {
                s_tShowData.s_tDisBuffer[dispIndex].cnt = 0;
    s_tShowData.s_tDisBuffer[dispIndex].showFlag
= !s_tShowData.s_tDisBuffer[dispIndex].showFlag ;            /*显示状态反转*/
```

```
            }
            break;
            default:break;
        }
/*******************************************************************/
        if(s_tShowData.s_tDisBuffer[dispIndex].showFlag == 0)          // 灭
        {
        LED_DATA_PORT = seg[sizeof(seg)-1];                            /* 熄灭的段码 */
        }
        else
        {
            LED_DATA_PORT = seg[s_tShowData.s_tDisBuffer[dispIndex].showData]; /* 熄灭
                                                                            的段码 */
        }
        s_tShowData.dispIndex++;
        if(s_tShowData.dispIndex == LED_BUFFER_SIZE) /*待显示位置超出数码管时候*/
        {
            s_tShowData.dispIndex = 0;
        }
    }
/************************** 点阵扫描 *****************************/
    else if( index < 16)
    {
        LED_DATA_PORT = LED_matrixBuffer[index-8];           /*0—>点阵最左边列*/
    }
/************************** 流水灯扫描 *****************************/
    else if( index < 17)
    {
        LED_DATA_PORT = InvertUint8(&LED_lightBuffer);       /* 数据反转, bit7—>LED1 */
    }
    LED_selectCom(index++);
    if(index==17) index = 0;        /* 重新扫描 */
}
```

其中用到的子函数定义如下：

```
#define    DISABLE_LIGHT()   P40 = 1        /* 流水灯 关闭 */
#define    ENABLE_LIGHT()    P40 = 0        /* 流水灯 开启 */
#define    HC595_SHUTDOWN            HC595_SendByte(0,0)
uint8_t InvertUint8(uint8_t * pDat)         /* 8 位交换大小端 */
{
```

```
        uint8_t    wChar = *pDat;
        wChar = ((wChar >> 1) & 0x55) | ((wChar & 0x55) << 1);// 交换每两位
        wChar = ((wChar >> 2) & 0x33) | ((wChar & 0x33) << 2);// 交换每四位中的前两位和后两位
        wChar = ((wChar >> 4) & 0x0F) | ((wChar & 0x0F) << 4); // 交换每八位中的前四位和后四位
return    wChar;
}
/* 分别选中 com0~COM15, 16—流水灯, 17—全都不选中 */
void    LED_selectCom(uint8_t    num)
{
        DISABLE_LIGHT();                                    /* 流水灯关闭 */
        if(num < 8)
        {
            HC595_SendByte(0,1u<<num);                      /* 选中数码管 */
        }
        else if( num < 16)
        {
            HC595_SendByte(1u<<(7-(num-8)),0);              /* 选中点阵,从左边第 1 列开始 */
        }
        else if( num < 17)
        {
            HC595_SendByte(0,0);                            /* 74HC595 关闭 */
            ENABLE_LIGHT();                                 /* 流水灯打开 */
        }
        else
        {
            HC595_SendByte(0,0);                            /* 74HC595 关闭 */
            DISABLE_LIGHT();                                /* 流水灯打开 */
        }
}/* 分别选中 com0~COM15，16—流水灯，17—全都不选中 */
void LED_selectCom(unsigned char num)
{
        DISABLE_LIGHT();                                    /* 流水灯关闭 */
        if(num < 8)
        {
            HC595_SendByte(0,1u<<num);                      /* 选中数码管 */
        }
        else if( num < 16)
        {
            HC595_SendByte(1u<<(7-(num-8)),0);              /* 选中点阵,从左边第 1 列开始 */
```

```
        }
        else if( num < 17)
        {
            HC595_SendByte(0,0);                    /* 74HC595 关闭 */
            ENABLE_LIGHT();                         /* 流水灯打开 */
        }
        else
        {
            HC595_SendByte(0,0);                    /* 74HC595 关闭 */
            DISABLE_LIGHT();                        /* 流水灯打开 */
        }
}
```

以上就是显示驱动函数，如果想要更改显示的状态，则可以定义如下的显示刷新函数：

```
/*  流水灯状态刷新*/
void    LED_refreshLightBuffer(uint8_t val)
{

    LED_lightBuffer = val;

}
/*   第 7 个(最右边)—第 0 个(最左边) */
void    LED_changeBuffer(unsigned char num,unsigned char dat)
{
    if(( num < 8)&&(0 < dat < sizeof(seg)-1))
    {
        LED_buffer[num] = dat;
        s_tShowData.s_tDisBuffer[num].showData = dat;
    }
}
/*********************************************************************************
 *    函 数 名: bsp_SetLedParam
 *    功能说明: 设定第_ID位, 显示数据 showData, 显示状态 showState(亮, 灭, 闪), 闪动间隔时
间 flashTick
 *    形      参: _ID—0~7, showState—0—>灭, 1—>亮, 2—>闪, flashTick—闪动间隔 17 ms
 *    返 回 值: 无
 *********************************************************************************/
void bsp_SetLedParam(uint8_t _ID,uint8_t showData,uint8_t showState,uint16_t flashTick)
{
    s_tShowData.s_tDisBuffer[_ID].showState = showState;
    s_tShowData.s_tDisBuffer[_ID].showData  = showData;
    s_tShowData.s_tDisBuffer[_ID].flashTick = flashTick;
```

```
            LED_buffer[_ID] = showData;
    }
    /******************************************************************
    *    函  数  名: bsp_SetLedShowState
    *    功能说明: 得到第_ID 位,显示状态 showState(亮,灭,闪),闪动间隔时间 flashTick
    *    形      参: _ID—0~7 ,
    *    返  回  值: showState—0—>灭, 1—>亮, 2—>闪
    ******************************************************************/
    void bsp_SetLedShowState(uint8_t _ID,uint8_t showState,uint16_t flashTime)
    {
        s_tShowData.s_tDisBuffer[_ID].showState = showState;
        s_tShowData.s_tDisBuffer[_ID].flashTick = flashTime;
    }
```

通过上述的驱动函数，可以实现多种显示效果，下面给出调用代码。

```
void test02（void）
{
    LDE_Init（）;                          // 显示初始化函数
    bsp_SetLedShowAll（）;                 // 数码管全部长亮
    bsp_SetLedParam（0，1，1，500）;       // 长亮显示 1
    bsp_SetLedParam（1，2，1，1000）;      // 长亮显示 2
    bsp_SetLedParam（2，3，2，500）;       //  500ms 周期闪动 3
    bsp_SetLedParam（3，4，2，2000）;      //  1000ms 周期闪动 4
    LED_refreshMatrixPixel（3，3）;        // 点阵 3 行 3 列位置点亮
    LED_refreshLightBuffer（0x55）;        //  流水灯显示间隔亮灭
}
void   bsp_RunPer1ms（void）              // 1ms 定时器中断周期调用该函数
{
    LED_refreshShow（）;
}
```

3.5　矩阵按键检测原理及编程实现

在单片机应用系统中，通过按键实现数据输入及功能控制是非常普遍的，通常在所需按键数量不多时，系统常采用独立式按键。需要按键数量比较多，为了减少 I/O 口的占用，通常将按键排列成矩阵。开发板上的矩阵按键如图 3.11 所示，可以看到完全占用了 P7 的 8个 IO 口。

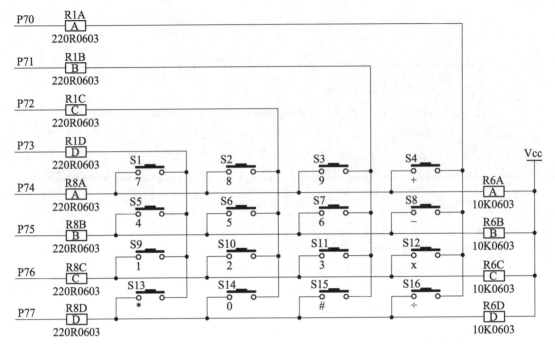

图 3.11　矩阵键盘原理图

一般选择的是机械式按键，这种按键按下和弹起时候，会引起电压的抖动，如图 3.12 所示。这种电压抖动会影响单片机对按键状态的判断。常见的一种软件处理方法就是首次判断按键按下之后，软件延时 20 ms 后，再次判断按键状态，如果还是低电平，则判断按键处于按下的状态。这种确定方法是应用了阻塞式软件延时，它会阻塞单片机处理其他任务，在实际工程中并不适用。

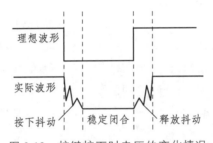

图 3.12　按键按下时电压的变化情况

从另外一个思路思考，如果在 10 ms 定时器中断中，设定一个变量来计数，进入一次定时器中断，该变量就加 1，当该变量加到 2 之后，则表明已经延时了 20 ms。这就把延时的需求，通过定时器中断转化为计数，而定时器中断计数是不会阻塞单片机运行的。另外，一般判断完一个按键按下或者弹起之后，要进行相应的任务。如果该任务耗时比较长，则又会影响定时器中断。所以，按键检测应该实时性检测，检测到按键值之后，应该把该信息压入队列之中，在大循环中去处理该按键信息任务。考虑到按键长按、短按、甚至是组合按键情况，以及按键处理时候可能耗时较长，不能够漏掉按键信息，还需要加入队列数据结构用来保存按键信息。

从应用层的角度来看，同样的按键，可能是给数码管修改显示数值，也可能是给液晶调整显示参数。这样就要求按键处理函数应该与底层的按键检测分离，采用回调函数来注册按键处理函数。

首先，想到队列中应该保存按键的事件类型和按键的编码，故可以抽象出如下的结构体。

```
typedef   struct {
uint8_t              keyCode;                    /* 按键编码 */
    KEY_EVENT_E        keyEventState;        /* 按键事件类型*/
} KEY_INFORMATION_S;
```

结构体成员中的按键事件类型是一个枚举类型，定义如下。

/* 按键队列中，按键事件的状态—>按键无效，按键按下，按键弹起，单次长按，自动连发，组合键按下，组合按键弹起*/

```
typedef enum{KEY_INVALID=0,KEY_DOWN, KEY_UP, KEY_LONG_ONCE, KEY_LONG_AUTO,
KEY_MULTIPLE_DOWN, KEY_MULTIPLE_UP} KEY_EVENT_E; /*按键事件消息中，按键状态*/
```

应用层角度去看按键时候，看到的应该是按键的键值信息，所以，按键的键值和按键的编码是一种映射关系。考虑到单击按键和组合按键两种情况，为了便于后期修改按键映射关系，定义如下结构体。

```
typedef   struct _shortKeyMapping_s{              /* 按键的映射 */
    uint8_t   keyCode;  // 按键编码
    uint8_t   keyValue; // 按键键值
}KeyMapping_s;
KeyMapping_s   singleKeyCodeTable[] ={{0xee,'+'},{0xde,'-'},{0xbe,'*'},{0x7e,'/'},{0xed,'9'},{0xdd,'6'},
{0xbd,'3'},{0x7d,'#'},{0xeb,'8'},{0xdb,'5'},{0xbb,'2'},{0x7b,'0'},{0xe7,'7'},{0xd7,'4'},{0xb7,'1'},{0x77,'$'},
{0xff,' '}};              /* 单个按键的键值映射,无效按键编码 0xff 映射键值空*/
KeyMapping_s multiKeyCodeTable[]={
{0x66,'A'},{0xde,' '},{0xbe,' '},{0x7e,' '},{0xff,' '}}; /*组合按键映射,无效按键编码 0xff 映射键值空*/
```

将上述按键信息和队列结合起来，抽象出下面的结构体。

```
typedef void (*pKeyFun)(void *param);                               //按键的回调函数指针类型
typedef   struct{
    KEY_INFORMATION_S      KEY_EVNET_FIFO[KEY_FIFO_NUM]; //按键 FIFO
    uint8_t              KEY_In_Index;               //待压入位置
    uint8_t              KEY_Out_Index;              //待输出位置
    uint8_t              keyFifoNum;                 // 队列中按键事件个数
    pKeyFun              pKeyCallBack;               // 按键回调函数
}KEY_FIFO_S,  *ptrKeyFIFO_S;
```

结构体的初始化函数

```
void bsp_InitKey（void）      // 外部程序调用的按键初始化函数
{
    bsp_InitKeyVar();          /* 初始化按键结构体变量 */
    bsp_InitKeyHard();         /* 初始化按键硬件 IO 端口*/
}
```

```
static   void   bsp_InitKeyVar(void)
{
    uint8_t    i=0;
    for(i=0;i<KEY_FIFO_NUM;i++)
    {
        s_tKeyEventData.KEY_EVNET_FIFO[i].keyCode        = 0xff;
        s_tKeyEventData.KEY_EVNET_FIFO[i].keyEventState = KEY_INVALID;
    }
    s_tKeyEventData.KEY_In_Index         = 0;
    s_tKeyEventData.KEY_Out_Index        = 0;
    s_tKeyEventData.keyFifoNum           = 0;
    s_tKeyEventData.pKeyCallBack         = (void*)0;
}
#define   KEY_PORTDATA           P7          /*按键扫描,硬件端口*/
#define   KEY_GPIO_M0            P7M0
#define   KEY_GPIO_M1            P7M1
static void bsp_InitKeyHard(void)
{
    KEY_GPIO_M0 = 0;            /* 准双向口设置 */
    KEY_GPIO_M1 = 0;
    KEY_PORTDATA = 0xff;
}
```

　　当在定时器中断函数中进行按键扫描时候，检测到按键信息之后，要将该按键信息装入队列之中，应用下面函数，该函数第一个参数位按键编码，第二个参数是按键事件类型。（装进环形队列的算法，在 C 语言编程要点章节讲过。）

```
void bsp_PutKey(uint8_t keydata, KEY_EVENT_E keystate )
{
    s_tKeyEventData.KEY_EVNET_FIFO[s_tKeyEventData.KEY_In_Index].keyCode = keydata;
    s_tKeyEventData.KEY_EVNET_FIFO[s_tKeyEventData.KEY_In_Index].keyEventState = keystate;
    s_tKeyEventData.KEY_In_Index ++;
    if(s_tKeyEventData.KEY_In_Index == KEY_FIFO_NUM)        /*刚才压入最后一个FIFO元素*/
    {
        s_tKeyEventData.KEY_In_Index = 0;
    }
    if(s_tKeyEventData.keyFifoNum >= KEY_FIFO_NUM)
    {
        s_tKeyEventData.keyFifoNum = KEY_FIFO_NUM;
    }
    else
```

```
            {
                s_tKeyEventData.keyFifoNum++;
            }
        }
```

在主程序的大循环中，不断地检测队列，如果里面有按键信息，则要进行函数处理。首先，要注册按键处理函数。这样相当于给应用层具体的按键处理留下一个接口，需要如何处理按键信息，可以随时绑定不同的按键处理函数。

```
void bsp_KeyRegister(pKeyFun pKeyCallBack)        /*按键处理函数注册*/
{
    s_tKeyEventData.pKeyCallBack = pKeyCallBack;
}
```

在主程序的大循环中，调用如下函数。

```
void bsp_ExeKeyEvent(void){
uint8_t i=0;
for(i=0;i<s_tKeyEventData.keyFifoNum;i++)
{
if(s_tKeyEventData.KEY_EVNET_FIFO[s_tKeyEventData.KEY_Out_Index].keyCode != 0xff)   /*键值有效*/
{
    if(s_tKeyEventData.pKeyCallBack != (void *)0)              // 回调函数不为空
    {
s_tKeyEventData.pKeyCallBack(&s_tKeyEventData.KEY_EVNET_FIFO[s_tKeyEventData.KEY_Out_Index]);
    }
    s_tKeyEventData.KEY_Out_Index++;
    if(s_tKeyEventData.KEY_Out_Index == KEY_FIFO_NUM)
    {
        s_tKeyEventData.KEY_Out_Index = 0;
    }
    s_tKeyEventData.keyFifoNum – – ;
    }
}
}
```

以上按键驱动相关函数，主要是从按键结构体初始化，按键信息压入队列，按键处理函数注册，按键事件处理角度进行介绍。下面介绍按键检测关键过程。前面已经知道，机械按键会有抖动，要从软件角度避开抖动需要进行延时，利用定时器中断可以把延时转化为变量的计数，而要将按键的各种状态切换描述清楚则需要状态机方法。

为了在状态转移中，精确地描述当前所处的状态，定义如下枚举类型。

```
typedef  enum{KEY_IDLE=0, KEY_SHURE,  KEY_SHORTPRESS, KEY_LONGPRESS, KEY_
COMPLEX} KEY_SCAN_E;                        /* 按键扫描中，按键状态*/
```

在 10 ms 定时器中断函数中，调用下面的函数。

```c
void   bsp_RunPer10ms(void)
{
    bsp_KeyScan();      // 按键扫描
}
#define   KEY_FIFO_NUM        15          //按键队列的数目
#define   KEY_SHORT_CNT       5           //消抖延时，单位 10 ms
#define   KEY_LONG_CNT        80          //长按阈值，单位 10 ms
#define   KEY_AUTO_CNT        10          //长按自动连发间隔时间，单位 10 ms
#define   KEY_DOUBLE_CNT      20          //双击避免，单位 10 ms
void bsp_KeyScan(void)
{
    static   uint16_t   keyCnt        = 0;      /*按键计时器*/
    static   uint8_t    keyDoubleCnt  = 0;      /*按键连击避免计时器*/
    static   uint8_t    keyCode       = 0xff;   /*无效按键值*/
             uint8_t    keyState      = 0;      /*无按键按下*/
    static   uint8_t    keyValue      = 0xff;   /*无效按键值*/
    if(keyDoubleCnt==0)
    {
        switch(s_tKeyScanState)              // 按键状态
        {
            case   KEY_IDLE:                /*空闲状态*/
            if(1==bsp_IsKeyDown())
            {
                s_tKeyScanState = KEY_SHURE;            /*切换到 待确定状态*/
                keyCnt = 0;
            }
            else
            {
                keyCnt           = 0;
                keyDoubleCnt     = 0;
                s_tKeyScanState  = KEY_IDLE;
            }
            break;
            case   KEY_SHURE:                           // 抖动确认状态
                keyCnt++;
                if(keyCnt == KEY_SHORT_CNT)             /*相当于延时消抖*/
                {
                    if(1==bsp_IsKeyDown())
                    {
```

```
            keyCode        = bsp_GetKeyCode();              /*按键编码*/
            keyState   = bsp_GetKeyDownState(keyCode);  /*按键状态*/
            if(keyState == 1)                              /*有一按键按下*/
                {
                    keyCnt = 0;                     /*清零，供下个状态使用*/
                    s_tKeyScanState = KEY_SHORTPRESS;  /*切换到短按状态*/
                    bsp_PutKey(keyCode,KEY_DOWN);/*  按键编码存入  */
                }
            if(keyState == 2)                       /*有一组合按键按下*/
                {
                    keyCnt = 0;                     /*清零，供下个状态使用*/
                    s_tKeyScanState = KEY_COMPLEX;        /*切换到组合状态*/
                    bsp_PutKey(keyCode,KEY_MULTIPLE_DOWN); /*压入 FIFO*/
                }
            if(keyState == 0)                        /*  无效干扰*/
                {
                    keyCnt            = 0;
                    keyDoubleCnt  = 0;
                    s_tKeyScanState = KEY_IDLE;
                }
            }
        else
        {
                    keyCnt            = 0;
                    keyDoubleCnt  = 0;
                    s_tKeyScanState = KEY_IDLE;
        }
    }
    else
    {
        if(0==bsp_IsKeyDown())  /* 按键弹起 */
        {
            keyCnt            = 0;
            keyDoubleCnt  = 0;
            s_tKeyScanState = KEY_IDLE;
        }
    }
break;
case   KEY_SHORTPRESS:                          // 短按状态
```

```
            keyCnt++;
        if(keyCnt == KEY_LONG_CNT)
        {
            if(1==bsp_IsKeyDown())
            {
                keyCnt = 0;                            /*清零，供下个状态使用*/
                s_tKeyScanState = KEY_LONGPRESS;       /*切换到长按状态*/
                keyValue = bsp_KeyMapping(keyCode,keyState);    /*按键值映射*/
                bsp_PutKey(keyCode,KEY_LONG_ONCE);
            }
            else
            {
                bsp_PutKey(keyValue,KEY_UP);    /*单键弹起事件压入 FIFO*/
                keyCnt                = 0;
                s_tKeyScanState       = KEY_IDLE;
                keyDoubleCnt          = KEY_DOUBLE_CNT;    /双击计数器赋值
            }
        }
        else
        {
            if(0==bsp_IsKeyDown())                      /* 按键弹起 */
            {
                bsp_PutKey(keyCode,KEY_UP);            /* 按键谈起 */
                keyCnt             = 0;
                keyDoubleCnt   = 0;
                s_tKeyScanState = KEY_IDLE;
            }
        }
    break;
    case   KEY_LONGPRESS:                              // 长按状态
        keyCnt++;
        if(keyCnt == KEY_AUTO_CNT)
        {
            if(1==bsp_IsKeyDown())  /* 按键按下 */
            {
                bsp_PutKey(keyCode,KEY_LONG_AUTO);  /*自动连发事件压入 FIFO*/
                keyCnt             = 0;
            }
        }
```

```
                    else
                    {
                        if(0==bsp_IsKeyDown())  /* 按键弹起 */
                        {
                            keyCnt              = 0;
                            keyDoubleCnt  = KEY_DOUBLE_CNT;
                            s_tKeyScanState = KEY_IDLE;
                        }
                    }
                break;
                case   KEY_COMPLEX:        /*组合按键按下 */
                    if(0==bsp_IsKeyDown())  /* 按键弹起 */
                    {
                        bsp_PutKey(keyCode,KEY_MULTIPLE_UP);    /*组合按键弹起事件压入 FIFO*/
                        keyCnt              = 0;
                        s_tKeyScanState     = KEY_IDLE;
                        keyDoubleCnt        = KEY_DOUBLE_CNT;          //双击计数器赋值
                    }
                break;
                default:
                        keyCnt              = 0;
                        s_tKeyScanState     = KEY_IDLE;
                        keyDoubleCnt        = KEY_DOUBLE_CNT;          //双击计数器赋值
                break;
            }
        }
        else
        {
            keyDoubleCnt - - ;
        }
}
```

以上按键扫描函数，调用了如下函数。

```
/**************************************************************************************
*    函 数 名：bsp_GetKeyDownState
*    功能说明：通过按键编码,判断按键按下状态
*    形    参：keyCode—按键编码
*    返 回 值：0—无按键按下，1—单个按键按下，2—组合按键按下
**************************************************************************************/
uint8_t bsp_GetKeyDownState(uint8_t keyCode)
```

```c
{
    uint8_t result = 0;
    if(8==count_one_bits(keyCode))                                    /*无效按键*/
    {
        result = 0;
    }
    if(6==count_one_bits(keyCode))                                    /*单个按键*/
    {
        result = 1;
    }
    if((5==count_one_bits(keyCode))||(4==count_one_bits(keyCode)))   /*组合按键*/
    {
        result = 2;
    }
    return result;
}
```

```
/*****************************************************************************
*    函 数 名: count_one_bits
*    功能说明: 返回二进制数据中 1 的个数, 算法适用于有符号, 无符号数, 也不局限为 8 位数据
*    形    参: num: 待分析数据
*    返 回 值: 二进制数据中 1 的个数
*****************************************************************************/
```

```c
static uint8_t count_one_bits(uint8_t num)
{
    uint8_t countx = 0;
    while(num)
    {
        countx ++;
        num = num&(num-1);    /*将二进制从低位往高位的第 1 个 1 变为 0*/
    }
    return countx;
}
```

```
/*****************************************************************************
*    函 数 名: bsp_IsKeyDown
*    功能说明: 通过按键编码, 判断 键按下状态
*    形    参: keyCode—按键编码
*    返 回 值: 0—无按键按下, 1—有按键按下
*****************************************************************************/
```

```c
static   uint8_t bsp_IsKeyDown(void)
```

```c
{
    KEY_PORTDATA = 0xf0;
    _nop_();_nop_();
    if((KEY_PORTDATA&0xf0)!= 0xf0)          // 按键继续按下
    {
        return 1;                            /* 有按键按下 */
    }
    else
    {
        return 0;
    }
}
/*****************************************************************************
*    函 数 名：bsp_KeyMapping
*    功能说明：根据按键编码，映射出键值
*    形     参：keycode—按键码, state—> 0—无按键，1—单按键，2—组合按键
*    返 回 值：按键值
*    说     明：state 是 bsp_IsKeyDown 的返回值，含义：0—无按键，1—单按键，2—组合按键
*****************************************************************************/
uint8_t bsp_KeyMapping(uint8_t     keyCode, uint8_t        state)
{
    uint8_t i = 0;
    if(1 ==state)          // 短按，长按映射
    {
        for(i=0;i<sizeof(singleKeyCodeTable)/sizeof(singleKeyCodeTable[0]);i++)
        {
            if(keyCode == singleKeyCodeTable[i].keyCode)
            {
                return singleKeyCodeTable[i].keyValue;
            }
        }
    }
    if(2 == state)                  /*组合按键*/
    {
        for(i=0;i<sizeof(multiKeyCodeTable)/sizeof(multiKeyCodeTable[0]);i++)
        {
            if(keyCode == multiKeyCodeTable[i].keyCode)
            {
                return multiKeyCodeTable[i].keyValue;
```

```
                }
            }
        }
        return 0xff;          /* 无效键值 */
    }
```

有了上述的按键驱动函数，结合前面显示驱动函数，可以做个任务来演练一下。按下矩阵按键的数字键，第 1 个（开发板最左边）数码管显示按键数值。流水灯显示按键的二进制数据，亮表示 1，灭表示 0。按键松开时候，流水灯熄灭。

```
void test03(void)
{
    bsp_setLED_show_off();          // 数码管全部熄灭
    bsp_SetLedShowState(0,1,0);     // 第 1 个数码管长亮
    bsp_KeyRegister(keyTask);       // 按键回调函数
}
void keyTask(void * param)
{
uint8_t    temp = 0 , keyValue   = 0xff , keyCode = 0;
KEY_EVENT_E            keyEventState;                              // 定义按键事件枚举变量
    KEY_INFORMATION_S * pKey = (KEY_INFORMATION_S *)param;   // 获取按键信息
    keyEventState = bsp_GetCurrentKeyEventType(pKey);        //得到当前按键事件类型
    switch （keyEventState）
    {
        case  KEY_DOWN:                                           /*按键按下*/
            keyCode = bsp_GetCurrentKeyCode(pKey);            // 得到当前按键编码
            keyValue = bsp_KeyMapping(pKey->keyCode, 1);      // 获得映射的按键值
            temp = keyValue - 0x30;                           // 按键值转化为待显示数值
            LED_changeBuffer(0,temp);                         // 更改第 1 个数码管显示缓冲区
            LED_refreshLightBuffer(~temp);                    // 流水灯显示
        break;
        case  KEY_UP:                                             /*按键弹起*/
            LED_refreshLightBuffer(0xff);                     // 熄灭流水灯
            break;
        default: break;
    }
}
```

## 第 4 章

时钟和计数器/定时器原理

4.1　系统时钟控制

图 4.1 所示为 STC8H 系列单片机的系统时钟结构图，从图中可知系统时钟有 3 个时钟源可供选择：内部高精度 IRC、内部 32 kHz 的 IRC（误差较大）、外部晶振。单片机进入掉电模式后，时钟控制器将会关闭所有的时钟源。

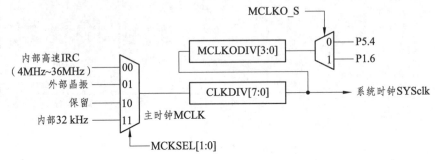

图 4.1　STC8H 系列单片机系统时钟结构图

系统时钟选择寄存器（CKSEL）：

符号	地址	B7	B6	B5	B4	B3	B2	B1	B0
CKSEL	FE00H	—						MCKSEL[1:0]	

MCKSREL[1:0]：主时钟源选择

MCKSREL[1:0]	主时钟源
00	内部高速高精度 IRC
01	外部高速振
10	外部 32 kHz 晶振
11	内部 32 kHz 低速 IRC

实践中主要选择内部高速高精度 IRC，图 4.2 显示其具体频率通过 STC_ISP 软件设置，IRC 频率一般设置不超过 35 MHz，可以理解为内部 IRC 的频率就是主时钟 MCLK 频率。

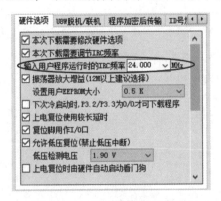

图 4.2　内部高精度 IRC 设置

时钟分频寄存器（CLKDIV）：

符号	地址	B7	B6	B5	B4	B3	B2	B1	B0
CLJDIV	FE01H								

CLKDIV：主时钟分频系数。系统时钟 SYSXLK 是对主时钟 MCLK 进行分频后的时钟信号。

CLKDIV	系统时钟频率
0	MCLK/1
1	MCLK/1
2	MCLK/2
3	MCLK/3
...	...
x	MCLK/x
...	...
255	MCLK/255

主时钟输出控制寄存器（MCLKOCR）：

符号	地址	B7	B6	B5	B4	B3	B2	B1	B0
MCLKOCR	FE05H	MCLKO_S	MCLKODIV[6:0]						

MCLKODIV[6:0]	系统时钟分频输出频率
0000000	不输出时钟
0000001	SYSClk/1
0000010	SYSClk/2
0000011	SYSClk/3
...	...
1111110	SYSClk//126
1111111	SYSClk/127

注：MCLKO_S：系统时钟输出管脚选择；
　　0：系统时钟分频输出到 P5.4 口；
　　1：系统时钟分频输出到 P1.6 口。

主时钟分频输出的时钟源是经过 CLKDIV 分频后的系统时钟 SYSClk。与系统时钟相关的还有其他一些寄存器，一般很少用到，故在此不做进一步介绍。

4.2 定时器/计数器模块概述

STC8H 系列单片机内部设置了 5 个 16 位定时器/计数器。5 个 16 位定时器 T0、T1、T2、T3 和 T4 都具有计数方式和定时方式两种工作方式。

（1）对定时器/计数器 T0 和 T1，用它们在特殊功能寄存器 TMOD 中相对应的控制位 C/T 来选择 T0 或 T1 为定时器还是计数器。

（2）对定时器/计数器 T2，用特殊功能寄存器 AUXR 中的控制位 T2_C/T 来选择 T2 为定时器还是计数器。

（3）对定时器/计数器 T3，用特殊功能寄存器 T4T3M 中的控制位 T3_C/T 来选择 T3 为定时器还是计数器。

（4）对定时器/计数器 T4，用特殊功能寄存器 T4T3M 中的控制位 T4_C/T 来选择 T4 为定时器还是计数器。

定时器/计数器的核心部件是一个加法计数器，其本质是对脉冲进行计数。只是计数脉冲来源不同。

（1）如果计数脉冲来自系统时钟，则为定时方式，此时定时器/计数器每 12 个时钟或者每 1 个时钟得到一个计数脉冲，计数值加 1；

（2）如果计数脉冲来自单片机外部引脚，对于 T0 来说，计数脉冲来自 P3.4 引脚；对于 T1 来说，计数脉冲来自 P3.5 引脚；对于 T2 来说，计数脉冲来自 P1.2 引脚；对于 T3 来说，计数脉冲来自 P0.4 引脚；对于 T4 来说，计数脉冲来自 P0.6 引脚。当计数脉冲来自单片机外部引脚时，则为计数方式，每来一个脉冲加，则计数值加 1。

当定时器/计数器 T0、T1 及 T2 工作在定时模式时，特殊功能寄存器 AUXR 中的 T0x12、T1x12 和 T2x12 分别决定计数过程使用的是系统时钟还是系统时钟进行 12 分频以后的时钟。当定时器/计数器 T3 和 T4 工作在定时模式时，特殊功能寄存器 T4T3M 中的 T3x12 和 T4x12 分别决定计数过程使用的是系统时钟还是系统时钟进行 12 分频以后的时钟。当定时器/计数器工作在计数模式时，对外部脉冲计数不分频。

（1）定时器/计数器 T0 有 4 种工作模式。

A. 模式 0（16 位自动重载模式）；

B. 模式 1（16 位不自动重载模式）；

C. 模式 2（8 位自动重载模式）；

D. 模式 3（不可屏蔽中断的 16 位自动重载模式）。

（2）定时器/计数器 T1 没有模式 3，其他模式和定时器/计数器 T0 相同，也可以用作串口波特率发生器。

（3）定时器/计数器 T2 的工作模式固定为 16 位自动重载模式。它可以用作定时器，也可以用作串口波特率发生器和可编程时钟输出。

（4）定时器/计数器 T3 和 T4 与定时器/计数器 T2 的工作模式相同。

4.3 定时器/计数器寄存器组

本节将介绍与定时器/计数器 T0 ~ T4 有关的寄存器。这些寄存器包括定时器/计数器 T0

和 T1 控制寄存器 TCON,定时器/计数器 T0 和 T1 工作模式寄存器 TMOD,辅助寄存器 AUXR、T0 ~ T2 时钟输出寄存器和外部中断允许 INT_CLKO（AUXR2）、定时器 T3 和定时器 T4 控制寄存器 T4T3M,以及定时器中断控制寄存器。

4.3.1 定时器/计数器 T0 和 T1 控制寄存器 TCON

符号	地址	B7	B6	B5	B4	B3	B2	B1	B0
TCON	88H	TF1	TR1	TF0	TR0	IE1	IT1	IE0	IT0

TF1：T1 溢出中断标志。T1 被允许计数以后,从初值开始加 1 计数。当产生溢出时由硬件将 TF1 位置 "1",并向 CPU 请求中断,一直保持到 CPU 响应中断时,才由硬件清 "0"（也可由查询软件清 0）。

TR1：定时器 T1 的运行控制位。该位由软件置位和清 0。当 GATE（TMOD.7）=0,TR1=1 时就允许 T1 开始计数,TR1=0 时禁止 T1 计数。当 GATE（TMOD.7）=1,TR1=1 且 INT1 输入高电平时,才允许 T1 计数。

TF0：T0 溢出中断标志。T0 被允许计数以后,从初值开始加 1 计数,当产生溢出时,由硬件置 "1"TF0,向 CPU 请求中断,一直保持 CPU 响应该中断时,才由硬件清 0（也可由查询软件清 0）。

TR0：定时器 T0 的运行控制位。该位由软件置位和清 0。当 GATE（TMOD.3）=0,TR0=1 时就允许 T0 开始计数,TR0=0 时禁止 T0 计数。当 GATE（TMOD.3）=1,TR0=1 且 INT0 输入高电平时,才允许 T0 计数,TR0=0 时禁止 T0 计数。

IE1：外部中断 1 请求源（INT1/P3.3）标志。IE1=1,外部中断向 CPU 请求中断,当 CPU 响应该中断时由硬件清 "0"IE1。

IT1：外部中断源 1 触发控制位。IT1=0,上升沿或下降沿均可触发外部中断 1。IT1=1,外部中断 1 程控为下降沿触发方式。

IE0：外部中断 0 请求源（INT0/P3.2）标志。IE0=1 外部中断 0 向 CPU 请求中断,当 CPU 响应外部中断时,由硬件清 "0"IE0（边沿触发方式）。

IT0：外部中断源 0 触发控制位。IT0=0,上升沿或下降沿均可触发外部中断 0。IT0=1,外部中断 0 程控为下降沿触发方式。

4.3.2 定时器/计数器 T0 和 T1 工作模式寄存器 TMOD

符号	地址	B7	B6	B5	B4	B3	B2	B1	B0
TMOD	89H	T1_GATE	T1_C/T	T1_M1	T1_M0	T0_GATE	T0_C/T	T1_M1	T1_M0

T1_GATE：控制定时器 1,置 1 时只有在 INT1 脚为高及 TR1 控制位置 1 时才可打开定时器/计数器 1。

T0_GATE：控制定时器 0,置 1 时只有在 INT0 脚为高及 TR0 控制位置 1 时才可打开定时器/计数器 0。

T1_C/T：控制定时器 1 用作定时器或计数器，清 0 则用作定时器（对内部系统时钟进行计数），置 1 用作计数器（对引脚 T1/P3.5 外部脉冲进行计数）。

T0_C/T：控制定时器 0 用作定时器或计数器，清 0 则用作定时器（对内部系统时钟进行计数），置 1 用作计数器（对引脚 T0/P3.4 外部脉冲进行计数）。

T1_M1/T1_M0：定时器定时器/计数器 1 模式选择。

T1_M1	T1_M0	定时器/计数器 1 工作模式
0	0	16 位自动重载模式 当[TH1，TL1]中的 16 位计数值溢出时，系统会自动将内部 16 位重载寄存器中的重载值装入[TH1，TL1]中
0	1	16 位不自动重载模式 当[TH1，TL1]中的 16 位计数值溢出时，定时器 1 将从 0 开始计数
1	0	8 位自动重载模式 当 TL1 中的 8 位计数值溢出时，系统会自动将 TH1 中的重载值装入 TL1 中
1	1	T1 停止工作

T0_M1/T0_M0：定时器定时器/计数器 0 模式选择。

T0_M1	T0_M0	定时器/计数器 0 工作模式
0	0	16 位自动重载模式 当[TH0，TL0]中的 16 位计数值溢出时，系统会自动将内部 16 位重载寄存器中的重载值装入[TH0，TL0]中
0	1	16 位不自动重载模式 当[TH0，TL0]中的 16 位计数值溢出时，定时器 0 将从 0 开始计数
1	0	8 位自动重载模式 当 TL0 中的 8 位计数值溢出时，系统会自动将 TH0 中的重载值装入 TL0 中
1	1	不可屏蔽中断的 16 位自动重载模式 与模式 0 相同，不可屏蔽中断，中断优先级最高，高于其他所有中断的优先级，并且不可关闭，可用作操作系统的系统节拍定时器或者系统监控定时器

4.3.3 辅助寄存器 1（AUXR）

STC8H 系列单片机是 1T 的 8051 单片机，为了与传统的 8051 单片机兼容，在复位后，定时器 T0、定时器 T1 和定时器 T2 和传统 8051 一样，都是 12 分频。但是，读者可以通过设置新增的 AUXR 寄存器来禁止分频，而直接使用 SYSclk 时钟驱动定时器。

符号	地址	B7	B6	B5	B4	B3	B2	B1	B0
AUXR	8EH	T0x12	T1x12	UART_M0x6	T2R	T2_C/T	T2x12	EXTRAM	S1ST2

T0x12：定时器 0 速度控制位。

0：12T 模式，即 CPU 时钟 12 分频（FOSC/12）；

1：1T 模式，即 CPU 时钟不分频分频（FOSC/1）。

T1x12：定时器 1 速度控制位。

0：12T 模式，即 CPU 时钟 12 分频（FOSC/12）；

1：1T 模式，即 CPU 时钟不分频分频（FOSC/1）。

UART_M0x6：串口 1 模式 0 的通信速度控制。

0：串口 1 模式 0 的波特率不加倍，固定为 Fosc/12；

1：串口 1 模式 0 的波特率 6 倍速，即固定为 Fosc/12*6 = Fosc/2。

T2R：定时器 2 的运行控制位。

0：定时器 2 停止计数；

1：定时器 2 开始计数。

T2_C/T：控制定时器 0 用作定时器或计数器，清 0 则用作定时器（对内部系统时钟进行计数），置 1 用作计数器（对引脚 T2/P1.2 外部脉冲进行计数）。

T2x12：定时器 2 速度控制位。

0：12T 模式，即 CPU 时钟 12 分频；

1：1T 模式，即 CPU 时钟不分频。

EXTRAM：扩展 RAM 访问控制。

0：访问内部扩展 RAM；

1：内部扩展 RAM 被禁用。

S1ST2：串口 1 波特率发射器选择位。

0：选择定时器 1 作为波特率发射器；

1：选择定时器 2 作为波特率发射器。

4.3.4　中断与时钟输出控制寄存器（INTCLKO）

通过 INTCLKO 寄存器的 T0CLKO、T1CLKO 和 T2CLKO 的位控制 P3.5、P3.4 和 P1.3 的时钟输出。T0CLKO、T1CLKO 和 T2CLKO 的输出时钟频率分别由定时器 T0、T1 和 T2 控制。很明显，此时它们需要工作在定时器的自动重载模式，且不允许相应的定时器中断，否则 CPU 将频繁地进出中断，使得程序运行效率大大降低。

符号	地址	B7	B6	B5	B4	B3	B2	B1	B0
INTCLKO	8FH	—	EX4	EX3	EX2	—	T1CLKO	T1CLKO	T0CLKO

EX4：外部中断 4 中断允许位。

0：禁止 INT4 中断；

1：允许 INT4 中断。

EX3：外部中断 3 中断允许位。

0：禁止 INT3 中断；

1：允许 INT3 中断。

EX2：外部中断 2 中断允许位。

0：禁止 INT2 中断；

1：允许 INT2 中断。

T0CLKO：定时器 0 时钟输出控制。

0：关闭时钟输出；

1：使能 P3.5 口是定时器 0 时钟输出功能。当定时器 0 计数发生溢出时，P3.5 口的电平自动发生翻转。

T1CLKO：定时器 1 时钟输出控制。

0：关闭时钟输出；

1：使能 P3.4 口是定时器 1 时钟输出功能。当定时器 1 计数发生溢出时，P3.4 口的电平自动发生翻转。

4.3.5 定时器计数器 T3 和 T4 控制寄存器（T4T3M）

符号	地址	B7	B6	B5	B4	B3	B2	B1	B0
T4T3M	D1H	T4R	T4_C/T	T4x12	T4CLKO	T3R	T3_C/T	T3x12	T3CLKO

T4R：定时器 4 的运行控制位。

0：定时器 4 停止计数；

1：定时器 4 开始计数。

T4_C/T：控制定时器 4 用作定时器或计数器，清 0 则用作定时器（对内部系统时钟进行计数），置 1 用作计数器（对引脚 T4/P0.6 外部脉冲进行计数）。

T4x12：定时器 4 速度控制位。

0：12T 模式，即 CPU 时钟 12 分频；

1：1T 模式，即 CPU 时钟不分频分频。

T4CLKO：定时器 4 时钟输出控制。

0：关闭时钟输出；

1：使能 P0.7 口是定时器 4 时钟输出功能。当定时器 4 计数发生溢出时，P0.7 口的电平自动发生翻转。

T3R：定时器 3 的运行控制位。

0：定时器 3 停止计数；

1：定时器 3 开始计数。

T3_C/T：控制定时器 3 用作定时器或计数器，清 0 则用作定时器（对内部系统时钟进行计数），置 1 用作计数器（对引脚 T3/P0.4 外部脉冲进行计数）。

T3x12：定时器 3 速度控制位。

0：12T 模式，即 CPU 时钟 12 分频；

1：1T 模式，即 CPU 时钟不分频分频。

T3CLKO：定时器 3 时钟输出控制。

0：关闭时钟输出；

1：使能 P0.5 口是定时器 3 时钟输出功能。当定时器 3 计数发生溢出时，P0.5 口的电平自动发生翻转。

4.4 定时器/计数器工作模式原理

本节将介绍 STC8H 系列单片机内各个计数器/定时器工作模式的原理及说明具体的实现方式。计数器/定时器 T0 ~ T4 的原理类似，其中 T0 ~ T1 从系统时钟之后没有预分频器；T2 ~ T4 从系统时钟之后，还有预分频控制寄存器 TM2PS、TM3PS 和 TM4PS 的设置，可以对系统时钟进行再次的分频。

4.4.1 定时器/计数器 T0 工作模式

1. 模式 0（16 位自动重载模式）（见图 4.3）

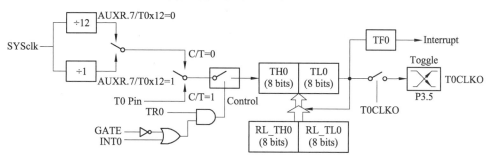

图 4.3 定时器/计数器 0 的模式 0（16 位自动重载模式）

从上图中可以看出，当 GATE=0 时，计数器仅有 TR0 控制通断，当 TR0=1，则计数器计数工作，当 TR0=0 时，计数器不计数。当 GATE=1 时，计数器由 TR0&INT0 共同控制，仅当 TR0=1，且 INT0 对应的外部引脚为高电平时候，计数器才计数，否则不计数。工作于定时器工作模式时，GATE 一般设置为 0，这样定时器仅仅由 TR0 控制通断。

系统时钟之后，可以通过 AUXR.7 控制系统时钟是否进行 12 分频，当定时器开关导通之后，16 位计数器便开始计数，当挤满溢出之后，溢出标志位 TF0 由硬件置 1，如果已经打开了定时器 T0 的中断，则可以在其对应的中断中处理相关操作。进入中断处理函数后，TF0 自动清零。若 T0CLKO 控制输出使能，则 P3.5 会输出时钟信号，频率为定时器的溢出率。这里需要注意，此种工作方式为自动重载模式，指的是当计数器溢出之后，寄存器 RL_TH0 和 RL_TL0 会将定时器的初始值自动赋值给对应的 TH0 和 TL0，不需要在程序中额外进行赋值操作。如果不是自动重载模式，则需要在程序中，用赋值语句给定时器的计数器进行再次初始化操作。

2. 模式 1（16 位非自动重载模式）（见图 4.4）

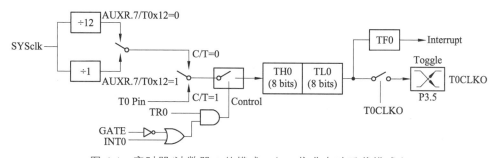

图 4.4 定时器/计数器 0 的模式 1（16 位非自动重载模式）

对比模式 1，除不能够自动重载 16 位计数器初值，其余跟模式 1 基本相同。

3. 模式 2（8 位自动重载模式）（见图 4.5）

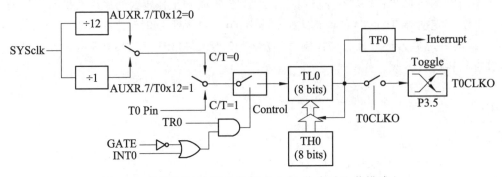

图 4.5　定时器/计数器 0 的模式 2（8 位自动重载模式）

对比模式 1，仅仅是计数器位数为 8 位，其余跟模式 1 基本相同。

4. 模式 3（不可屏蔽中断 16 位自动重装载）（见图 4.6）

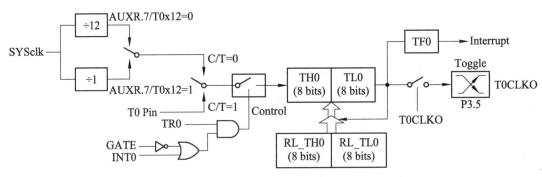

图 4.6　定时器/计数器 0 的模式 3（不可屏蔽 16 位自动重载模式）

当定时器/计数器 0 工作在模式 3（不可屏蔽中断的 16 位自动重装载模式）时，不需要允许 EA/IE.7（总中断使能位），只需允许 ET0/IE.1（定时器/计数器 0 中断允许位）就能打开定时器/计数器 0 的中断，此模式下的定时器/计数器 0 中断与总中断使能位 EA 无关。一旦此模式下的定时器/计数器 0 中断被打开后，该定时器/计数器 0 中断优先级就是最高的，它不能被其他任何中断所打断（不管是比定时器/计数器 0 中断优先级低的中断还是比其优先级高的中断，都不能打断此时的定时器/计数器 0 中断），而且该中断打开后既不受 EA/IE.7 控制也不再受 ET0 控制了，清零 EA 或 ET0 都不能关闭此中断。其余与工作模式 0 一致。

4.4.2　其余定时器/计数器工作模式

定时器/计数器 T1 工作模式与定时器/计数器 T0 类似，不再赘述。

图 4.7 显示的是定时器/计数器 2 的工作模式，它就只有 16 位自动重载模式。注意系统时钟进来之后，有一个预分频寄存器 TM2PS，对系统时钟进行预分频。需要注意的是定时器 T2 的时钟 = 系统时钟 SYSclk ÷（TM2PS + 1）。

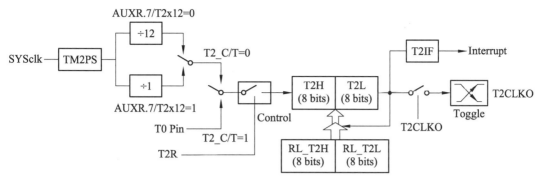

图 4.7 定时器/计数器 2 的模式 0（不可屏蔽 16 位自动重载模式）

定时器/计数器 T3 ~ T4 工作模式与定时器/计数器 T2 类似，不再赘述。

4.5 定时器驱动程序的实现

为了方便配置定时器工作模式，用如下结构体进行封装：

```
typedef struct{
uint8_t    TIM_Mode;        //工作模式，TIM_16BitAutoReload, TIM_16Bit,
                            //TIM_8BitAutoReload, TIM_16BitAutoReloadNoMask
uint8_t    TIM_ClkSource;   //时钟源，TIM_CLOCK_1T, TIM_CLOCK_12T, TIM_CLOCK_Ext
uint8_t    TIM_ClkOut;      //可编程时钟输出，ENABLE, DISABLE
uint16_t   TIM_Value;       //装载初值
uint8_t    TIM_Run;         //是否运行，ENABLE, DISABLE
} TIM_InitTypeDef;
```

其中上述结构体中成员的取值，用如下宏实现。

```
#define    Timer0                          0
#define    Timer1                          1
#define    Timer2                          2
#define    Timer3                          3
#define    Timer4                          4
#define    TIM_16BitAutoReload             0       /* 16 位自动重载模式 */
#define    TIM_16Bit                       1       /* 16 位非自动重载模式 */
#define    TIM_8BitAutoReload              2       /* 8 位自动重载模式 */
#define    TIM_16BitAutoReloadNoMask       3       /* 不可屏蔽中断的 16 位自动重载模式 */
#define    TIM_T1Stop                      3       /* 定时器 T1 停止工作 */
#define    TIM_CLOCK_12T                   0       /* 12T 定时器模式 */
#define    TIM_CLOCK_1T                    1       /* 1T 定时器模式*/
#define    TIM_CLOCK_Ext                   2       /* 外部计数模式 */
```

定时器初始化函数如下，以定时器 T0 为例子，其余定时器同样。以上初始化函数定义如下：

```
uint8_t     Timer_Inilize(uint8_t TIM, TIM_InitTypeDef *TIMx)
{      if (TIM == Timer0)
      {
          Timer0_Stop();                                              /* 停止计数 */
          if (TIMx->TIM_Mode >= TIM_16BitAutoReloadNoMask)     return FAIL;
      TMOD = (TMOD & ~0x03) | TIMx->TIM_Mode;// 工作模式，0:16 位自动重装，1:16 位定时/计数，
                                          //2：8 位自动重装，3：不可屏蔽 16 位自动重装
          if(TIMx->TIM_ClkSource >   TIM_CLOCK_Ext)  return FAIL;
          Timer0_CLK_Select(TIMx->TIM_ClkSource);              /*对外计数或分频，定时 12T/1T*/
          Timer0_CLK_Output(TIMx->TIM_ClkOut);                 /*输出时钟使能*/
          T0_Load(TIMx->TIM_Value);
          Timer0_Run(TIMx->TIM_Run);
          return    SUCCESS;                                         /* 成功 */
      }
/* T1 ~ T4 定时器类似，在此省略 */
}
```

以上定时器 T0 初始化函数中用到的宏，定义如下：

```
#define    Timer0_Stop()    TR0 = 0       /* 禁止定时器 0 计数 */
/* 0，1：定时器 0 用作定时器，   12T/1T; 2: 定时器 0 用作计数器*/
#define    Timer0_CLK_Select(n)     do{if(n == 0) AUXR &= ~(1<<7), TMOD &= ~(1<<2); \
                                   if(n == 1) AUXR |= (1<<7), TMOD &= ~(1<<2); \
                                   if(n == 2) TMOD |= (1<<2); \
                                   }while(0)
/* T0 溢出脉冲在 T0 脚输出使能 */
#define    Timer0_CLK_Output(n)    INT_CLKO = (INT_CLKO & ~0x01) | (n)
#define    T0_Load(n)        TH0 = (n) / 256,     TL0 = (n) % 256          /* 定时器 0 赋初值 */
#define    Timer0_Run(n) (n==0?(TR0 = 0):(TR0 = 1))                  /* 定时器 0 计数使能 */
```

定时器 T0 的中断开关宏定义如下：

```
#define    Timer0_Interrupt(n)  (n==0?(ET0 = 0):(ET0 = 1))                    /* Timer0 中断使能 */
```

4.6   软件定时器驱动实现

由于硬件定时器的数量有限，而实际开发过程中会遇到很多场合需要执行周期性任务，故可以借助于硬件定时器拓展出软件定时器。软件定时器实现的原理在于定时时间达到后，可以在定时器中断中处理任务，也可以在定时器中断中置位标志位，在大循环中检测标志位置位后，执行特定任务。由于可以以硬件定时器的中断时间为基准，定义出多个定时之间，故软件定时器不受硬件定时器数量的限制。为方便程序编写，定义如下结构体类型：

```
struct   TMR_SOFT_S
```

```
    {
        uint8_t            status;            //   就绪标志
        uint32_t           delay;             //   延时多少 Tick
        uint32_t           cnt;               //   计数器
        pFunCallBack       fCallBack;         //   函数指针，大循环中执行
        pFunCallBack       fCallBack_int;     //   定时器中断中执行函数
        void *             msg;               //   函数运行传递参数
        uint8_t            enable;            //   是否运行
    };    /* 软件定时器结构体*/
```

结构体成员类型中，定义了回调函数指针类型 pFunCallBack，具体定义如下：

`typedef void (* pFunCallBack)(void *        msg);`

该函数传入参数类型为 void *，指可以传入任意类型参数。用 typdef 对结构体类型进行重命名如下：

`typedef    struct TMR_SOFT_S        TMR_SOFT_S;              /*简化命名*/`

定义结构体数组，数组中的每个元素对应一个软件定时器，由于该数组元素仅仅在该模块文件中使用，故可以用 static 进行修饰，避免其他程序文件访问。

`static    TMR_SOFT_S    s_tTmr[TMR_COUNT];        // 软件定时器结构体数组`

TMR_COUNT 是定义数组大小的宏。

`#define    TMR_COUNT        8        /* 软件定时器的个数 */`

调用结构体数组初始化函数进行初始化。

```
void bsp_InitTimer(void)
{
    uint8_t    i=0;
    for(i=0;i<TMR_COUNT;i++)                   //   结构体数组的初始化
    {   s_tTmr[i].status       = 0;            //   就绪标志
        s_tTmr[i].cnt          = 0;            //   计数器
        s_tTmr[i].delay        = 0;            //   延时多少个定时器中断周期
        s_tTmr[i].fCallBack    = (void *) 0;   //   函数指针，大循环中执行
        s_tTmr[i].fCallBack_int = (void *) 0;  //   定时器中断中执行函数
        s_tTmr[i].msg          = (void *) 0;   //   函数运行传递参数
        s_tTmr[i].enable       = 0;            //   0—不运行，1—运行
    }
}
```

初始化后，可以对软件定时器进行创建：

```
TMR_SOFT_S * bsp_CreateTimer(uint32_t        delay,            /* 预装的计数 Tick 数目*/
                             pFunCallBack pFun_int,            /* 硬件定时器中断执行函数*/
                             pFunCallBack pFun,                /* 大循环中，定时执行函数*/
                             void *        msg,                /* 函数传递参数*/
                             uint8_t        enable)            /* 定时器开关*/
```

```
{
    if(s_tTmr_index <= TMR_COUNT)  // 当前分配小于最大值
    {
            s_tTmr[s_tTmr_index].delay          = delay;
            s_tTmr[s_tTmr_index].cnt            = delay;  // 递减计数初值
            s_tTmr[s_tTmr_index].fCallBack      = pFun;
            s_tTmr[s_tTmr_index].fCallBack_int = pFun_int;
            s_tTmr[s_tTmr_index].msg            = msg;
            s_tTmr[s_tTmr_index].enable         = enable;
            s_tTmr_index++;                              // 指向下一位置
    }
        return   &s_tTmr[s_tTmr_index-1];               // 返回结构体指针
}
```

由于软件定时器要以硬件定时器中断时间为基准，故硬件定时器中断函数要调用如下函数：

```
void   bsp_SysTick_ISR(void)
{
    static      uint8_t s_count = 0;
    uint8_t   i;
    for (i = 0; i < TMR_COUNT; i++)      /* 每隔 1ms，对软件定时器的计数器进行减 1 操作 */
    {
        bsp_SoftTimerDec(&s_tTmr[i]);
    }
}
```

其中，每次硬件定时器中断之后，要对所有的软件定时器进行扫描递减计数，计数已经完成的标志位置 1。

```
static void bsp_SoftTimerDec(TMR_SOFT_S *_tmr)
{
    if(_tmr->enable == 1)           // 运行条件下才进行计数
    {
        if(_tmr->cnt > 0)
        {
            _tmr->cnt--;
        }
        else
        {
            _tmr->status     = 1;                  // 软件定时器就绪
            _tmr->cnt              = _tmr->delay;  // 再次重新计数
            if(_tmr->fCallBack_int != ((void *) 0))          // 中断中有执行的函数
```

```
                {
                    _tmr->fCallBack_int(_tmr->msg);              // 中断中执行该函数
                }
            }
        }
    }
```

在大循环中，调用如下函数，将会对已经到时间的任务进行执行。

```
void bsp_ExeTimer(void)
{
    uint8_t    i=0;
    for (i=0;i<TMR_COUNT;i++)
    {
        if (s_tTmr[i].status == 1)
        {
s_tTmr[i].status = 0;                                       // 就绪标志清零，方便下次执行
            if  ( s_tTmr[i].fCallBack != ((void *)0))
            {
                s_tTmr[i].fCallBack(s_tTmr[i].msg);       // 执行回调函数
            }
        }
    }
}
```

4.7   流水灯范例

【范例】   实现流水灯效果。每 1 s 亮的小灯向右移动 1 位，循环执行。

```
void main(void)
{
    TMR_SOFT_S          * pTimer1;               // 定时器结构体指针
    timer_init();                                /* 硬件定时器初始化 */
    bsp_InitTimer();                             /* 定时器控件初始化 */
    EA = 1;
    LDE_Init();                                  /* 流水灯初始化 */
    pTimer1 = bsp_CreateTimer(1000,(void *)0,task1,(void *)0,ENABLE);   //软件定时器创建
    while(1)
    {
        bsp_ExeTimer();                          // 软件定时器处理函数
    }
}
```

其中，应用硬件定时器 T0 实现 1 ms 的定时中断，作为软件定时器的时间基准，调用前面的定时器配置初始化函数对硬件定时器进行配置。

```
void timer_init(void)
{
    TIM_InitTypeDef        TIM_InitStructure;
    TIM_InitStructure.TIM_Mode = TIM_16BitAutoReload;
    TIM_InitStructure.TIM_ClkSource =TIM_CLOCK_1T;
    TIM_InitStructure.TIM_ClkOut = DISABLE;        /* 可编程时钟输出，ENABLE，DISABLE */
    TIM_InitStructure.TIM_Value = 0xA240;          /* 装载初值 */
    TIM_InitStructure.TIM_Run = ENABLE;            /* 是否运行，ENABLE，DISABLE */
    Timer_Inilize(Timer0, &TIM_InitStructure);     /* 应用硬件定时器 T0 */
    NVIC_Timer0_Init(ENABLE,Polity_3);             /* 使能 T0 中断并设置优先级 */
}
```

其中，定时器 T0 初始值，可以应用 STC_ISP 软件计算出来。如图 4.8 所示，TH0 = 0xA2，TL0 = 0x40，将这两个 8 位数，组合成 1 个 16 位数据 0XA240。

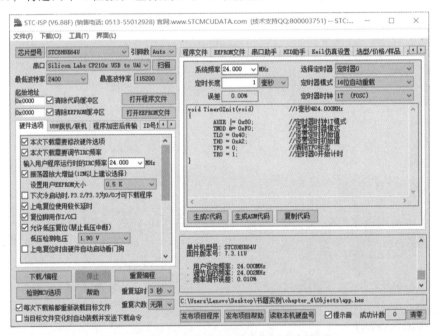

图 4.8　STC-ISP 软件计算机定时器初始值

task1()函数是用户自己定义的处理函数，用来处理具体的任务。

```
void task1(void * param)
{
    static   uint8_t   i = 0;
    LED_refreshLightBuffer(_crol_(0xfe,i++));      // 调用小灯驱动函数和循环左移函数
    if(i==8) i = 0;
}
```

在硬件定时器 T0 的中断处理函数中，调用软件定时器接口函数。

```
Void   TIM0_ISR(void)   interrupt   TIMER0_VECTOR                // 定时器 T0 中断，1ms 定时
{
    bsp_SysTick_ISR();          // 软件定时器与硬件定时器接口
}
```

## 第 5 章

中断系统

中断系统是为使 CPU 具有对外界紧急事件的实时处理能力而设置的。当中央处理机 CPU 正在处理某件事的时候外界发生了紧急事件请求，要求 CPU 暂停当前的工作，转而去处理这个紧急事件，处理完以后，再回到原来被中断的地方，继续原来的工作，这样的过程称作中断。实现这种功能的部件称作中断系统，请示 CPU 中断的请求源称作中断源。

微型机的中断系统一般允许有多个中断源，当几个中断源同时向 CPU 请求中断，要求为它服务的时候，这就存在 CPU 优先响应哪一个中断源请求的问题。通常根据中断源的轻重缓急排队，优先处理最紧急事件的中断请求源，即规定每一个中断源有一个优先级别。

CPU 总是先响应优先级别最高的中断请求。当 CPU 正在处理一个中断源请求的时候（执行相应的中断服务程序），发生了另外一个优先级比它还高的中断源请求。如果 CPU 能够暂停对原来中断源的服务程序，转而去处理优先级更高的中断请求源，处理完以后，再回到原低级中断服务程序，这样的过程称作中断嵌套。这样的中断系统称作多级中断系统，没有中断嵌套功能的中断系统称作单级中断系统。用户可以用关总中断允许位（EA/IE.7）或相应中断的允许位屏蔽相应的中断请求，也可以用打开相应的中断允许位来使 CPU 响应相应的中断申请，每一个中断源可以用软件独立地控制为开中断或关中断状态，部分中断的优先级别均可用软件设置。高优先级的中断请求可以打断低优先级的中断，反之，低优先级的中断请求不可以打断高优先级的中断。当两个相同优先级的中断同时产生时，将由查询次序来决定系统先响应哪个中断。

5.1 STC8H 系列单片机中断系统简介

如图 5.1 所示，STC8H8K64U 系列单片机的中断系统有 22 个中断源，除外部中断 2、中断 3、串行通信端口 3 中断、串行通信端口 4 中断、定时/计数器 T2 中断、定时/计数器 3 中断、定时/计数器 T4 中断固定是最低优先级中断外，其他的中断都具有 4 个断优先级，可实现四级中断服务嵌套。由 IE、IE2、INTCLKO 等特殊功能寄存器控制 CPU 是否响应中断请求。由中断优先级寄存器 IP、IPH、IP2 和 IP2H 安排各中断源的中断优先级。当同一中断优先级内有 2 个以上中断源同时提出中断请求时，由内部的查询逻辑确定其响应次序。STC8H8K64U 系列单片机的中断源见表 5.1 所示。

STC8HSK64U 系列单片机有 22 个中断源，为降低学习难度，提高学习效率，下面仅介绍常用中断源，包括外部中断以及片内电源低压检中断，其他接口电路中断将在相应的接口技术章节学习。

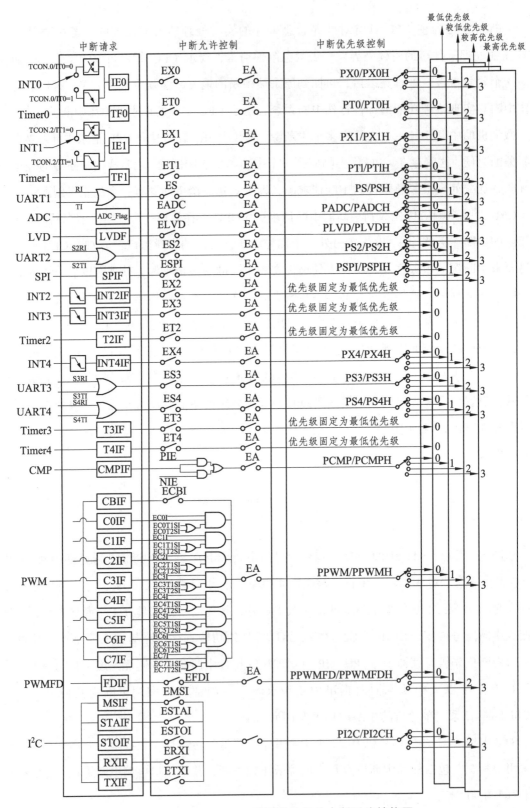

图 5.1 STC8H8K64U 系列单片机的中断系统结构图

表 5.1　STC8H8K64U 系列单片机的中断源

中断源	中断向量	次序	优先级设置	优先级	中断请求位	中断允许位
INT0	0003H	0	PX0PX0H	0/1/2/3	IE0	EX0
Timer0	000BH	1	PT0, PT0H	0/1/2/3	TF0	ET0
INT1	0013H	2	PX1, PX1H	0/1/2/3	IE1	EX1
Timer1	001BH	3	PT1, PT1H	0/1/2/3	TF1	ET1
USRT1	0023H	4	PS, PSH	0/1/2/3	RI||TI	ES
ADC	002BH	5	PADC, PADCH	0/1/2/3	ADC_FLAG	EADC
LVD	0033H	6	PLVD, PLVDH	0/1/2/3	LVDF	ELVD
UART2	0043H	8	PS2, PS2H	0/1/2/3	S2RI||S2TI	ES2
SPI	004BH	9	PSPI, PSPIH	0/1/2/3	SPIF	ESPI
INT2	0053H	10		0	INT2IF	EX2
INT3	005BH	11		0	INT3IF	EX3
Timer2	0063H	12		0	T2IF	ET2
INT4	0083H	16	PX4, PX4H	0/1/2/3	INT4IF	EX4
UART3	008BH	17	PS3, PS3H	0/1/2/3	S3RI||S3TI	ES3
UART4	0093H	18	PS4, PS4H	0/1/2/3	S4RI||S4TI	ES4
Timer3	009BH	19		0	T3IF	ET3
Timer4	00A3H	20		0	T4IF	ET4
CMP	00ABH	21	PCMP, PCMPH	0/1/2/3	CMPIF	PIE|NIE
I^2C	00C3H	24	PI^2C, PI^2CH	0/1/2/3	MSIF	EMSI
					STAIF	ESTAI
					RXIF	ERXI
					TXIF	ETXI
					STOIF	ESTOI
USB	00CBH	25	PUSB, PUSBH	0/1/2/3	USB Events	EUSB
PWMA	00D3H	26	PPWMA, PPWMAH	0/1/2/3	PWMA_SR	PWMA_IER
PWMB	00DDH	27	PPWMB, PPWMBH	0/1/2/3	PWMB_SR	PWMB_IER

5.1.1　中断源

1. 外部中断

外部中断包括外部中断 0、外部中断 1、外部中断 2、外部中断 3 和外部中断 4。

① 外部中断 0（INT0）：中断请求信号由 P3.2 引脚输入。通过 IT0 设置中断请求的触发方式。当 IT0 为 "1" 时，外部中断 0 由下降沿触发；当 IT0 为 "0" 时，无论是上升沿还是下降沿，都会引发外部中断 0。一旦输入信号有效，则置位 IE0，向 CPU 申请中断。

② 外部中断 1（INT1）：中断请求信号由 P3.3 引脚输入。通过 IT1 设置中断请求的触发方式。当 IT1 为"1"时，外部中断 1 由下降沿触发；当 IT1 为"0"时，无论是上升沿还是下降沿，都会引发外部中断 1。一旦输入信号有效，则置位 IE1，向 CPU 申请中断。

　　③ 外部中断 2（INT2）：中断请求信号由 P3.6 引脚输入，由下降沿触发，一旦输入信号有效，则向 CPU 申请中断。

　　④ 外部中断 3（INT3）：中断请求信号由 P3.7 引脚输入，由下降沿触发，一旦输入信号有效，则向 CPU 申请中断。

　　⑤ 外部中断 4（INT4）：中断请求信号由 P3.0 引脚输入，由下降沿触发，一旦输入信号有效，则向 CPU 申请中断。

2．片内电源低压检测中断

　　当检测到电源电压为低压时，置位 PCON.5（LVDF）。在上电复位时，由于电源电上升需要经过一定时间，因此低压检测电路会检测到低电压，此时置位 PCON.5（LVDF）向 CPU 申请中断。单片机上电复位后，PCON.5（LVDF）=1，若需要应用 PCON.5（LVDF），则需要先将 PCON.5（LVDF）清 0，若干个系统时钟后，再检测 PCON.5（LVDF）。

5.1.2　中断请求标志位

　　STC8H8K64U 系列单片机外部中断 0、外部中断 1、定时/计数器 T0 中断、定时/计数器 T1 中断、串行通信端口 1 中断、片内电源低压检测中断等中断源的中断请求标志位分别寄存在 TCON、SCON、PCON 中，见表 5.2 所示。此外，外部中断 2（INT2）、外部 3（INT3）和外部中断 4（INT4）的中断请求标志位，以及 T2、T3、T4 的中断请求标志位位于 AUXINTIF 中。

表 5.2　STC8H8K64U 系列单片机常用中断源的中断请求标志位

符号	描述	地址	位地址与符号								复位值
			B7	B6	B5	B4	B3	B2	B1	B0	
TCON	定时器控制寄存器	88H	TF1	TR1	TF0	TR0	IE1	IT1	IE0	IT0	0000.0000
AUXINTIF	扩展外部中断标志寄存器	EFH	—	INT4IF	INT3IF	INT2IF	—	T4IF	T3IF	T2IF	x000.x000
SCON	串口 1 控制寄存器	98H	SM0/FE	SM1	SM2	REN	RB8	RB8	TI	RI	0000.0000
S2CON	串口 2 控制寄存器	9AH	S2SM0	—	S2SM2	S2REN	S2TB8	S2RB8	S2TI	S2RI	0100.0000
S3CON	串口 3 控制寄存器	ACH	S3SM0	S3ST3	S3SM2	S3REN	S3TB8	S3RB8	S3TI	S3RI	0000.0000
S4CON	串口 4 控制寄存器	84H	S4SM0	S4ST4	S4SM2	S4REN	S4TB8	S4RB8	S4TI	S4RI	0000.0000
PCON	电源控制寄存器	87H	SMOD	SMOD0	LVDF	POF	GF1	GF0	PD	IDL	0011.0000

1. 外部中断的中断请求标志位

（1）外部中断 0

IE0：外部中断 0 的中断请求标志位。当 INT0（P3.2）引的输入信号满足中断触发要求（由 IT0 控制）时，置位 IE0，外部中断 0 向 CPU 申请中断。中断响应后中断请求标志位会自动清 0。

IT0：外部中断 0 的中断触发方式控制位。

当 IT0=1 时，外部中断 0 为下降沿触发方式。在这种方式下，若 CPU 检测到 INT0（P3.2）引出现下降沿信号，则认为有中断申请，置位 IE0。

当 IT0=0 时，外部中断 0 为上升沿、下降沿触发方式。在这种方式下，无论 CPU 检测到 INT0（P3.2）引脚出现下降沿信号还是上升沿信号，都认为有中断申请，置位 IE0。

（2）外部中断 1

IE1：外部中断 1 的中断请求标志位。当 INT1（P3.3）引的输入信号满足中断触发要求（由 IT1 控制）时，置位 IE1，外部中断 1 向 CPU 申请中断。中断响应后中断请求标志位会自动清 0。

IT1：外部中断 1 的中断触发方式控制位。

当 IT1=1 时，外部中断 1 为下降沿触发方式。在这种方式下，若 CPU 检测到 INT1（P3.3）引出现下降沿信号，则认为有中断申请，置位 IE1。

当 IT1=0 时，外部中断 1 为上升沿、下降沿触发方式。在这种方式下，无论 CPU 检测到 INT1（P3.3）引脚出现下降沿信号还是上升沿信号，都认为有中断申请，置位 IE1。

（3）外部中断 2、外部中断 3 与外部中断 4

AUXINTII.4（INT2IF）：外部中断 2 的中断请求标志位。若 CPU 检测到 INT2（P3.6）引脚出现下降沿信号，则认为有中断申请，置 1 INT2IF。中断响应后中断请求标志位会自动清 0。

AUXINTII.5（INT3IF）：外部中断 3 的中断请求标志位。若 CPU 检测到 INT3（P3.7）引脚出现下降沿信号，则认为有中断申请，置 1 INT3IF。中断响应后中断请求标志位会自动清 0。

AUXINTII.6（INT4IF）：外部中断 4 的中断请求标志位。若 CPU 检测到 INT4（P3.0）引脚出现下降沿信号，则认为有中断申请，置 1 INT4IF。中断响应后中断请求标志位会自动清 0。

2. 片内电源低压检测中断请求标志位

PCON.5（LVDF）：片内电源低压检测中断请求标志位。当检测到低压时，置位 PCON.5（LVDF），但 CPU 响应中断时并不清 PCON.5（LVDF），必须由软件清 0。

5.1.3　中断允许控制位

计算机中断系统有两种不同类型的中断：一种为非屏蔽中断；另一种为可屏蔽中断。对于非屏蔽中断，用户不能用软件加以禁止，一旦有中断申请，CPU 必须予以响应，如 T0 工作在工作方式 3 时就属于非屏蔽中断。对于可屏蔽中断，用户则可以用软件来控制是否允许某中断源的中断请求。允许中断称作中断开放，不允许中断称作中断屏蔽。STC8H8KG4U 系列单片机的 22 个中断源除 T0 工作在工作方式 3 时为非屏蔽中断，其他中断源都属于可屏蔽中断。STC8H8K64U 系列单片机常用中断源的中断允许控制位见表 5.3 所示。

表 5.3 STC8H8K64U 系列单片机常用中断源的中断允许控制位

符号	描述	地址	位地址与符号								复位值
			B7	B6	B5	B4	B3	B2	B1	B0	
IE	中断允许寄存器	A8H	EA	ELVD	EADC	ES	ET1	EX1	ET0	EX0	0000.0000
IE2	中断允许寄存器 2	AFH	EUSB	ET4	ET3	ES4	ES2	ET2	ESP1	ES2	0000.0000
INTCLKO	中断与时钟输出寄存器	8FH	—	EX4	EX3	EX2	—	T2CLKO	T1CLKO	T0CLKO	x000.x000

当 STC8H8K64U 系列单片机系统复位后，所有中断源的中断允许控制位及总中断（CPU 中断）控制位（EA）均清 0，即禁止所有中断。一个中断要处于允许状态，必须满足两个条件：总中断允许控制位 EA 为 1；该中断的中断允许控制位为 1。

5.1.4 中断优先控制

STC8H8K64U 系列单片机常用中断除外部中断 2（INT2）、外部中断 3（INT3）、T2 中断、T3 中断、T4 中断、串行通信端口 3 中断及串行通信端口 4 中断的中断优先级固定为低优先级外，其他中断都具有 4 个中断优先级，可实现四级中断服务嵌套。各中断源的中断优先级控制位分布在 IPH/IP、IPH2IP2、IPH3/IP3 这 3 组寄存器中，见表 5.4 所示。

表 5.4 STC8H8K64U 系列单片机的中断优先级控制寄存器

符号	地址	B7	B6	B5	B4	B3	B2	B1	B0
IP	B8H	—	PLVD	PADC	PS	PT1	PX1	PT0	PX0
IPH	B7H	—	PLVDH	PADCH	PSH	PT1H	PX1H	PT0H	PX0H
IP2	B5H	PUSB	PI2C	PCMP	PX4	PPWMB	PPWMA	PSPI	PS2
IP2H	B6H	PUSBH	PI2CH	PCMPH	PX4H	PPWMBH	PPWMAH	PSPIH	PS2H
IP3	DFH	—	—	—	—	—	—	PS4	PS3
IP3H	EEH	—	—	—	—	—	—	PS4H	PS3H

观察上面的寄存器表 5.4，IP 和 IPH 对应位构成一组，IP2 和 IP2H 对应位构成一组，IP3 和 IP3H 对应位构成一组用来设置中断优先级。以 PX0H 和 PX0 为例，PT0H/ PT0 = 0/0、0/1、1/0、1/1 分别对应外部中断 0 的优先级为 0 级、1 级、2 级和 3 级。0 级对应最低优先级，3 级对应最高优先级。

当系统复位后，所有中断优先级控制位全部清 0，所有中断源均设定为低中断优先级。如果有多个同一中断优先级的中断源同时向 CPU 申请中断，则 CPU 通过内部硬件查询逻辑，按自然中断优先级顺序确定先响应哪个中断请求。自然中断优先级由内部硬件电路形成，排列顺序同表 5.1 的第一列，从上到下中断优先级顺序从高到低。

5.2　中断使能及优先级设置驱动实现

为了便于设置优先级，采用如下的宏定义：

#define	Polity_0	0	//中断优先级为 0 级（最低级）
#define	Polity_1	1	//中断优先级为 1 级（较低级）
#define	Polity_2	2	//中断优先级为 2 级（较高级）
#define	Polity_3	3	//中断优先级为 3 级（最高级）

对于外部中断，有下降沿触发，上升沿和下降沿都能触发两种方式，定义如下宏。

#define	INT0_Mode(n)	(n==0?(IT0 = 0):(IT0 = 1)) /* INT0 中断模式　下降沿/上升，下降沿中断 */
#define	FALLING_EDGE　1	//产生下降沿中断
#define	RISING_EDGE　2	//产生上升沿中断

中断处理函数中的编号，可以采用宏定义：

#define	INT0_VECTOR	0
#define	TIMER0_VECTOR	1
#define	INT1_VECTOR	2
#define	TIMER1_VECTOR	3
#define	UART1_VECTOR	4
#define	ADC_VECTOR	5
#define	LVD_VECTOR	6
#define	PCA_VECTOR	7
#define	UART2_VECTOR	8
#define	SPI_VECTOR	9
#define	INT2_VECTOR	10
#define	INT3_VECTOR	11
#define	TIMER2_VECTOR	12
#define	INT4_VECTOR	16
#define	UART3_VECTOR	17
#define	UART4_VECTOR	18
#define	TIMER3_VECTOR	19
#define	TIMER4_VECTOR	20
#define	CMP_VECTOR	21
#define	PWM0_VECTOR	22

#define	PWMFD_VECTOR	23
#define	I2C_VECTOR	24
#define	USB_VECTOR	25
#define	PWMA_VECTOR	26
#define	PWMB_VECTOR	27

以外部中断 INT0 的设置为例，函数如下：

```
//================================================================
// 函数: NVIC_INT0_Init
// 描述: INT0 嵌套向量中断控制器初始化.
// 参数: State:      中断使能状态，ENABLE/DISABLE.
// 参数: Priority: 中断优先级，Polity_0，Polity_1，Polity_2，Polity_3.
// 返回: 执行结果 SUCCESS/FAIL.
//================================================================
uint8_t NVIC_INT0_Init(uint8_t State, uint8_t Priority)
{
    if(State > ENABLE) return FAIL;
    if(Priority > Polity_3) return FAIL;
    INT0_Interrupt(State);
    INT0_Polity(Priority);
    return SUCCESS;
}
#define    INT0_Interrupt(n)        (n==0?(EX0 = 0):(EX0 = 1))               /* INT0 中断使能 */
//外部中断 0 中断优先级控制
#define    INT0_Polity(n)        do{if(n == 0) IPH &= ~PX0H, PX0 = 0; \
                        if(n == 1) IPH &= ~PX0H, PX0 = 1; \
                        if(n == 2) IPH |= PX0H, PX0 = 0; \
                        if(n == 3) IPH |= PX0H, PX0 = 1; \
                        }while(0)
```

其余中断使能函数编写方法类似。

5.3   外部中断驱动实现

为方便外部中断配置，定义如下结构体类型。

```
typedef struct
{
    uint8_t    EXTI_Mode;            //中断模式，EXT_MODE_RiseFall，EXT_MODE_Fall
} EXTI_InitTypeDef;
```

由于外部中断 0 和外部中断 1 需要配置中断触发方式，而外部中断 2、外部中断 3 和外部中断 4 只能够是下降沿触发，不需要配置。故外部中断的初始化配置函数如下。

```
#define    INT0_Mode(n)        (n==0?(IT0 = 0):(IT0 = 1))       /* INT0 中断模式  下降沿/上升,
                                                                   下降沿中断 */
#define    INT1_Mode(n)        (n==0?(IT1 = 0):(IT1 = 1))       /* INT1 中断模式  下降沿/上升,
                                                                   下降沿中断 */
uint8_t    Ext_Inilize(uint8_t EXT, EXTI_InitTypeDef *INTx)
{
    if(EXT >  EXT_INT1)   return FAIL;     //空操作
    if(EXT == EXT_INT0)   //外中断 0
    {
        IE0   = 0;          //外中断 0 标志位
        INT0_Mode(INTx->EXTI_Mode);
        return SUCCESS;    //成功
    }
    if(EXT == EXT_INT1)   //外中断 1
    {
        IE1   = 0;                  //外中断 1 标志位
        INT1_Mode(INTx->EXTI_Mode);
        return SUCCESS;             //成功
    }
    return FAIL;    //失败
}
```

应用外部中断 2、外部中断 3 和外部中断 4 的时候，只需要打开对应中断就可以了，由于中断优先级确定，所以不需要设置。以下以外部中断 2 为例，驱动函数如下：

```
#define    INT2_Interrupt(n)    INT_CLKO = (INT_CLKO & ~0x10) | (n << 4) /* INT2 中断使能 */
uint8_t    NVIC_INT2_Init(uint8_t State, uint8_t Priority)
{
    if(State > ENABLE) return FAIL;
    INT2_Interrupt(State);
    Priority = (uint8_t)NULL;      // 中断优先级无用
    return SUCCESS;
}
```

配置好外部中断之后，只需要在外部中断响应函数中，编写具体的任务即可，函数框架如下：

```
void   INT0_ISR(void)  interrupt   INT0_VECTOR
{
    // 外部中断 0 具体任务
}
```

5.4 外部中断范例

开发板上如图 5.2 所示，KEY2 按键与外部中断 1 连接，编写程序实现如下功能：首先 LED 点阵的左上角点亮 1 个小灯，每次按下按键 KEY2，LED 点阵亮着的小灯移动一个位置，移动方式是左右交替，从上到下，可以循环。

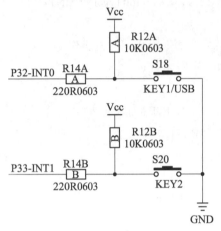

图 5.2　外部中断连接图

要实现上述任务，首先需要配置 KEY2 外部中断下降沿触发，且要打开对应中断，代码如下：

```
void    test04(void)
{
        EXTI_InitTypeDef EXTI_InitStructure;
        EXTI_InitStructure.EXTI_Mode = EXT_MODE_Fall;               // 中断模式，  下降沿触发
        Ext_Inilize(EXT_INT1,&EXTI_InitStructure);                  // INT1 初始化
        NVIC_INT1_Init(ENABLE, Polity_3);                           // 使能 INT1 并设置优先级
LED_refreshMatrixPixel(0,0);                                         //  LED 点阵点亮左上角小灯
}
```

在外部中断 1 的中断处理函数中先计算好位置信息，然后调用点阵刷新函数，具体程序如下：

```
void INT1_ISR(void)interrupt INT1_VECTOR
{
        static    uint8_t row = 0, col = 0;
        col++;
        if(col==8)
        {
            col = 0;
            row++;
            if(row==8) row = 0;
        }
        LED_refreshMatrixPixel(row,col);          //  刷新点阵显示
}
```

第 6 章

串口通信

STC8H 系列单片机具有 4 个全双工异步串行通信接口。每个串行口由 2 个数据缓冲器、一个移位寄存器、一个串行控制寄存器和一个波特率发生器等组成。每个串行口的数据缓冲器由 2 个互相独立的接收、发送缓冲器构成，可以同时发送和接收数据。

STC8 系列单片机的串口 1 有 4 种工作方式，其中两种方式的波特率是可变的，另两种是固定的，以供不同应用场合选用。串口 2、串口 3、串口 4 都只有两种工作方式，这两种方式的波特率都是可变的。用户可用软件设置不同的波特率和选择不同的工作方式。主机可通过查询或中断方式对接收/发送进行程序处理，使用十分灵活。串口 1、串口 2、串口 3、串口 4 的通信口均可以通过功能管脚的切换功能切换到多组端口，从而可以将一个通信口分时复用为多个通信口。

6.1 串口相关寄存器

1. 串口 1 控制寄存器（SCON）

符号	地址	B7	B6	B5	B4	B3	B2	B1	B0
SCON	98H	SM0/FE	SM1	SM2	PEN	TB8	RB8	T1	R1

SM0/FE：当 PCON 寄存器中的 SMOD0 位为 1 时，该位为帧错误检测标志位。当 UART 在接收过程中检测到一个无效停止位时，通过 UART 接收器将该位置 1，必须由软件清零。当 PCON 寄存器中的 SMOD0 位为 0 时，该位和 SM1 一起指定串口 1 的通信工作模式，如表 6.1 所示。

表 6.1　串口 1 工作模式

SM0	SM1	串口 1 工作模式	功能说明
0	0	模式 0	同步移位串行方式
0	1	模式 1	可变波特率 8 位数据方式
1	0	模式 2	固定波特率 9 位数据方式
1	1	模式 3	可变波特率 9 位数据方式

SM2：允许模式 2 或模式 3 多机通信控制位。当串口 1 使用模式 2 或模式 3 时，如果 SM2 位为 1 且 REN 位为 1，则接收机处于地址帧筛选状态。此时可以利用接收到的第 9 位（即 RB8）来筛选地址帧，若 RB8=1，说明该帧是地址帧，地址信息可以进入 SBUF，并使 RI 为 1，进而在中断服务程序中再进行地址号比较；若 RB8=0，说明该帧不是地址帧，应丢掉且保持 RI=0。在模式 2 或模式 3 中，如果 SM2 位为 0 且 REN 位为 1，接收机处于地址帧筛选被禁止状态，无论收到的 RB8 为 0 或 1，均可使接收到的信息进入 SBUF，并使 RI=1，此时 RB8 通常为校验位。模式 1 和模式 0 为非多机通信方式，在这两种方式时，SM2 应设置为 0。

REN：允许/禁止串口接收控制位。0：禁止串口接收数据；1：允许串口接收数据。

TB8：当串口 1 使用模式 2 或模式 3 时，TB8 为要发送的第 9 位数据，按需要由软件置位或清 0。在模式 0 和模式 1 中，该位不用。

RB8：当串口 1 使用模式 2 或模式 3 时，RB8 为接收到的第 9 位数据，一般用作校验位或者地址帧/数据帧标志位。在模式 0 和模式 1 中，该位不用。

TI：串口 1 发送中断请求标志位。在模式 0 中，当串口发送数据第 8 位结束时，由硬件自动将 TI 置 1，向主机请求中断，响应中断后 TI 必须用软件清零。在其他模式中，则在停止位开始发送时由硬件自动将 TI 置 1，向 CPU 发请求中断，响应中断后 TI 必须用软件清零。

RI：串口 1 接收中断请求标志位。在模式 0 中，当串口接收第 8 位数据结束时，由硬件自动将 RI 置 1，向主机请求中断，响应中断后 RI 必须用软件清零。在其他模式中，串行接收到停止位的中间时刻由硬件自动将 RI 置 1，向 CPU 发中断申请，响应中断后 RI 必须由软件清零。

2. 串口 1 数据寄存器（SBUF）

符号	地址	B7	B6	B5	B4	B3	B2	B1	B0
SBUF	99H								

SBUF：串口 1 数据接收/发送缓冲区。SBUF 实际是两个缓冲器，读缓冲器和写缓冲器，两个操作分别对应两个不同的寄存器，一个是只写寄存器（写缓冲器），一个是只读寄存器（读缓冲器）。对 SBUF 进行读操作，实际是读取串口接收缓冲区，对 SBUF 进行写操作则是触发串口开始发送数据。

3. 电源管理寄存器（PCON）

符号	地址	B7	B6	B5	B4	B3	B2	B1	B0
PCON	87H	SMOD	SMOD0	LVDF	POF	GF1	GF0	PD	IDL

SMOD：串口 1 波特率控制位。0：串口 1 的各个模式的波特率都不加倍；1：串口 1 模式 1、模式 2、模式 3 的波特率加倍。

SMOD0：帧错误检测控制位。0：无帧错检测功能；1：使能帧错误检测功能。此时 SCON 的 SM0/FE 为 FE 功能，即为帧错误检测标志位。

其余特殊功能寄存器中位的功能，与电源低功耗工作模式有关，在相应章节再介绍。

4. 辅助寄存器 1（AUXR）

符号	地址	B7	B6	B5	B4	B3	B2	B1	B0
AUXR	8EH	T0x12	T1x12	UART_M0x6	T2R	T2_C/T	T2x12	EXTRAM	S1ST2

UART_M0x6：串口 1 模式 0 的通信速度控制。0：串口 1 模式 0 的波特率不加倍，固定为 Fosc/12；1：串口 1 模式 0 的波特率 6 倍速，即固定为 Fosc/12*6 = Fosc/2。

S1ST2：串口 1 波特率发射器选择位。0：选择定时器 1 作为波特率发射器；1：选择定时器 2 作为波特率发射器。

5．串口 1 从机地址控制寄存器（SADDR，SADEN）

符号	地址	B7	B6	B5	B4	B3	B2	B1	B0
SADDR	A9H								
SADEN	B9H								

SADDR：从机地址寄存器 。

SADEN：从机地址屏蔽位寄存器。

自动地址识别功能比较典型地应用在多机通信领域，其主要原理是从机系统通过硬件比较功能来识别来自于主机串口数据流中的地址信息，通过寄存器 SADDR 和 SADEN 设置本机的从机地址，硬件自动对从机地址进行过滤，当来自于主机的从机地址信息与本机所设置的从机地址相匹配时，硬件产生串口中断；否则硬件自动丢弃串口数据，而不产生中断。当众多处于空闲模式的从机连接在一起时，只有从机地址相匹配的从机才会从空闲模式唤醒，从而可以大大降低从机 MCU 的功耗，即使从机处于正常工作状态也可避免不停地进入串口中断而降低系统执行效率。

要使用串口的自动地址识别功能，首先需要将参与通信的 MCU 的串口通信模式设置为模式 2 或者模式 3（通常都选择波特率可变的模式 3，因为模式 2 的波特率是固定的，不便于调节），并开启从机的 SCON 的 SM2 位。对于串口模式 2 或者模式 3 的 9 位数据位中，第 9 位数据（存放在 RB8 中）为地址/数据的标志位，当第 9 位数据为 1 时，表示前面的 8 位数据（存放在 SBUF 中）为地址信息。当 SM2 被设置为 1 时，从机 MCU 会自动过滤掉非地址数据（第 9 位为 0 的数据），而对 SBUF 中的地址数据（第 9 位为 1 的数据）自动与 SADDR 和 SADEN 所设置的本机地址进行比较，若地址相匹配，则会将 RI 置"1"，并产生中断，否则不予处理本次接收的串口数据。

从机地址的设置是通过 SADDR 和 SADEN 两个寄存器进行设置的。SADDR 为从机地址寄存器，里面存放本机的从机地址。SADEN 为从机地址屏蔽位寄存器，用于设置地址信息中的忽略位，设置方法如下：SADDR = 11001010，SADEN = 00001111。则匹配地址为 xxxx1010。即只要主机送出的地址数据中的低 4 位为 1010 就可以和本机地址相匹配，而高 4 位被忽略，可以为任意值。主机可以使用广播地址（FFH）同时选中所有的从机来进行通信。

6．串口 2 控制寄存器（S2CON）

符号	地址	B7	B6	B5	B4	B3	B2	B1	B0
S2CON	9AH	S2SM90	—	S2SM2	S2REN	S2TB8	S2RB8	S2T1	S2R1

S2SM0：指定串口 2 的通信工作模式，如表 6.2 所示。

表 6.2　串口 2 工作模式

S2SM0	串口 2 工作模式	功能说明
0	模式 0	可变波特率 8 位数据方式
1	模式 1	可变波特率 9 位数据方式

S2SM2：允许串口 2 在模式 时允许多机通信控制位。在模式 1 时，如果 S2SM2 位为 1 且 S2REN 位为 1，则接收机处于地址帧筛选状态。此时可以利用接收到的第 9 位（即 S2RB8）来筛选地址帧：若 S2RB8=1，说明该帧是地址帧，地址信息可以进入 S2BUF，并使 S2RI 为 1，进而在中断服务程序中再进行地址号比较；若 S2RB8=0，说明该帧不是地址帧，应丢掉且保持 S2RI=0。在模式 1 中，如果 S2SM2 位为 0 且 S2REN 位为 1，接收机处于地址帧筛选被禁止状态。无论收到的 S2RB8 为 0 或 1，均可使接收到的信息进入 S2BUF，并使 S2RI=1，此时 S2RB8 通常为校验位。模式 0 为非多机通信方式，在这种方式时，要将 S2SM2 设置为 0。

S2REN：允许/禁止串口接收控制位。0：禁止串口接收数据；1：允许串口接收数据。

S2TB8：当串口 2 使用模式为 1 时，S2TB8 为要发送的第 9 位数据，一般用作校验位或者地址帧/数据帧标志位，按需要由软件置位或清 0。在模式 0 中，该位不用。

S2RB8：当串口 2 使用模式为 1 时，S2RB8 为接收到的第 9 位数据，一般用作校验位或者地址帧/数据帧标志位。在模式 0 中，该位不用。

S2TI：串口 2 发送中断请求标志位。在停止位开始发送时由硬件自动将 S2TI 置 1，向 CPU 发请求中断，响应中断后 S2TI 必须用软件清零。

S2RI：串口 2 接收中断请求标志位。串行接收到停止位的中间时刻由硬件自动将 S2RI 置 1，向 CPU 发中断申请，响应中断后 S2RI 必须由软件清零。

7．串口 2 数据寄存器（S2BUF）

符号	地址	B7	B6	B5	B4	B3	B2	B1	B0
S2BUF	9BH								

S2BUF：串口 1 数据接收/发送缓冲区。S2BUF 实际是两个缓冲器，读缓冲器和写缓冲器，两个操作分别对应两个不同的寄存器，一个是只写寄存器（写缓冲器），一个是只读寄存器（读缓冲器）。对 S2BUF 进行读操作，实际是读取串口接收缓冲区，对 S2BUF 进行写操作则是触发串口开始发送数据。

8．串口 3 控制寄存器（S3CON）

符号	地址	B7	B6	B5	B4	B3	B2	B1	B0
S3CON	ACH	S3SM0	S3ST3	S3SM2	S3REN	S3TB8	S3RB8	S3T1	S3RI

S3SM0：指定串口 3 的通信工作模式，如表 6.3 所示。

表 6.3　串口 3 工作模式

S3SM0	串口 3 工作模式	功能说明
0	模式 0	可变波特率 8 位数据方式
1	模式 1	可变波特率 9 位数据方式

S3ST3：选择串口 3 的波特率发生器。0：选择定时器 2 为串口 3 的波特率发生器；1：选择定时器 3 为串口 3 的波特率发生器。

S3SM2：允许串口 3 在模式 1 时允许多机通信控制位。在模式 1 时，如果 S3SM2 位为 1 且 S3REN 位为 1，则接收机处于地址帧筛选状态。此时可以利用接收到的第 9 位（即 S3RB8）来筛选地址帧：若 S3RB8=1，说明该帧是地址帧，地址信息可以进入 S3BUF，并使 S3RI 为 1，进而在中断服务程序中再进行地址号比较；若 S3RB8=0，说明该帧不是地址帧，应丢掉且保持 S3RI=0。在模式 1 中，如果 S3SM2 位为 0 且 S3REN 位为 1，接收机处于地址帧筛选被禁止状态。无论收到的 S3RB8 为 0 或 1，均可使接收到的信息进入 S3BUF，并使 S3RI=1，此时 S3RB8 通常为校验位。模式 0 为非多机通信方式，在这种方式时，要将 S3SM2 设置为 0。

S3REN：允许/禁止串口接收控制位。0：禁止串口接收数据；1：允许串口接收数据。

S3TB8：当串口 3 使用模式 1 时，S3TB8 为要发送的第 9 位数据，一般用作校验位或者地址帧/数据帧标志位，按需要由软件置位或清 0。在模式 0 中，该位不用。

S3RB8：当串口 3 使用模式 1 时，S3RB8 为接收到的第 9 位数据，一般用作校验位或者地址帧/数据帧标志位。在模式 0 中，该位不用。

S3TI：串口 3 发送中断请求标志位。在停止位开始发送时由硬件自动将 S3TI 置 1，向 CPU 发请求中断，响应中断后 S3TI 必须用软件清零。

S3RI：串口 3 接收中断请求标志位。串行接收到停止位的中间时刻由硬件自动将 S3RI 置 1，向 CPU 发中断申请，响应中断后 S3RI 必须由软件清零。

9．串口 3 数据寄存器（S3BUF）

符号	地址	B7	B6	B5	B4	B3	B2	B1	B0
S3BUF	ADH								

S3BUF：串口 1 数据接收/发送缓冲区。S3BUF 实际是两个缓冲器，读缓冲器和写缓冲器，两个操作分别对应两个不同的寄存器，一个是只写寄存器（写缓冲器），一个是只读寄存器（读缓冲器）。对 S3BUF 进行读操作，实际是读取串口接收缓冲区，对 S3BUF 进行写操作则是触发串口开始发送数据。

10．串口 4 控制寄存器（S4CON）

符号	地址	B7	B6	B5	B4	B3	B2	B1	B0
S4CON	84H	S4SM0	S3ST4	S4SM2	S4REN	S4TB8	S4RB8	S4T1	S4RI

S4SM0：指定串口 4 的通信工作模式，如表 6.4 所示。

表 6.4　串口 4 工作模式

S4SM0	串口 4 工作模式	功能说明
0	模式 0	可变波特率 8 位数据方式
1	模式 1	可变波特率 9 位数据方式

S4ST4：选择串口 4 的波特率发生器。0：选择定时器 2 为串口 4 的波特率发生器；1：选择定时器 4 为串口 4 的波特率发生器。

S4SM2：允许串口 4 在模式 1 时允许多机通信控制位。在模式 1 时，如果 S4SM2 位为 1 且 S4REN 位为 1，则接收机处于地址帧筛选状态。此时可以利用接收到的第 9 位（即 S4RB8）来筛选地址帧：若 S4RB8=1，说明该帧是地址帧，地址信息可以进入 S4BUF，并使 S4RI 为 1，进而在中断服务程序中再进行地址号比较；若 S4RB8=0，说明该帧不是地址帧，应丢掉且保持 S4RI-0。在模式 1 中，如果 S4SM2 位为 0 且 S4REN 位为 1，接收机处于地址帧筛选被禁止状态。无论收到的 S4RB8 为 0 或 1，均可使接收到的信息进入 S4BUF，并使 S4RI=1，此时 S4RB8 通常为校验位。模式 0 为非多机通信方式，在这种方式时，要设置 S4SM2 应为 0。

S4REN：允许/禁止串口接收控制位。0：禁止串口接收数据；1：允许串口接收数据。

S4TB8：当串口 4 使用模式 1 时，S4TB8 为要发送的第 9 位数据，一般用作校验位或者地址帧/数据帧标志位，按需要由软件置位或清 0。在模式 0 中，该位不用。

S4RB8：当串口 4 使用模式 1 时，S4RB8 为接收到的第 9 位数据，一般用作校验位或者地址帧/数据帧标志位。在模式 0 中，该位不用。

S4TI：串口 4 发送中断请求标志位。在停止位开始发送时由硬件自动将 S4TI 置 1，向 CPU 发请求中断，响应中断后 S4TI 必须用软件清零。

S4RI：串口 4 接收中断请求标志位。串行接收到停止位的中间时刻由硬件自动将 S4RI 置 1，向 CPU 发中断申请，响应中断后 S4RI 必须由软件清零。

11. 串口 4 数据寄存器（S4BUF）

符号	地址	B7	B6	B5	B4	B3	B2	B1	B0
S4BUF	85H								

S4BUF：串口 1 数据接收/发送缓冲区。S4BUF 实际是两个缓冲器，读缓冲器和写缓冲器，两个操作分别对应两个不同的寄存器，一个是只写寄存器（写缓冲器），一个是只读寄存器（读缓冲器）。对 S4BUF 进行读操作，实际是读取串口接收缓冲区，对 S4BUF 进行写操作则是触发串口开始发送数据。

6.2 波特率计算公式

1. 串口 1 模式 0 波特率计算公式

当串口 1 选择工作模式为模式 0 时，串行通信接口工作在同步移位寄存器模式，当串行口模式 0 的通信速度设置位 UART_M0x6 为 0 时，其波特率固定为系统时钟频率的 12 分频（SYSclk/12）；当设置 UART_M0x6 为 1 时，其波特率固定为系统时钟频率的 2 分频（SYSclk/2）。RxD 为串行通信的数据口，TxD 为同步移位脉冲输出脚，发送、接收的是 8 位数据，低位在先。

模式 0 的发送过程：当主机执行将数据写入发送缓冲器 SBUF 指令时启动发送，串行口即将 8 位数据以 SYSclk/12 或 SYSclk/2（由 UART_M0x6 确定是 12 分频还是 2 分频）的波特率从 RxD 管脚输出（从低位到高位），发送完中断标志 TI 置 1，TxD 管脚输出同步移位脉冲信号。当写信号有效后，相隔一个时钟，发送控制端 SEND 有效（高电平），允许 RxD 发送数据，同时允许 TxD 输出同步移位脉冲。一帧（8 位）数据发送完毕时，各控制端均恢复原状态，只有 TI 保持高电平，呈中断申请状态。在再次发送数据前，必须用软件将 TI 清 0。

模式 0 的接收过程：首先将接收中断请求标志 RI 清零并置位允许接收控制位 REN 时启动模式 0 接收过程。启动接收过程后，RxD 为串行数据输入端，TxD 为同步脉冲输出端。串行接收的波特率为 SYSclk/12 或 SYSclk/2（由 UART_M0x6 确定是 12 分频还是 2 分频）。当接收完成一帧数据（8 位）后，控制信号复位，中断标志 RI 被置 1，呈中断申请状态。当再次接收时，必须通过软件将 RI 清零。

工作于模式 0 时，必须清零多机通信控制位 SM2，使之不影响 TB8 位和 RB8 位。由于波特率固定为 SYSclk/12 或 SYSclk/2，无需定时器提供，直接由单片机的时钟作为同步移位脉冲。串口 1 模式 0 的波特率计算公式如表 6.5 所示（SYSclk 为系统工作频率）。

表 6.5 串口 1 波特率设置

UART_M0x6	波特率计算公式
0	$波特率 = \dfrac{SYSclk}{12}$
1	$波特率 = \dfrac{SYSclk}{2}$

2．串口 1 模式 1 波特率计算公式

当软件设置 SCON 的 SM0、SM1 为 "01" 时，串行口 1 则以模式 1 进行工作。此模式为 8 位 UART 格式，一帧信息为 10 位：1 位起始位，8 位数据位（低位在先）和 1 位停止位。波特率可变，即可根据需要进行设置波特率。

模式 1 的发送过程：串行通信模式发送时，数据由串行发送端 TxD 输出。当主机执行一条写 SBUF 的指令即启动串行通信的发送，写 "SBUF" 信号还把 "1" 装入发送移位寄存器的第 9 位，并通知 TX 控制单元开始发送。移位寄存器将数据不断右移送 TxD 端口发送，在数据的左边不断移入 "0" 作补充。当数据的最高位移到移位寄存器的输出位置，紧跟其后的是第 9 位 "1"，在它的左边各位全为 "0"，这个状态条件，使 TX 控制单元作最后一次移位输出，然后使允许发送信号 "SEND" 失效，完成一帧信息的发送，并置位中断请求位 TI，即 TI=1，向主机请求中断处理。

模式 1 的接收过程：当软件置位接收允许标志位 REN，即 REN=1 时，接收器便对 RxD 端口的信号进行检测，当检测到 RxD 端口发送从 "1" → "0" 的下降沿跳变时就启动接收器准备接收数据，并立即复位波特率发生器的接收计数器，将 1FFH 装入移位寄存器。接收的数据从接收移位寄存器的右边移入，已装入的 1FFH 向左边移出，当起始位 "0" 移到移位寄存器的最左边时，使 RX 控制器作最后一次移位，完成一帧的接收。若同时满足以下两个条件：

- RI=0；
- SM2=0 或接收到的停止位为 1。

则接收到的数据有效，实现装载入 SBUF，停止位进入 RB8，RI 标志位被置 1，向主机请求中断，若上述两条件不能同时满足，则接收到的数据作废并丢失，无论条件满足与否，接收器重又检测 RxD 端口上的 "1" → "0" 的跳变，继续下一帧的接收。接收有效，

在响应中断后，RI 标志位必须由软件清 零。通常情况下，串行通信工作于模式 1 时，SM2 设置为 "0"。

串口 1 的波特率是可变的，其波特率可由定时器 1 或者定时器 2 产生。当定时器采用 1T 模式时（12 倍速），相应的波特率的速度也会相应提高 12 倍。串口 1 模式 1 的波特率计算公式如表 6.6 所示。（SYSclk 为系统工作频率）。

表 6.6　对应定时器重载值设置

选择定时器	定时器速度	波特率计算公式
定时器 2	1T	定时器 2 重载值 $= 65\,536 - \dfrac{\text{SYSclk}}{4 \times \text{波特率}}$
	12T	定时器 2 重载值 $= 65\,536 - \dfrac{\text{SYSclk}}{12 \times 4 \times \text{波特率}}$
定时器 1 模式 0	1T	定时器 1 重载值 $= 65\,536 - \dfrac{\text{SYSclk}}{4 \times \text{波特率}}$
	12T	定时器 1 重载值 $= 65\,536 - \dfrac{\text{SYSclk}}{12 \times 4 \times \text{波特率}}$
定时器 1 模式 2	1T	定时器 1 重载值 $= 256 - \dfrac{2^{\text{SMOD}} \times \text{SYSclk}}{32 \times \text{波特率}}$
	12T	定时器 1 重载值 $= 256 - \dfrac{2^{\text{SMOD}} \times \text{SYSclk}}{12 \times 32 \times \text{波特率}}$

3．串口 1 模式 2 波特率计算公式

当 SM0、SM1 两位为 10 时，串行口 1 工作在模式 2。串行口 1 工作模式 2 为 9 位数据异步通信 UART 模式，其一帧的信息由 11 位组成：1 位起始位，8 位数据位（低位在先），1 位可编程位（第 9 位数据）和 1 位停止位。发送时可编程位（第 9 位数据）由 SCON 中的 TB8 提供，可软件设置为 1 或 0，或者可将 PSW 中的奇/偶校验位 P 值装入 TB8（TB8 既可作为多机通信中的地址数据标志位，又可作为数据的奇偶校验位）。接收时第 9 位数据装入 SCON 的 RB8。TxD 为发送端口，RxD 为接收端口，以全双工模式进行接收/发送。

模式 2 的波特率固定为系统时钟的 64 分频或 32 分频（取决于 PCON 中 SMOD 的值）串口 1 模式 2 的波特率计算公式如表 6.7 所示（SYSclk 为系统工作频率）。

表 6.7　波特率倍增设置

SMOD	波特率计算公式
0	波特率 $= \dfrac{\text{SYSclk}}{64}$
1	波特率 $= \dfrac{\text{SYSclk}}{32}$

模式 2 和模式 1 相比，除波特率发生源略有不同，发送时由 TB8 提供给移位寄存器第 9 数据位不同外，其余功能结构均基本相同，其接收/发送操作过程及时序也基本相同。当接收器接收完一帧信息后必须同时满足下列条件：

- RI=0；

- SM2=0 或者 SM2=1 且接收到的第 9 数据位 RB8=1。

当上述两条件同时满足时，才将接收到的移位寄存器的数据装入 SBUF 和 RB8 中，RI 标志位被置 1，并向主机请求中断处理。如果上述条件有一个不满足，则刚接收到移位寄存器中的数据无效而丢失，也不置位 RI。无论上述条件满足与否，接收器又重新开始检测 RxD 输入端口的跳变信息，接收下一帧的输入信息。在模式 2 中，接收到的停止位与 SBUF、RB8 和 RI 无关。

4．串口 1 模式 3 波特率计算公式

当 SM0、SM1 两位为 11 时，串行口 1 工作在模式 3。串行通信模式 3 为 9 位数据异步通信 UART 模式，其一帧的信息由 11 位组成：1 位起始位，8 位数据位（低位在先），1 位可编程位（第 9 位数据）和 1 位停止位。发送时可编程位（第 9 位数据）由 SCON 中的 TB8 提供，可软件设置为 1 或 0，或者可将 PSW 中的奇/偶校验位 P 值装入 TB8（TB8 既可作为多机通信中的地址数据标志位，又可作为数据的奇偶校验位）。接收时第 9 位数据装入 SCON 的 RB8。TxD 为发送端口，RxD 为接收端口，以全双工模式进行接收/发送。

模式 3 和模式 1 相比，除发送时由 TB8 提供给移位寄存器第 9 数据位不同外，其余功能结构均基本相同，其接收/发送操作过程及时序也基本相同。当接收器接收完一帧信息后必须同时满足下列条件：

- RI=0；
- SM2=0 或者 SM2=1 且接收到的第 9 数据位 RB8=1。

当上述两条件同时满足时，才将接收到的移位寄存器的数据装入 SBUF 和 RB8 中，RI 标志位被置 1，并向主机请求中断处理。如果上述条件有一个不满足，则刚接收到移位寄存器中的数据无效而丢失，也不置位 RI。无论上述条件满足与否，接收器又重新开始检测 RxD 输入端口的跳变信息，接收下一帧的输入信息。在模式 3 中，接收到的停止位与 SBUF、RB8 和 RI 无关。串口 1 模式 3 的波特率计算公式与模式 1 是完全相同的。

5．串口 2 模式 0 波特率计算公式

串行口 2 的模式 0 为 8 位数据位可变波特率 UART 工作模式。此模式一帧信息为 10 位：1 位起始位，8 位数据位（低位在先）和 1 位停止位。波特率可变，可根据需要进行设置波特率。TxD2 为数据发送口，RxD2 为数据接收口，串行口全双工接受/发送。

串口 2 的波特率是可变的，其波特率由定时器 2 产生。当定时器采用 1T 模式时（12 倍速），相应地波特率速度也会提高 12 倍。串口 2 模式 0 的波特率计算公式如表 6.8 所示（SYSclk 为系统工作频率）。

表 6.8　波特率设置

选择定时器	定时器速度	波特率计算公式
定时器 2	1T	定时器 2 重载值 $= 65\,536 - \dfrac{SYSclk}{4 \times 波特率}$
	12T	定时器 2 重载值 $= 65\,536 - \dfrac{SYSclk}{12 \times 4 \times 波特率}$

6. 串口 2 模式 1 波特率计算公式

串行口 2 的模式 1 为 9 位数据位可变波特率 UART 工作模式。此模式一帧信息为 11 位：1 位起始位，9 位数据位（低位在先）和 1 位停止位。波特率可变，可根据需要进行设置波特率。TxD2 为数据发送口，RxD2 为数据接收口，串行口全双工接收/发送。串口 2 模式 1 的波特率计算公式与模式 0 是完全相同的。

7. 串口 3 模式 0 波特率计算公式

串行口 3 的模式 0 为 8 位数据位可变波特率 UART 工作模式。此模式一帧信息为 10 位：1 位起始位，8 位数据位（低位在先）和 1 位停止位。波特率可变，可根据需要进行设置波特率。TxD3 为数据发送口，RxD3 为数据接收口，串行口全双工接收/发送。

串口 3 的波特率是可变的，其波特率可由定时器 2 或定时器 3 产生。当定时器采用 1T 模式时（12 倍速），相应地波特率速度也会提高 12 倍。串口 3 模式 0 的波特率计算公式如表 6.9 所示（SYSclk 为系统工作频率）。

表 6.9　波特率设置

选择定时器	定时器速度	波特率计算公式
定时器 2	1T	$定时器\,2\,重载值 = 65\,536 - \dfrac{SYSclk}{4 \times 波特率}$
	12T	$定时器\,2\,重载值 = 65\,536 - \dfrac{SYSclk}{12 \times 4 \times 波特率}$
定时器 3	1T	$定时器\,3\,重载值 = 65\,536 - \dfrac{SYSclk}{4 \times 波特率}$
	12T	$定时器\,3\,重载值 = 65\,536 - \dfrac{SYSclk}{12 \times 4 \times 波特率}$

8. 串口 3 模式 1 波特率计算公式

串行口 3 的模式 1 为 9 位数据位可变波特率 UART 工作模式。此模式一帧信息为 11 位：11 位起始位，9 位数据位（低位在先）和 11 位停止位。波特率可变，可根据需要进行设置波特率。TxD31 为数据发送口，RxD3 为数据接收口，串行口全双工接收/发送。串口 3 模式 1 的波特率计算公式与模式 0 是完全相同的。

9. 串口 4 模式 0 波特率计算公式

串行口 4 的模式 0 为 8 位数据位可变波特率 UART 工作模式。此模式一帧信息为 10 位：1 位起始位，8 位数据位（低位在先）和 1 位停止位。波特率可变，可根据需要进行设置波特率。TxD4 为数据发送口，RxD4 为数据接收口，串行口全双工接收/发送。

串口 4 的波特率是可变的，其波特率可由定时器 2 或定时器 4 产生。当定时器采用 1T 模式时（12 倍速），相应的波特率的速度也会相应提高 12 倍。串口 4 模式 0 的波特率计算公式如表 6.10 所示（SYSclk 为系统工作频率）。

表 6.10　波特率设置

选择定时器	定时器速度	波特率计算公式
定时器 2	1T	定时器 2 重载值 $= 65\ 536 - \dfrac{SYSclk}{4 \times 波特率}$
	12T	定时器 2 重载值 $= 65\ 536 - \dfrac{SYSclk}{12 \times 4 \times 波特率}$
定时器 3	1T	定时器 4 重载值 $= 65\ 536 - \dfrac{SYSclk}{4 \times 波特率}$
	12T	定时器 4 重载值 $= 65\ 536 - \dfrac{SYSclk}{12 \times 4 \times 波特率}$

10. 串口 4 模式 1 波特率计算公式

串行口 4 的模式 1 为 9 位数据位可变波特率 UART 工作模式。此模式一帧信息为 11 位：1 位起始位，9 位数据位（低位在先）和 1 位停止位。波特率可变，可根据需要进行设置波特率。TxD4 为数据发送口，RxD4 为数据接收口，串行口全双工接收/发送。串口 4 模式 1 的波特率计算公式与模式 0 是完全相同的。请参考模式 0 的波特率计算公式。

6.3　单片机硬件 UART 驱动程序

为了方便配置 UART 相关的特殊功能寄存器，用如下结构体进行封装：

```
typedef struct
{
/* 模式, UART_ShiftRight, UART_8bit_BRTx, // UART_9bit , UART_9bit_BRTx */
uint8_t    UART_Mode;
    uint8_t    UART_BRT_Use;      //使用波特率,     BRT_Timer1,BRT_Timer2
    uint32_t   UART_BaudRate;     //波特率,         ENABLE,DISABLE
    uint8_t    Morecommunicate;   //多机通信允许, ENABLE,DISABLE
    uint8_t    UART_RxEnable;     //允许接收,      ENABLE,DISABLE
    uint8_t    BaudRateDouble;    //波特率加倍,    ENABLE,DISABLE
    uint8_t    UART_Interrupt;    //中断控制,      ENABLE,DISABLE
    uint8_t    UART_Polity;       //优先级,        PolityLow,PolityHigh
    uint8_t    UART_P_SW;         //切换端口,    UART1_SW_P30_P31, UART1_SW_P36_P37,
                                  //UART1_SW_P16_P17, UART1_SW_P43_P44
} COMx_InitDefine;
```

串口发送和接收的基本单位是 1 个字节，但是实际工作过程中，经常发送若干字节和接收若干字节，为了方便数据的发送和接收，定义如下结构体。

```
typedef struct
{
    uint8_t  id;                    //串口号
```

```
        uint8_t    TX_read;                        //发送读指针
        uint8_t    TX_write;                       //发送写指针
        uint8_t    B_TX_busy;                      //发送忙标志
        uint8_t    RX_Cnt;                         //接收字节计数
        uint8_t    RX_TimeOut;                     //接收超时
        uint8_t    B_RX_OK;                        //接收块完成
} COMx_Define;
```

通过宏开关，来打开相应的串口功能，如果不使用则注销掉。

```
#define    UART1    1
```

如果打开了串口 1，则定义发送和接收缓冲区数组，为了实现不定长数据接收，这里应用前面介绍的定时器控件，定义了一个接收超时的处理函数。

```
#ifdef      UART1
#define    COM_TX1_Lenth     128
#define    COM_RX1_Lenth     128
COMx_Define  COM1;                                //结构体对象
uint8_t    xdata      TX1_Buffer[COM_TX1_Lenth];  //发送缓冲
uint8_t    xdata      RX1_Buffer[COM_RX1_Lenth];  //接收缓冲
TMR_SOFT_S              * pUART1;                  // 接收超时定时器指针
void   RX1_TimeOut_Task（void * param）            // 接收超时处理
{
        bsp_StopTimer(pUART1);                     // 关闭定时器
        COM1.B_RX_OK = 1;                          // 接收完成标志
}
#endif
```

通过初始化函数，来初始化串口相关的特殊功能寄存器和相关结构体参数。

```
uint8_t UART_Configuration（uint8_t UARTx，  COMx_InitDefine *COMx）
{
    uint8_t    i;
    uint32_t  j;
#ifdefUART1                                       // 串口 1 条件编译
    if(UARTx == UART1)
    {
        COM1.id             = 1;                   // 串口 1
        COM1.TX_read        = 0;                   //发送读指针
        COM1.TX_write       = 0;                   //发送写指针
        COM1.B_TX_busy      = 0;                   //发送忙标志
        COM1.RX_Cnt         = 0;                   //接收字节计数
        COM1.RX_TimeOut     = TimeOutSet1;         //接收超时
        COM1.B_RX_OK        = 0;                   //接收块完成
```

```
for(i=0; i<COM_TX1_Lenth; i++)    TX1_Buffer[i] = 0;    //发送缓冲区清零
for(i=0; i<COM_RX1_Lenth; i++)    RX1_Buffer[i] = 0;    // 接收缓冲区清零
pUART1 =   bsp_CreateTimer( COM1.RX_TimeOut, (void * )0,    RX1_TimeOut_Task, \
                           (void * )0, DISABLE);        // 接收超时处理函数
if(COMx – >UART_Polity > Polity_3)      return 2;   //错误
UART1_Polity(COMx – >UART_Polity);                    // Polity_0,Polity_1, Polity_2, Polity_3
if(COMx – >UART_Mode > UART_9bit_BRTx)return 2;  //模式错误
SCON = (SCON & 0x3f) | COMx – >UART_Mode;
If ((COMx –>UART_Mode == UART_9bit_BRTx) || (COMx – >UART_Mode
                       == UART_8bit_BRTx))
{
    j = (MAIN_Fosc / 4) / COMx – >UART_BaudRate;   //按 1T 计算
    if(j >= 65536UL)      return 2;                      //错误
    j = 65536UL  –  j;
    if(COMx – >UART_BRT_Use == BRT_Timer1)
    {
        TR1 = 0;
        AUXR &= ~0x01;          // S1 BRT Use Timer1;
        TMOD &= ~(1<<6);        // Timer1 set As Timer
        TMOD &= ~0x30;          // Timer1_16bitAutoReload;
        AUXR |=   (1<<6);       //Timer1 set as 1T mode
        TH1 = (uint8_t)(j>>8);
        TL1 = (uint8_t)j;
        ET1 = 0;                //禁止中断
        TMOD &= ~0x40;          //定时
        INT_CLKO &= ~0x02;      //不输出时钟
        TR1   = 1;
    }
    else if(COMx->UART_BRT_Use == BRT_Timer2)
    {
        AUXR &= ~(1<<4);        //Timer stop
        AUXR |= 0x01;           //S1 BRT Use Timer2;
        AUXR &= ~(1<<3);        //Timer2 set As Timer
        AUXR |=   (1<<2);       //Timer2 set as 1T mode
        TH2 = (uint8_t)(j>>8);
        TL2 = (uint8_t)j;
        IE2   &= ~(1<<2);       //禁止中断
        AUXR |=   (1<<4);       //Timer run enable
    }
```

```
            else return 2;                    //错误
        }
        else if(COMx – >UART_Mode == UART_ShiftRight)
        {
            If (COMx – >BaudRateDouble == ENABLE)
{AUXR |=   (1<<5);}              // 固定波特率 SysClk/2
            Else
{AUXR &= ~(1<<5);}              // 固定波特率 SysClk/12
        }
        else if(COMx – >UART_Mode == UART_9bit)     //固定波特率 SysClk*2^SMOD/64
        {
            If (COMx – >BaudRateDouble == ENABLE)
{PCON |=   (1<<7);}              //固定波特率 SysClk/32
            else
{ PCON &= ~(1<<7);}             //固定波特率 SysClk/64
        }
        If    (COMx->UART_Interrupt == ENABLE)
{ES = 1;}                       //允许中断
        else
{ES = 0;}                       //禁止中断
        If (COMx->UART_RxEnable == ENABLE)
{REN = 1;}                      //允许接收
        else
{REN = 0;}                      //禁止接收
        P_SW1 = (P_SW1 & 0x3f) | (COMx->UART_P_SW & 0xc0);   //切换 IO
        return      0;
    }
#endif
#ifdefUART2                         // 串口 2 条件编译
    … 省略…
#endif
#ifdefUART3                         // 串口 3 条件编译
    … 省略…
#endif
#ifdefUART4                         // 串口 4 条件编译
    … 省略…
#endif
}
```

以上初始化函数中，涉及一些宏定义。优先级的宏定义：

```
#define    Polity_0        0    //中断优先级为 0 级（最低级）
#define    Polity_1        1    //中断优先级为 1 级（较低级）
#define    Polity_2        2    //中断优先级为 2 级（较高级）
#define    Polity_3        3    //中断优先级为 3 级（最高级）
```

//串口 1 中断优先级控制。

```
#define    UART1_Polity(n)      do{if(n == 0) IPH &= ~PSH, PS = 0; \
                                if(n == 1) IPH &= ~PSH, PS = 1; \
                                if(n == 2) IPH |= PSH, PS = 0; \
                                if(n == 3) IPH |= PSH, PS = 1; \
                                }while(0)
```

串口工作方式宏定义：

```
#define    UART_ShiftRight       0          // 同步移位输出
#define    UART_8bit_BRTx       (1<<6)     // 8 位数据，可变波特率
#define    UART_9bit            (2<<6)     // 9 位数据，固定波特率
#define    UART_9bit_BRTx       (3<<6)     // 9 位数据，可变波特率
```

串口波特率发生器选用定时器宏定义：

```
#define    BRT_Timer1        1
#define    BRT_Timer2        2
#define    BRT_Timer3        3
#define    BRT_Timer4        4
```

以上串口初始化函数中，串口 2、串口 3、串口 4 与串口 1 类似，代码省略了。

串口初始化完成之后，就是进一步来封装发送和接收函数了。串口的接收，通过触发中断函数，在中断函数中将每次接收的数据存入接收缓冲区实现。当数据与数据之间接收的时间超过设定的时间，则出发超时定时器任务，置位接收完成标志位。

```
Void    UART1_int (void)    interrupt        UART1_VECTOR
{
    if(RI)
    {
        RI = 0;
        if(COM1.B_RX_OK == 0)
        {
            If (COM1.RX_Cnt >= COM_RX1_Lenth) COM1.RX_Cnt = 0;
            RX1_Buffer[COM1.RX_Cnt++] = SBUF;
            bsp_StartTimer(pUART1);          // 开启定时器
            bsp_ResetTimer(pUART1);          // 重新计数
        }
}
```

```
    }
    if(TI)
    {
        TI = 0;
        if(COM1.TX_read != COM1.TX_write)
        {
            SBUF = TX1_Buffer[COM1.TX_read];                    // 会导致 TI =1
            if(++COM1.TX_read >= COM_TX1_Lenth)         COM1.TX_read = 0;
        }
        else
{COM1.B_TX_busy = 0;}        // 发送缓冲区数据传送完成
        }
}
```

发送数据，不是直接通过串口的中断函数发送，而是调用函数往发送缓冲区数组中写入数据，进而触发调用发送中断函数。

```
void TX1_write2buff(uint8_t dat)
{
    TX1_Buffer[COM1.TX_write] = dat;                    //装发送缓冲
    if(++COM1.TX_write >= COM_TX1_Lenth)    COM1.TX_write = 0;
    if(COM1.B_TX_busy == 0)                    //空闲
    {
        COM1.B_TX_busy = 1;                    //标志忙
        TI = 1;                    //触发发送中断
    }
}
```

在上述发送缓冲区函数的基础上，封装发送字符串的函数：

```
void PrintString1(uint8_t *puts)
{
for (; *puts != 0;        puts++)    TX1_write2buff(*puts);    // 遇到停止符 0 结束，'\0'的 ascii 编码就
是整数 0
}
```

串口 2、串口 3、串口 4 与串口 1 类似，可以定义相似函数，这里代码省略了。

当串口接收不定长度的数据之后，会调用回调函数处理，具体的回调函数任务是由用户来编写的，函数名字作为参数传入即可。

```
void UART_Rx_ok_callBack( pRxOkCallBack pRxOkFun1,void * param1, \
                            pRxOkCallBack pRxOkFun2, void * param2,   \
                            pRxOkCallBack pRxOkFun3, void * param3,   \
```

```
                              pRxOkCallBack pRxOkFun4，void * param4）
{
    #ifdef    UART1
              if (COM1.B_RX_OK == 1)                /*接收完成 */
              {
                   COM1.B_RX_OK = 0;
                   if(pRxOkFun1 != (void *)0)
                   {
                        pRxOkFun1(param1);                        // 执行接收回调函数
                   }
                   memset(RX1_Buffer,0,sizeof(RX1_Buffer));      // 清零数据
                   COM1.RX_Cnt = 0;                              // 清空接收序号
              }
         #endif
#ifdefUART2
    ……
#endif
#ifdefUART3
    ……
#endif
#ifdef UART4
    ……
#endif
}
```

6.4　printf 重定向与格式化输出

实践中，经常遇到格式化输出字符串的场景，可以用重定向 printf 函数来实现。应用该函数，首先需要包含头文件 stdio.h，另外，printf 运行时会调用函数 putchar 函数，这里对该函数进行重定义。

```
char putchar (char c)
{
SBUF = c;             // 通过串口输出
while(TI==0);         // 等待输出完成
TI = 0;               // 清零串口传输完成标志位
return c;
}
```

【范例】 设置串口 UART1，波特率 115200，1 位开始位，8 位数据位，1 位停止位工作方式。调用前面介绍的函数，对串口 UART1 进行初始化。

```c
void uart1_init(void)
{
    COMx_InitDefine     COMx_InitStructure;
    COMx_InitStructure.UART_Mode         = UART_8bit_BRTx;
    COMx_InitStructure.UART_BRT_Use      = BRT_Timer1;
    COMx_InitStructure.UART_BaudRate     = 115200;
    COMx_InitStructure.Morecommunicate   = DISABLE;
    COMx_InitStructure.UART_RxEnable     = ENABLE;
    COMx_InitStructure.BaudRateDouble    = DISABLE;
    COMx_InitStructure.UART_Interrupt    = ENABLE;
    COMx_InitStructure.UART_Polity       = Polity_0;
    COMx_InitStructure.UART_P_SW         = UART1_SW_P30_P31;
    UART_Configuration(UART1, &COMx_InitStructure);
}
```

编写如下的测试函数：

```c
void tst_printf (void)
{
    char    a = 1;
    int     b = 12365;
    long    c = 0x7FFFFFFF;
    unsigned    char    x = 'A';
    unsigned    int     y = 54321;
    unsigned    long    z = 0x4A6F6E00;
    float   f = 10.0;
    float   g = 22.95;
    char buf [] = "Test String";
    char    *p = buf;
    printf ("char %bd int %d long %ld\r\n",a,b,c);
    printf ("Uchar %bu Uint %u Ulong %lu\r\n",x,y,z);
    printf ("xchar %bx xint %x xlong %lx\r\n",x,y,z);
    printf ("String %s is at address %p\r\n",buf,p);
    printf ("%f != %g\r\n", f, g);
    printf ("%*f != %*g\r\n", (int)8, f, (int)8, g);
}
```

注意，8 位数据格式化输出要加 b，32 位数据格式输出要加 l。打开 STC_ISP 软件的串口助手，连接之后，输出结果如图 6.1 所示。

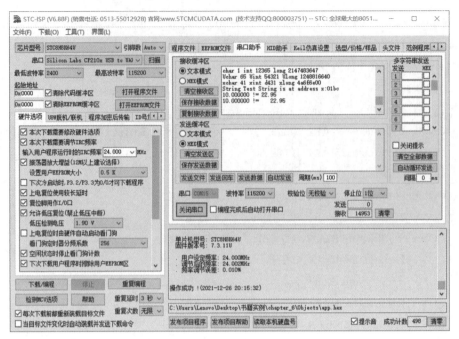

图 6.1　串口输出结果

由于调用 printf 函数，程序开销太大，可以应用前面编写的 PrintString1 函数配合 sprintf 函数来实现格式化的输出。注意，PrintString1 会触发串口发送中断，故必须打开串口中断以及总中断。

```
void tst_printf_new (void)
{
    char    a = 1;
    Int     b = 12365;
    long    c = 0x7FFFFFFF;
    char    str[30]={0};
    unsigned char    x = 'A';
    unsigned int     y = 54321;
    unsigned long    z = 0x4A6F6E00;
    float f = 10.0;
    float g = 22.95;
    char buf [] = "Test String";
    char *p = buf;
    sprintf(str,"char %bd int %d long %ld\r\n",a,b,c);
    PrintString1(str);
    sprintf(str,"Uchar %bu Uint %u Ulong %lu\r\n",x,y,z);
    PrintString1(str);
    sprintf(str,"xchar %bx xint %x xlong %lx\r\n",x,y,z);
    PrintString1(str);
```

```
    sprintf(str,"String %s is at address %p\r\n",buf,p);
    delay(5);                  // 适当延时 5 ms, 否则显示错误
    PrintString1(str);
    sprintf(str,"%f != %g\r\n", f, g);
    PrintString1(str);
    sprintf(str,"%*f != %*g\r\n", (int)8, f, (int)8, g);
    PrintString1(str);
}
```

注意 sprintf 函数调用需要花费一定时间, 故需要在其后加入适量延时, 否则字符串 str 没有最终形成, 串口输出会出现错误。连接之后, 输出结果如图 6.2 所示。

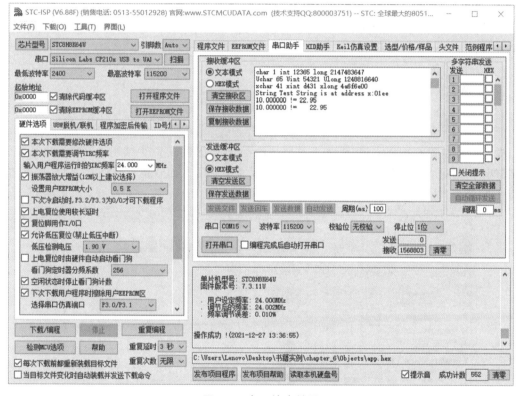

图 6.2　串口输出结果

6.5　常用字符串处理函数

实际编程中, 经常遇到对字符串整体的控制等操作, 比如长度测量函数 strlen(), 字符串拷贝函数 strcpy()/strncpy(), 字符串比较函数 strcmp()/strncmp(), 字符串连接函数 strcat()/strncat()等, 这些函数是非常有用的。

1. strlen()函数

原型: int strlen (const char *str)。

功能：返回字符串的实际长度，不含'\0'。

测试代码如下：

```
void    main（void）
{
    char buf1[20] = "hello";
    char buf2[20] = {'h', 'e', 'l', 'l', 'o', '\0'};
    char buf3[20] = {'h', 'e', '\0', 'l', 'l', 'o', '\0'};
    char buf4[20] = {'h', 'e', 0, 'l', 'l', 'o', '\0'};
    RSTCFG = 0x50;    /* 复位寄存器，如果是 0x00，则复位管脚用作普通 IO */
    uart1_init();
    EA = 1;
    printf("strlen(buf1)=%d\r\n",strlen(buf1));
    printf("strlen(buf2)=%d\r\n",strlen(buf2));
    printf("strlen(buf3)=%d\r\n",strlen(buf3));
    printf("strlen(buf4)=%d\r\n",strlen(buf4));
    while(1);
}
```

输出结果如图 6.3 所示。得到如下重要结论：strlen 函数以'\0'为结尾计算字符串长度，另外字符串中'\0'对应的数值就是整数 0，它们作用完全一致。而'0'表示 ASCII 字符 0，对应的值为 0x30。

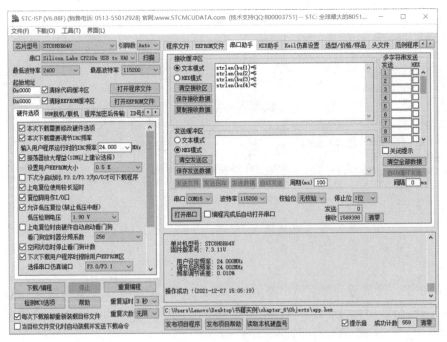

图 6.3　串口输出结果

注意：sizeof 与 strlen 不同。之前说过，sizeof 不是函数，我们定义一个变量，使用 sizeof

可以计算所定义变量占用的内存大小，而且遇到'\0'不会结束；strlen 是测字符串的实际长度。如 char buf[100] = "abc"; 则 sizeof(buf)为 100，而 strlen(buf)为 3。

2．strcpy () 函 数

原型：char *strcpy(char *dest, const char *src)。

功能：把 src 所指向的以'\0'结尾的字符串复制到 dest 所指向的数组中。

返回值：返回参数 dest 字符串起始地址。

测试代码如下：

```
void main(void)
{
    char dest[20] = "";
    char src[10] = {'h', 'e', '\0', 'l', 'l', 'o', '\0'};
    RSTCFG = 0x50;          /* 复位寄存器，如果是 0x00，则复位管脚用作普通 IO */
    uart1_init();
    EA = 1;
    strcpy(dest,src);
    printf("%s\r\n",dest);
    printf("src:%s\r\n",src+strlen(src)+1);
    printf("dest:%s\r\n",dest+strlen(dest)+1);
    while(1);
}
```

输出结果如图 6.4 所示。得到如下重要结论：strcpy()遇到第一个'\0'会结束并包含'\0'。

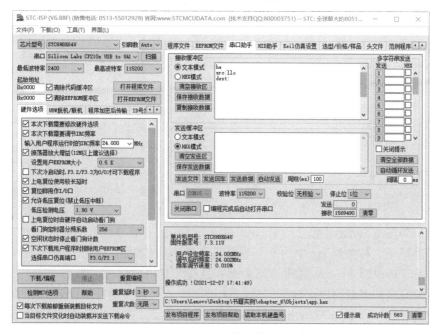

图 6.4　串口输出结果

3．strncpy ()函数

原型：char *strncpy(char *dest, const char *src, size_t n)。

功能：将参数 src 字符串拷贝前 n 个字符至参数 dest 所指的地址。

返回值：返回参数 dest 字符串起始地址

测试代码如下：

```
void main(void)
{
    uint8_t i = 0;
    char dest[10] = "123456789";
    char src[10] = {'h', '\0', 'e', 'l', 'l', 'o', '\0'};
    char *p;
    RSTCFG = 0x50;          /* 复位寄存器，如果是 0x00，则复位管脚用作普通 IO */
    uart1_init();
    EA = 1;
    strncpy(dest,src,4);
    printf("%s\r\n",dest);
    p = dest;
    for(i=0;i<9;i++)
    {
        printf("%c ",*(p+i));
        delay(5);
    }
    printf("\r\n");
    p = src;
    for(i=0;i<6;i++)
    {
        printf("%c ",*(p+i));
        delay(5);
    }
    printf("\r\n");
    while(1);
}
```

输出结果如图 6.5 所示。注意：strncpy()遇到'\0'结束，并且在个数 n 不足的情况下会用'\0'补齐。如上面例子，将数组 src 中的字符串拷贝 4 个字节到数组 dest 中，此时打印 dest 结果为 "h"，那是不是说明 strncpy 遇到'\0'结束呢？这还不足以说明，可能是 strncpy 的问题也可能是 printf 的问题。再看第二次输出，我们将 dest 中的元素分别打印出来："h56789"，中间有 3 个空字符（即'\0'）没有打印出来，很明显，这只拷贝了 4 字节，但是'\0'后面的'e'和'l'并没有拷贝过去，并且后面三字节是用空字符来补全的，由此说明 strncpy 遇到'\0'结束，并且在个数 n 不足的情况下会用'\0'补齐。

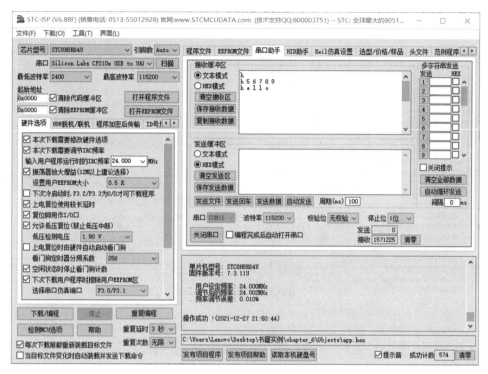

图 6.5　串口输出结果

4．strcmp ()函数

原型：int strcmp(char *str1, char *str2)。

功能：比较 str1 和 str2 的大小。

返回值：相等返回 0，str1 大于 str2 返回 1，str1 小于 str2 返回 – 1。

测试代码如下：

```c
void main(void)
{
    char *s1 = "ABC";
    char *s2 = "ABC";
    char *s3 = "abc";
    RSTCFG = 0x50;     /* 复位寄存器，如果是 0x00，则复位管脚用作普通 IO */
    uart1_init();
    EA = 1;
    printf("%d\r\n",(uint16_t)strcmp(s1,s2));
    printf("%d\r\n",(uint16_t)strcmp(s3,s1));
    printf("%d\r\n",(uint16_t)strcmp(s1,s3));
    while(1);
}
```

输出结果如图 6.6 所示。对照 ASCII 码表可知，'A'为 65，'a'为 97，由于 s1 与 s2 相同，比较结果为 0，s3 大于 s1，比较结果为 1，s1 小于 s3，故比较结果为 – 1。

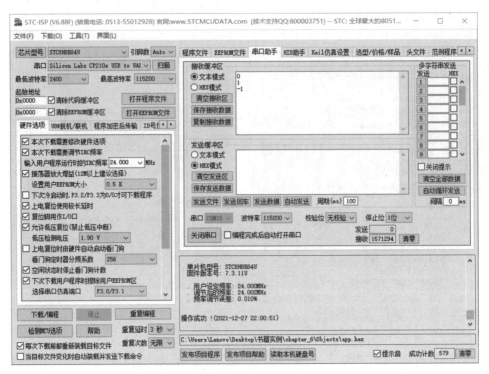

图 6.6　串口输出结果

原型：char *strcat(char *dest, const char *src)。

功能：将参数 src 字符串拷贝到参数 dest 所指的字符串尾。

返回值：返回参数 dest 的字符串起始地址。

测试代码如下：

```c
void main(void)
{
    char s1[10] = {'A', 'A', '\0', 'A', '\0', 'A'};
    char s2[] = "BBB";
    RSTCFG = 0x50;            /* 复位寄存器，如果是 0x00，则复位管脚用作普通 IO */
    uart1_init();
    EA = 1;
    printf("%s\r\n",strcat(s1,s2));
    while(1);
}
```

输出结果如图 6.7 所示。注意：第一个参数 dest 要有足够的空间来容纳要拷贝的字符串。如上面例子，s1 不能写成 char s1[] = "AAA"，如果这样写，s1 只有 4 字节（'A', 'A', 'A', '\0'），如果将 s2 追加到 s1 末尾，由于 s1 空间不足会导致错误发生。另外，src 字符串是从 dest 中 '\0' 开始连接的。char *strncat （char *dst，char *src， int len）函数功能：将参数 src 字符串中 n 个字符拷贝到参数 dest 所指的字符串尾。

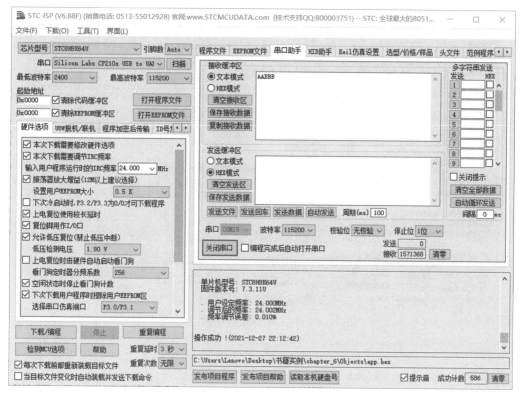

图 6.7　串口输出结果

6．strstr()函数

原型：char * strstr(const char * src, const char * dest)。

功能：在字符串 src 中查找第一次出现字符串 dest 的位置，不包含终止符 '\0'。

返回值：返回参数 dest 的字符串起始地址。

测试代码如下：

```
void main(void)
{
    char    src[] = "hello world!";
    char    dest[] = "world";
char    *ret;
    RSTCFG = 0x50;          /* 复位寄存器，如果是 0x00，则复位管脚用作普通 IO */
    uart1_init();
    EA = 1;
    ret = strstr(src, dest);
    printf("子字符串是: %s\r\n", ret);
    while(1);
}
```

输出结果如图 6.8 所示。

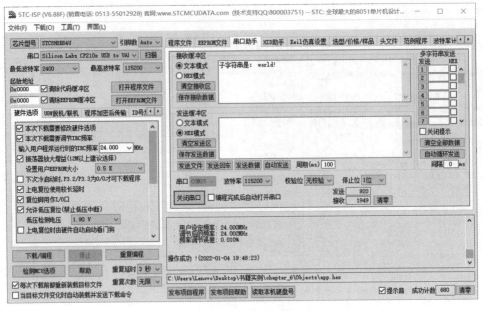

图 6.8　串口输出结果

7．strtok()函数

函数原型：char *strtok(char *s, char *delim)。

功能：作用于字符串 s，以 delim 中的字符为分界符，将 s 切分成一个个子串；如果，s 为空值 NULL，则函数保存的指针 SAVE_PTR 在下一次调用中将作为起始位置。

返回值：分隔符匹配到的第一个子串。

```c
void main(void)
{
char buffer[] = ",  Fred male 25，John male 62，Anna female 16";
char *delim = "，";
char  *ret;
    RSTCFG = 0x50;          /* 复位寄存器，如果是 0x00，则复位管脚用作普通 IO */
    uart1_init();
    EA = 1;
    ret = strtok(buffer, delim);
    printf("子字符串是: %s\r\n", ret);
    ret = strtok(NULL, delim);
    printf("子字符串是: %s\r\n", ret);
    ret = strtok(NULL, delim);
    printf("子字符串是: %s\r\n", ret);
while(1);
}
```

输出结果如图 6.9 所示。

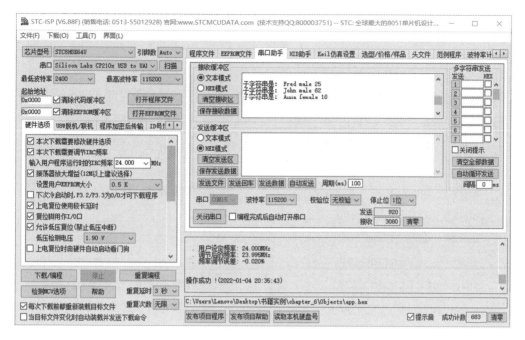

图 6.9　串口输出结果

注意：

（1）函数的作用是分解字符串，所谓分解，即没有生成新串，只是在 s 所指向的内容首次出现分界符的位置，将分界符修改成了'\0'，故第一次用 strtok（）返回第一个子串。注意此时已经修改了源字符串。

（2）第一次提取子串完毕之后，继续对源字符串 s 进行提取，应在其后（第二次，第三次，…，第 n 次）的调用中将 strtok 的第一个参数赋为空值 NULL（表示函数继续从上一次调用隐式保存的位置，继续分解字符串；对于前一次调用来说，第一次调用结束前用一个 this 指针指向了分界符的下一位）。

（3）当 this 指针指向'\0'时，即没有被分割的子串，此时则返回 NULL。

（4）可以把 delim 理解为分隔符的集合，delim 中的字符均可以作为分隔符。

（5）strtok 在调用的时候，如果起始位置即为分隔符，则忽略了起始位置开始的分隔符。

8．sprintf()函数

函数原型：int sprintf(char *str, const char *format, ...)。

功能：根据参数 format 字符串来转换并格式化数据，然后将结果输出到 str 指定的空间中，直到出现字符串结束符 '\0'为止。

参数：str：字符串首地址。format：字符串格式，用法和 printf()一样。

返回值：成功，实际格式化的字符个数；失败，– 1。

实例：单片机往北斗模块发送：$CCTXA, 0242286, 1, 2, A468656C6C6FB1B1B6B7*7F。

"CCTXA"—指令关键字。"0242286"—收件人地址 ID。"1"—1 表示普通通信；0，表示特快通信。"2"—2 表示混合编码；1 表示代码编码；0 表示汉字编码。"A4…"表示电文内容。比如 h 的十六进制数是 68。"7F"—$和*之间字符的异或校验字节。

```
void send_example(void)
{
    char        strCCTXA[50]={0};
    char        tmp[1]={0},   check[2]={0};
    const   char    delims[]={', ',   '*'};
    const   char    strCCICA[]="$CCTXA";
    char    content[] ="hello 北斗";
    uint8_t  commuType = 1, codeType=2;                  // 普通通信、混合编码
    uint8_t   i = 0 ,   nor = 0;
    uint32_t   ID = 242286;
    char        strTemp[10]={0};
    strcpy(strCCTXA,strCCICA);                           // 复制字符串
    sprintf(strTemp,",%07ld",ID);                        // 整数转换成宽度为 7 的字符串
    strcat(strCCTXA,strTemp);                            // 连接字符串
    sprintf(tmp,",%1bd",commuType);                      // 连接通信类别
    strcat(strCCTXA,tmp);                                // 连接字符串
    sprintf(tmp,",%1bd",codeType);                       // 连接编码方式
    strcat(strCCTXA,tmp);                                // 连接字符串
    strcat(strCCTXA,",A4");                              // 连接字符串
    for(i=0; i<strlen(content);i++)
    {
        sprintf(check, "%02bX", content[i]);
        strcat(strCCTXA,check);
    }
    for(i=1; i<strlen(strCCTXA);i++)                     // 字符串异或求和
    {
        nor = nor ^ strCCTXA[i];
    }
    strcat(strCCTXA,"*");
    sprintf(check,"%02bX",nor);
    strcat(strCCTXA,check);
    strcat(strCCTXA,"\r\n");                             // 回车换行
    printf("%s",strCCTXA);
}
```

发送结果如图 6.10 所示。

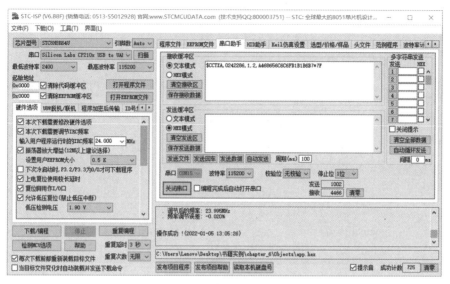

图 6.10　串口输出结果

9．sscanf()函数

函数原型：int sscanf(const char *str, const char *format, ...)。

功能：从 str 指定的字符串读取数据，并根据参数 format 字符串来转换并格式化数据。

参数：str：指定的字符串首地址 format：字符串格式，用法和 scanf()一样。

返回值：成功：实际读取的字符个数；失败：－1。

【范例】　通过串口助手给单片机发送指令$CCTXA,0242286,1,2,A468656C6C6FB1B1B6B7*7F，单片机解析短报文内容并通过串口输出短报文内容。

```c
void uart1_rxOK_callback_task(void * param)
{
    uint8_t    i = 0,temp=0,j=0;
    char       check[2]={0},*p1,*RD_result;
    char       content[50]={0};
    const char delims[]={',', '*'};
    param = param;
    if(strstr((char *)&RX1_Buffer[0],"$CCTXA"))
    {
        p1=strstr((char *)&RX1_Buffer[0],"$CCTXA");
        RD_result=strtok(p1, delims);                    //$CCTXA
        printf("%s\r\n",RD_result);
        RD_result=strtok(NULL, delims);
        printf("%s\r\n",RD_result);
        RD_result=strtok(NULL, delims);                  //发信人地址 ID
        printf("%s\r\n",RD_result);
        RD_result=strtok(NULL, delims);                  //发信人地址 ID
```

```
        printf("%s\r\n",RD_result);
        RD_result=strtok(NULL, delims);
        printf("%s\r\n",RD_result);              //A4+短报文信息
        for(i=2; i<strlen(RD_result); i=i+2)     //如果是混合编码格式，就要去掉 A4
        {
            strncpy(check, RD_result+i, 2);
            sscanf(check,"%02bX",&temp);          //字符串格式化 16 进制数
            content[j++]=temp;
        }

        content[++j] = '\r';
        content[++j] = '\n';
        printf("%s",content);                     // 短报文内容
    }
}
```

输出结果如图 6.11 所示。

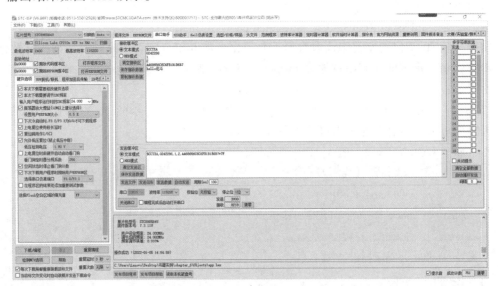

图 6.11　串口输出结果

## 第 7 章

存储器结构

7.1 程序存储器 ROM

STC8H8K64U 系列单片机存储器在物理上可分为程序存储器（程序 Flash）、基本 RAM、扩展 RAM 这 3 个相互独立的存储空间；在使用上可分为程序存储器、片内基本 RAM、片内扩展 RAM 与 EEPROM（数据 Flash，与程序 Flash 共用一个存储空间）4 个部分。

程序存储器的主要作用是存放用户程序，使单片机按用户程序指定的流程与规则运行，完成用户程序指定的任务。除此以外，程序存储器通常还用来存放一些常数或表格数据（如 π 值、数码显示的字形数据等），供用户程序在运行中使用，用户可以把这些常数当作程序通过 ISP 下载程序存放在程序存储器内。在程序运行过程中，程序存储器的内容只能读，而不能写。存在程序存储器中的常数或表格数据，采用 C 语言编程，需要把存放在程序存储器中的数据存储类型定义为 code。

STC8H 系列单片机的程序存储器和数据存储器是各自独立编址的。由于没有提供访问外部程序存储器的总线，单片机的所有程序存储器都是片上 Flash 存储器，不能访问外部程序存储器。

STC8H8K64U 系列单片机内部集成了 64K 字节的 Flash 程序存储器（ROM），其结构如图 7.1 所示。单片机复位后，程序计数器（PC）的内容为 0000H，从 0000H 单元开始执行程序。另外中断服务程序的入口地址（又称中断向量）也位于程序存储器单元。在程序存储器中，每个中断都有一个固定的入口地址，当中断发生并得到响应后，单片机就会自动跳转到相应的中断入口地址去执行程序。外部中断 0（INT0）的中断服务程序的入口地址是 0003H，定时器/计数器 0（TIMER0）中断服务程序的入口地址是 000BH，外部中断 1（INT1）的中断服务程序的入口地址是 0013H，定时器/计数器 1（TIMER1）的中断服务程序的入口地址是 001BH 等。

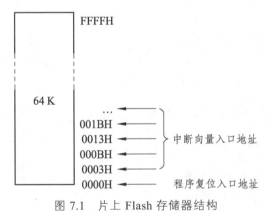

图 7.1　片上 Flash 存储器结构

由于相邻中断入口地址的间隔区间仅仅有 8 个字节，一般情况下无法保存完整的中断服务程序，因此在中断响应的地址区域存放一条无条件转移指令，指向真正存放中断服务程序的空间去执行。

STC8 系列单片机中都包含有 Flash 数据存储器（EEPROM）。以字节为单位进行读/写数据，以 512 字节为页单位进行擦除，可在线反复编程擦写 10 万次以上，大幅度地提高了使用的灵活性和方便性。根据不同的型号，EEPROM 大小不同，STC8H8K64U 系列单片机可以指定 EEPROM 空间大小。

STC8H 系列单片机内部的数据存储器和程序存储器中保存有与芯片相关的一些特殊参数，包括：全球唯一 ID 号、32K 掉电唤醒定时器的频率、内部 1.19V 参考信号源值以及 IRC 参数。可以存储到 ROM 区域，地址见图 7.2，或者存储到 RAM 区域，地址见图 7.3。

参数名称	保存地址				参数说明
	STC8H8K32U	STC8H8K48U	STC8H8K60U	STC8H8K64U	
全球唯一 ID 号	7FF9H ~ 7FFFH	BFF9H ~ BFFFH	EFF9H ~ EFFFH	FDF9H ~ FDFFH	7 字节
内部 1.19V 参考信号源	7FF7H ~ 7FF8H	BFF7H ~ BFF8H	EFF7H ~ EFF8H	FDF7H ~ FDF8H	毫伏（高字节在前）
32K 掉电唤醒定时器的频率	7FF5H ~ 7FF6H	BFF5H ~ BFF6H	EFF5H ~ EFF6H	FDF5H ~ FDF6H	Hz（高字节在前）

图 7.2　特殊参数存于 ROM 区地址

参数名称	保存地址	参数说明
内部 1.19V 参考信号源	idata: 0EFH ~ 0F0H	毫伏（高字节在前）
全球唯一 ID 号	idata: 0F1H ~ 0F7H	7 字节
32K 掉电唤醒定时器的频率	idata: 0F8H ~ 0F9H	Hz（高字节在前）

图 7.3　特殊参数存于 RAM 区地址

由于 RAM 中的参数可能被修改，所以一般不建议用户使用，特别是用户使用 ID 号进行加密时，强烈建议用于读取 ROM 中的 ID 数据。由于 STC8H8K64U 型号的 EEPROM 的大小用户是可以自己设置的，有可能将保存重要参数的 ROM 空间设置为 EEPROM 而人为地将重要参数擦除或修改，所以使用这个型号进行 ID 号进行加密时可能需要考虑这个问题。默认情况下，程序存储器中只有全球唯一 ID 号的数据，而内部 1.19V 参考信号源值、32K 掉电唤醒定时器的频率以及 IRC 参数都是没有的，需要在 ISP 下载时选择如图 7.4 所示的选项才可用。

为了验证上述知识点，编写程序读取 ROM 和 RAM 的数据，分别读取 ID 和内部 1.19V 的参考信号信息，通过串口打印出来与 STC_ISP 软件输出数据进行对比。写出如下程序：

```
void    task1(void * param)
{
    uint8_t   i = 0;
    char    * ID_ROM;
    uint16_t   tt = 0;
        uint8_t       ss[]={0,0};
        param = param;
        ID_ROM = (char code *)0xfdf9;                //ID 信息 ROM 地址
        printf("芯片出厂序列号 : ");
        for (i=0; i<7; i++)
        {
```

```
        printf("%02bX",ID_ROM[i]);          // 输出 7 个字节信息
    }
    printf("\r\n");
    ID_ROM = (char code *)0xfdf7;            // 参考电压信息 ROM 地址
    ss[0] = ID_ROM[0];                       // 高位电压信息
    ss[1] = ID_ROM[1];                       // 低位电压信息
    tt = (ss[0] << 8) | ss[1];               // 组成 16 位数据
    printf("内部参考电压 : %d mV\r\n",tt);
}
```

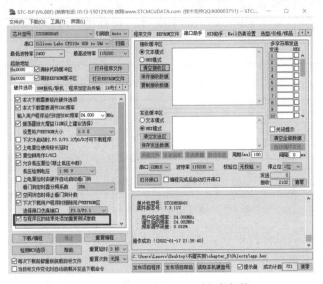

图 7.4 下载程序时写入特殊参数

输出结果如图 7.5 所示，从串口输出结果与软件中的反馈信息可知，结果正确。

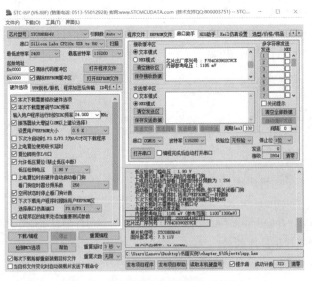

图 7.5 串口输出关键数据对比图

7.2 数据存储器 RAM

7.2.1 内部 RAM

内部 RAM 共 256 字节，可分为 2 个部分：低 128 字节 RAM 和高 128 字节 RAM。低 128 字节的数据存储器与传统 8051 兼容，既可直接寻址也可间接寻址。高 128 字节 RAM（在 8052 中扩展了高 128 字节 RAM）与特殊功能寄存器区共用相同的逻辑地址，都使用 80H ~ FFH，但在物理上是分别独立的，使用时通过不同的寻址方式加以区分。高 128 字节 RAM 只能间接寻址，特殊功能寄存器区只可直接寻址。

内部 RAM 的结构如图 7.6 所示。

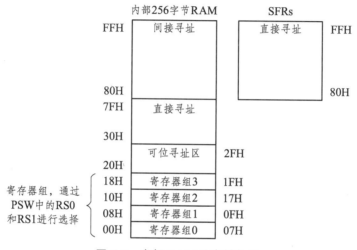

图 7.6　内部 RAM 分布结构图

低 128 字节 RAM 也称通用 RAM 区。通用 RAM 区又可分为工作寄存器组区，可位寻址区，用户 RAM 区和堆栈区。工作寄存器组区地址从 00H ~ 1FH 共 32 字节单元，分为 4 组，每一组称为一个寄存器组，每组包含 8 个 8 位的工作寄存器，编号均为 R0 ~ R7，但属于不同的物理空间。通过使用工作寄存器组，可以提高运算速度。R0 ~ R7 是常用的寄存器，提供 4 组是因为 1 组往往不够用。程序状态字 PSW 寄存器中的 RS1 和 RS0 组合决定当前使用的工作寄存器组。

7.2.2 外部扩展 RAM

STC8H8K64U 系列单片机的片内扩展 RAM 空间为 8192B，地址范围为 0000H ~ 1FFFH。访问 STC8H8K64U 系列单片机片内扩展 RAM 的方法和传统 8051 单片机片外扩展 RAM 的方法相同，但是不影响 P0 口（数据总线和高八位地址总线）、P2 口（低八位地址总线）、RD、WR 和 ALE 等端口的信号。STC8H8K64U 系列单片机保留了传统 8051 单片机片外数据存储器的扩展功能，但片内扩展 RAM 与片外扩展 RAM 不能同时使用，可通过 AUXR 中的 EXTRAM 控制位进行选择，默认选择的是片内扩展 RAM。在扩展片外 RAM 时，要占用 P0 口、P2 口、ALE、RD 与 WR 引脚，在实际应用时，不建议扩展片外 RAM。

STC8H8K64U 系列单片机片内扩展 RAM 与片外扩展 RAM 的关系如图 7.7 所示。

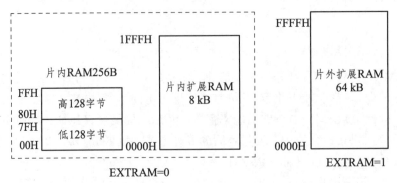

图 7.7　STC8H8K64U 系列单片机内部 RAM 和外部 RAM 的关系

　　编程时，如果对变量没有明确的指定存储区域，譬如用 data，idata，xdata，pdata 等指定，则根据如图 7.8 所示的软件配置进行指定，该图中指定的默认存储区域是 xdata 区域，这也是编程时候经常用到的。如果选择 data 区域，由于 data 区域大小只有 128 个字节，程序非常容易溢出，故一般编程时候都选择图 7.8 的配置。

　　需要注意的是，特殊功能寄存器 SFR 地址 80H~FFH，与片内 RAM 的高 128 字节重叠，它们本质上是通过寻址方式进行区分的。形式上，在 C51 编程中，定义特殊功能寄存器用类似如下语句：

sfr P0 = 0x80;

而定义变量如下，两者形式上非常容易区分。

unsigned char d = 0;

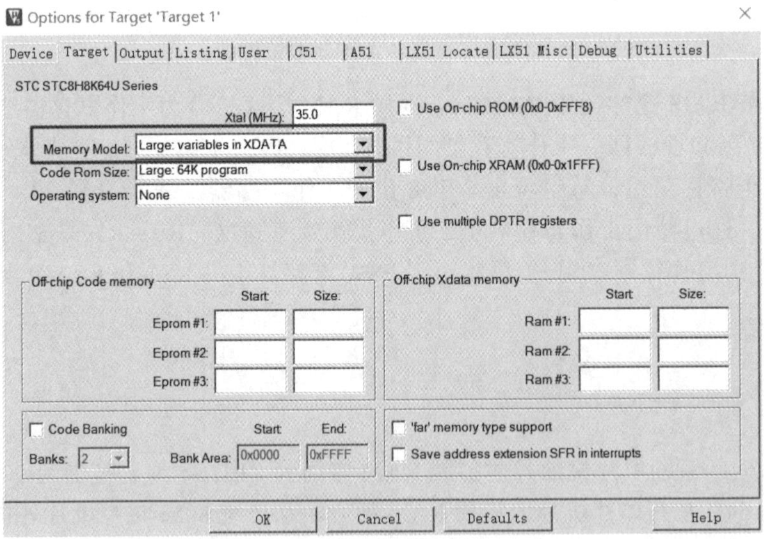

图 7.8　变量默认存储区域配置

　　随着单片机内部外设越来越多，只有 128 个字节的 SFR 区域已经不够了。厂家要扩展内部外设，必须扩展 SFR。考虑到外设与存储器是统一编址的，可以把内部外设想象成存储器。C51 编程中，通过如下形式语句定义了扩展的特殊功能寄存器：

```
#define        PWM1_ETRPS    (*(unsigned char volatile xdata *)0xfeb0)
```

从地址上看，其范围已经超出 FFH，而且明确指定了 xdata 区域。这里需要说明，xdata
区域也可能是片内扩展 RAM 区域，究竟如何区分？关键看辅助功能寄存器 AUXR 寄存器中
的 EXTRAM 标志位。

符号	地址	B7	B6	B5	B4	B3	B2	B1	B0
AUXR	8EH	T0x12	T1x12	UART_M0x6	T2R	T2_C/T	T2x12	EXTRAM	S1ST2

EXTRAM：扩展 RAM 访问控制。

0：访问内部扩展 RAM。

1：内部扩展 RAM 被禁用，访问外部扩展 RAM 或扩展 SFR。

7.3　EEPROM 原理及驱动

7.3.1　EEPROM 大小与地址

STC 系列单片机的 Flash ROM 分为程序 Flash 和数据 Flash 两部分。程序 Fash 就是程序
存储器，用来存放程序代码和固定常数。数据 Flash 通过 ISP/IAP 技术用作 EEPROM 用于保
存一些应用时需要频繁修改且掉电后又能保持不变的参数。EEPROM 可分为若干扇区，每个
扇区都包含 512B，擦写次数在 10 万次以上。

STC 系列单片机内部的 EEPROM 访问方式有 IAP 方式和 MOVC 方式两种。C 语言中
MOVC 方式指通过指针直接访问程序存储器空间。IAP 方式可对 EEPRON 执行读、写、擦除
操作，但 MOVC 方式只能对 EEPROM 进行读操作而不能进行写、擦除操作。不管使用哪种
方式访问 EEPROM，都需要先设置正确的目标址。在采用 IAP 方式时，目标地址与 EEPROM
实际的规划地址是一致的，均从地址 0000H 开始访问，但在采用 MOVC 方式读取 EEPROM
数据时，目标地址必须是 Flash ROM 的实际物理地址，即 EEPROM 实际的物理地址是程序
存储地址加 EEPROM 的规划地址，下面以 STC8H8K64U 系列单片机为例，对 EEPROM 目标
地址进行详细说明。

STC8H8K64U 单片机的 EERPOM 可以由用户根据自己的需要在整个 FLASH 空间中规划
出任意不超过 FLASH 大小的 EEPROM 空间，但需要注意，EEPROM 总是从后向前进行规划
的。如图 7.9 所示，把 EERPOM 大小设置为 12KB（000H ～ 2FFFH），剩余空间则为程序存储
器 52KB（0000H ～ CFFFH）。

当需要对 EERPOM 的 1234H 单元进行读、写、擦除时，若采用 IAP 方式，则设置的目
标地址为 1234H。若采用 MOVC 方式读取 EEPROM 的 1234H 单元，则必须在 1234H 单元的
基础上加上程序存储器单元大小 D000H，即目标地址为 E233H（实际物理地址）。

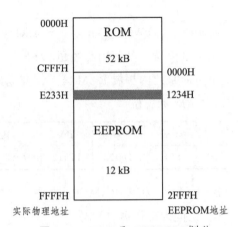

	ROM 52 kB	

実际物理地址 说明: 0000H / CFFFH / E233H / FFFFH，EEPROM地址: 0000H / 1234H / 2FFFH

图 7.9　在 STC_ISP 软件中设置 EEPROM 大小　　　　图 7.10　ROM 和 EEPROM 划分

由于擦除是以 512 字节为单位进行操作的，所以执行擦除操作时所设置的目标地址的低 9 位是无意义的。例如：执行擦除命令时，设置地址 1234H/1200H/1300H/13FFH，最终执行擦除的动作都是相同的，都是擦除 1200H ~ 13FFH 这 512 字节。

7.3.2　与 ISP/IAP 功能相关的 SFR

STC8H8K64U 系列单片机是通过一组特殊功能寄存器管理与应用 EEPROM 的，与 ISP/IAP 功能有关的特殊功能寄存器如表 7.1 所示。

表 7.1　与 ISP/IAP 功能有关的特殊功能寄存器

符号	描述	地址	位地址与符号								复位值
			B7	B6	B5	B4	B3	B2	B1	B0	
IAP_DATA	IAP 数据寄存器	C2H									1111,1111
IAP_ADDRH	IAP 高地址寄存器	C3H									0000,0000
IAP_ADDRL	IAP 低地址寄存器	C4H									0000,0000
IAP_CMD	IAP 命令寄存器	C5H	—	—	—	—	—	—	CMD[1:0]		xxxx,x000
IAP_TRIG	IAP 触发寄存器	C6H									0000,0000
IAP_CONTR	IAP 控制寄存器	C7H	IAPEN	SWBS	SWRST	CMD_FAIL	—	—	—	—	0000,xxxx
IAP_TPS	IAP 等待时间控制寄存器	F5H	—	—	IAPTPS[5:0]						xx00,0000

（1）IAP_DATA：EEPROM 数据寄存器。

● 在进行 EEPROM 的读操作时，命令执行完成后读出的 EEPROM 数据保存在 IAP_DATA 寄存器中。

- 在进行 EEPROM 的写操作时，在执行写命令前，必须将待写入的数据存放在 IAP_DATA 寄存器中，再发送写命令。擦除 EEPROM 命令与 IAP_DATA 寄存器无关。

（2）IAP_ADDRH、IAP_ADDRL：IAP 地址寄存器。

- EEPROM 进行读、写、擦除操作的目标地址寄存器。IAP_ADDRH 保存地址的高字节，IAP_ADDRL 保存地址的低字节。

（3）IAP_CMD：IAP 指令寄存器。

- CMD[1:0]：发送 EEPROM 操作命令。

00：空操作。

01：读 EEPROM 命令。读取目标地址所在的 1 字节。

10：写 EEPROM 命令。写目标地址所在的 1 字节。注意：写操作只能将目标字节中的 1 写为 0，而不能将 0 写为 1。一般当目标字节不为 FFH 时，必须先擦除。

11：擦除 EEPROM。擦除目标地址所在的 1 页（1 扇区/512 字节）。注意：擦除操作会一次擦除 1 个扇区（512 字节），整个扇区的内容全部变成 FFH。

IAP_CMD 用于设置 IAP 的操作指令，但必须在 IAP 指令触发寄存器实施触发后，方可生效。

（4）IAP_TRIG：IAP 指令触发寄存器。

设置完成 EEPROM 读、写、擦除的命令寄存器、地址寄存器、数据寄存器以及控制寄存器后，需要向触发寄存器 IAP_TRIG 依次写入 5AH、A5H（顺序不能交换）两个触发命令来触发相应的读、写、擦除操作。操作完成后，EEPROM 地址寄存器 IAP_ADDRH、IAP_ADDRL 和 EEPROM 命令寄存器。

IAP_CMD 的内容不变。如果接下来要对下一个地址的数据进行操作，需手动更新地址寄存器 IAP_ADDRH 和寄存器 IAP_ADDRL 的值。注意每次 EEPROM 操作时，都要对 IAP_TRIG 先写入 5AH，再写入 A5H，相应的命令才会生效。写完触发命令后，CPU 会处于 IDLE 等待状态，直到相应的 IAP 操作执行完成后 CPU 才会从 IDLE 状态返回正常状态继续执行 CPU 指令。

（5）IAP_CONTR：IAP 控制寄存器。

- IAPEN：EEPROM 操作使能控制位。

0：禁止 EEPROM 操作。

1：使能 EEPROM 操作。

- SWBS：软件复位选择控制位，（需要与 SWRST 配合使用）。

0：软件复位后从用户代码开始执行程序。

1：软件复位后从系统 ISP 监控代码区开始执行程序。

- SWRST：软件复位控制位。

0：无动作。

1：产生软件复位。

- CMD_FAIL：EEPROM 操作失败状态位，需要软件清零。

0：EEPROM 操作正确。

1：EEPROM 操作失败。

（5）IAP_TPS：EEPROM 擦除等待时间控制寄存器。

EEPROM 操作所需时间是硬件自动控制的，用户只需要正确设置 IAP_TPS 寄存器即可。IAP_TPS = 系统工作频率/1000000（小数部分四舍五入进行取整）。若系统工作频率为 12 MHz，则 IAP_TPS 设置为 12。若系统工作频率为 22.1184 MHz，则 IAP_TPS 设置为 22。若系统工作频率为 5.5296 MHz，则 IAP_TPS 设置为 6。

7.3.3　IAP 方式操作 EEPROM 驱动实现

从应用层角度来说，对 EEPROM 需要实现扇区擦除功能、数据的写入和读出操作。把缓冲区的 n 个字节写入指定首地址的 EEPROM，程序如下：

```
#define    IAP_EN              (1<<7)
#define    MAIN_Fosc           24000000L           //定义系统时钟
#define    IAP_WRITE()  IAP_CMD = 2    //IAP 写入命令
#define    IAP_ENABLE()    IAP_CONTR = IAP_EN; IAP_TPS = MAIN_Fosc / 1000000
#define    IAP_DISABLE()   IAP_CONTR = 0; IAP_CMD = 0; IAP_TRIG = 0; IAP_ADDRH = 0xff;
\ IAP_ADDRL = 0xff
//===============================================================
// 函数: void EEPROM_write_n(uint16_t EE_address,uint8_t *DataAddress,uint16_t number)
// 描述: 把缓冲区的 n 个字节写入指定首地址的 EEPROM
// 参数: EE_address:   写入 EEPROM 的首地址
//        DataAddress: 写入源数据的缓冲区的首地址
//        number:         写入的字节长度
// 返回: non
//===============================================================
void EEPROM_write_n(uint16_t EE_address,uint8_t *DataAddress,uint16_t number)
{
    IAP_ENABLE();                           //设置等待时间，允许 IAP 操作，送一次就够
    IAP_WRITE();                            //宏调用， 送字节写命令
    do
    {
        IAP_ADDRH = EE_address / 256;       //送地址高字节（地址需要改变时才需重新送地址）
        IAP_ADDRL = EE_address % 256;       //送地址低字节
        IAP_DATA   = *DataAddress;          //送数据到 IAP_DATA,只有数据改变时才需重新发送
        EEPROM_Trig();                      //触发 EEPROM 操作
        EE_address++;                       //下一个地址
        DataAddress++;                      //下一个数据
    }while( - - number);                    //直到结束
    DisableEEPROM();
}
//===============================================================
```

```
// 函数: void EEPROM_Trig(void)
// 描述: 触发 EEPROM 操作
// 参数: none
// 返回: none
//================================================================
void EEPROM_Trig(void)
{
    F0 = EA;            //保存全局中断
    EA = 0;             //禁止中断，避免触发命令无效
    IAP_TRIG = 0x5A;    //先送 5AH，再送 A5H 到 IAP 触发寄存器，每次都需要如此。送完 A5H 后，
    IAP_TRIG = 0xA5;    // IAP 命令立即被触发启动，CPU 等待 IAP 完成后，才会继续执行程序。
    _nop_();
    _nop_();
    EA = F0;            //恢复全局中断
}
```

从指定 EEPROM 首地址读出 n 个字节数据放指定的缓冲区，程序如下：

```
#define    IAP_READ()    IAP_CMD = 1        //IAP 读出命令
```

```
//================================================================
// 函数: void EEPROM_read_n(uint16_t EE_address,uint8_t *DataAddress,uint16_t number)
// 描述: 从指定 EEPROM 首地址读出 n 个字节放指定的缓冲
// 参数: EE_address:      读出 EEPROM 的首地址
//       DataAddress:     读出数据放缓冲的首地址
//       number:          读出的字节长度
// 返回: non
//----------------------------------------------------------------
void   EEPROM_read_n(uint16_t EE_address,uint8_t *DataAddress,uint16_t number)
{
    IAP_ENABLE();               //设置等待时间，允许 IAP 操作，送一次就够
    IAP_READ();                 //送字节读命令，命令不需改变时，不需重新发送命令
    do
    {
        IAP_ADDRH = EE_address / 256;   //送地址高字节（地址需要改变时才需重新送地址）
        IAP_ADDRL = EE_address % 256;   //送地址低字节
        EEPROM_Trig();                  //触发 EEPROM 操作
        *DataAddress = IAP_DATA;        //读出的数据送往
        EE_address++;
        DataAddress++;
    }while( - - number);
```

```
        DisableEEPROM();
}
//===============================================================
// 函数: void   ISP_Disable(void)
// 描述: 禁止访问 ISP/IAP
// 参数: non
// 返回: non
//===============================================================
void  DisableEEPROM(void)
{
        IAP_CONTR = 0;          //禁止 IAP 操作
        IAP_CMD   = 0;          //去除 IAP 命令
        IAP_TRIG  = 0;          //防止 IAP 命令误触发
        IAP_ADDRH = 0xff;       //清 0 地址高字节
        IAP_ADDRL = 0xff;       //清 0 地址低字节, 指向非 EEPROM 区, 防止误操作
}
```

把指定地址的 EEPROM 扇区擦除函数如下：

```
#define   IAP_ERASE()  IAP_CMD = 3       //IAP 擦除命令
//===============================================================
// 函数: void EEPROM_SectorErase(uint16_t EE_address)
// 描述: 把指定地址的 EEPROM 扇区擦除
// 参数: EE_address:   要擦除的扇区 EEPROM 的地址
// 返回: non
//===============================================================
void EEPROM_SectorErase(uint16_t EE_address)
{
        IAP_ENABLE();           //设置等待时间, 允许 IAP 操作, 送一次就够
        IAP_ERASE();            //宏调用, 送扇区擦除命令, 命令不需改变时, 不需重新发送命令
                                //只有扇区擦除, 没有字节擦除, 512 字节/扇区
                                //扇区中任意一个字节地址都是扇区地址
        IAP_ADDRH = EE_address / 256;   //送扇区地址高字节 (地址需要改变时才需重新发送地址)
        IAP_ADDRL = EE_address % 256;   //送扇区地址低字节
        EEPROM_Trig();          //触发 EEPROM 操作
        DisableEEPROM();        //禁止 EEPROM 操作
}
```

7.4   EEPROM 编程范例

【范例 1】   ROM 区域存储的有 STC8H8K64U 单片机重要信息, 如 ID 等。存储空间为

FDF9H ~ FDFFH 的 7 个字节。STC8H8K64U 的 ROM 最大地址为 FFFFH,则 FDFFH 距离 FFFFH 为 512 个字节空间。设置 EEPROM 为 1KB 空间，正好对应 0 号扇区。验证方法，先擦除 0 号扇区之后，然后读出数据。然后，将 ID 信息等重新写入并读出显示。

```c
void task1(void * param)
{
        uint8_t     i = 0;
        char        * ID_ROM;
        uint16_t    tt = 0;
        uint8_t     ss[]={0，0};
        uint8_t     dd[7];
        param = param;
        EEPROM_SectorErase(0);                      // IAP 方式删除第 0 扇区
        ID_ROM = (char code *)0xfdf9;                   // ID 信息 ROM 地址
        printf("擦除 EEPROM 后,读出信息\r\n");
        printf("芯片出厂序列号 : ");
        for (i=0; i<7; i++)
        {
            printf("%02bX",ID_ROM[i]);              // 输出 7 个字节信息
        }
        printf("\r\n");
        ID_ROM = (char code *)0xfdf7;               // 参考电压信息 ROM 地址
        ss[0] = ID_ROM[0];                          // MOVC 方式读取，高位电压信息
        ss[1] = ID_ROM[1];                          // MOVC 方式读取，低位电压信息
        tt = （ss[0] << 8）| ss[1];                  // 组成 16 位数据
        printf（"内部参考电压 : %d mV\r\n", tt）;
        printf（"\r\n"）;

        EEPROM_write_n(512-7,ID_data,sizeof(ID_data));              // IAP 方式写入 ID 信息
        EEPROM_write_n(512-7-2,voltage_data,sizeof(voltage_data));  // IAP方式写入参考电压信息
        ID_ROM = (char code *)0xfdf9;                              // ID 信息 ROM 地址
        printf("写入 EEPROM 后,重新读出\r\n");
        printf("芯片出厂序列号 : ");
        for (i=0; i<7; i++)
        {
            printf("%02bX",ID_ROM[i]);              // MOVC 方式输出 7 个字节信息
        }
        printf("\r\n");
        EEPROM_read_n(512-7-2,ss,sizeof(ss));       // IAP 方式读取
        tt = (ss[0] << 8) | ss[1];                  // 组成 16 位数据
```

```
            printf("内部参考电压: %d mV\r\n",tt);
            printf("\r\n");
    }
```

输出结果如图 7.11 所示。

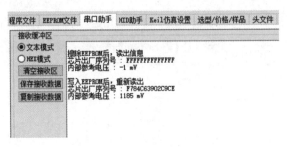

图 7.11　EEPROM 读写输出结果

　　从结果中看到，删除扇区时候，由于 ID 等信息正好在扇区之中，所以读出的数据已经出错。将正确信息写入到对应地址，这里 EEPROM 地址为 512 − 7=505，这个 EEPROM 地址对应物理地址为 0xfdf9，输出结果也验证这一结论。

　　实践中会遇到单片机意外掉电后需要将重要数据保存进 EEPROM 的情况，而数据类型除了整型之外，还会有一些浮点数。因此，将浮点数存入 EEPROM，然后读出之后能够重新恢复出浮点数，这就具有重要工程意义了。以下位浮点数和 4 个字节存储互换的代码。

```
/**********************************************
数组转浮点数函数
函数原型: void Char2Float(uint8_t *charArray,float *DataOut)
功能: 4 字节数组转换成浮点数
**********************************************/
static void Char2Float(uint8_t *charArray,float *DataOut)
{
    uint8_t *px = charArray;
    uint8_t   i;
    float pfloat;
    void *pf = &pfloat;
    for(i=0;i<4;i++)
    {
        *((uint8_t*)pf+i)=*(px+i);
    }
    *DataOut = pfloat;
}
/**********************************************
浮点数转数组函数
函数原型: void Float2Char(float *DataOut,int8_t *charArray)
功能: 浮点数转 4 字节数组
```

```
*********************************************/
static void Float2Char(float *DataOut,int8_t *charArray)
{
    uint8_t *px = charArray;
    uint8_t   i;
    void *pf = DataOut;
    for(i=0;i<4;i++)
    {
        *(px+i) = *((uint8_t*)pf+i);
    }
}
```

【范例 2】 将 float 型的数组存入 EEPROM 区域，然后，读出到浮点型数组中，并正确显示。应用上面的转换算法和 EEPROM 的读写算法，可以编程写出浮点型数据的读写函数，测试代码如下：

```
void   test07(void)
{
    uint8_t i=0;
    float src[]= {12.3434,34.4545,45.5656,56.7878,78.8989};
    float dec[] = {0,0,0,0,0};
    EEPROM_SectorErase(0);                                    // 擦除第 1 个扇区
    EEPROM_write_n_float(0,src,sizeof(src)/sizeof(float));    // 浮点数数组写入 EEPROM
    EEPROM_read_n_float(0,dec,sizeof(dec)/sizeof(float));     // 从 EEPROM 读出数据恢复到浮点
                                                             //    数数组

    for(i = 0;i<sizeof(dec)/sizeof(float);i++)
    {
        printf("dec[%bd] = %f \r\n",i,dec[i]);
    }
}
```

输出结果如图 7.12 所示。

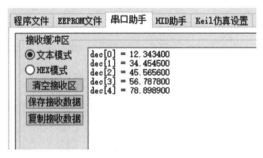

图 7.12   从 EEPROM 读出浮点数数据

从图 7.12 中可以看到输出结果和预想的结果一致，证明了算法的正确性。

## 第 8 章

PWM 定时器

STC8H8K64U 系列单片机的 16 位高级 PWM 定时器是目前 STC 功能最强的 PWM,可对外输出任意频率以及任意占空比的 PWM 波形。无需软件干预即可输出互补/对称/带死区的 PWM 波形。能捕获外部输入信号,可捕获上升沿、下降沿或者同时捕获上升沿和下降沿,测量外部波形时,可同时测量波形的周期值和占空比值。有正交编码功能、外部异常检测功能以及实时触发 ADC 转换功能。

8.1　PWM 定时器时基单元

STC8H8K64U 系列单片机的内部集成了 8 通道 16 位高级 PWM 定时器,分成两组周期不同的 PWM,分别命名为 PWMA 和 PWMB,可分别单独设置。第一组 PWMA 可配置成 4 组互补/对称/死区控制的 PWM 或捕捉外部信号,第二组 PWMB 可配置成 4 路 PWM 输出或捕捉外部信号。第一组 PWMA 的时钟频率可以是系统时钟经过寄存器 PWMA_PSCR 和 PWMA_PSCRL 进行分频后的时钟,分频值可以是 1 ~ 65535 的任意值。第二组 PWMB 的时钟频率可以是系统时钟经过寄存器 PWMB_PSCRH 和 PWMB_PSCRL 进行分频后的时钟,分频值可以是 1 ~ 65535 的任意值。两组 PWM 的时钟频率可分别独立设置。

第一组 PWMA 有 4 个通道（PWM1P/ PWM1N、PWM2P/PWM2N、PWM3P/PWM3N、PWM4P/PWM4N）,每个通道都可独立实现 PWM 输出(可设置带死区的互补对称 PWM 输出)、捕获和比较功能;第二组 PWMB 有 4 个通道（PWM5、PWM6、PWM7、PWM8）,每个通道也可独立实现 PWM 输出、捕获和比较功能。两组 PWM 定时器唯一的区别是第一组可输出带死区的互补对称 PWM,而第二组只能输出单端的 PWM,其他功能完全相同。

当使用第一组 PWMA 定时器输出 PWM 波形时,可单独使能 PWM1P/PWM2P/PWM3P/PWM4P 输出,也可单独使能 PWM1N/PWM2N/PWM3N/PWM4N 输出。若单独使能 PWM1P 输出,则 PWM1N 就不能再独立输出,除非 PWM1P 和 PWM1N 组成一组互补对称输出。PWMA 的 4 路输出是可分别独立设置的,例如可单独使能 PWM1P 和 PWM2N 输出,也可单独使能 PWM2N 和 PWM3N 输出。若需要使用第一组 PWMA 定时器进行捕获功能或者测量脉宽时,输入信号只能从每路的正端输入,即只有 PWM1P/PWM2P/PWM3P/ PWM4P 才有捕获功能和测量脉宽功能。

两组高级 PWM 定时器对外部信号进行捕获时,可选择上升沿捕获或者下降沿捕获。如果需要同时捕获上升沿和下降沿,则可将输入信号同时接入到两路 PWM,使能其中一路捕获上升沿,另外一路捕获下降沿即可。更强悍的是,将外部输入信号同时接入到两路 PWM 时,可同时捕获信号的周期值和占空比值。下面以 PWMA 为例来介绍,与 PWMB 类似,PWMA 的时基单元包含: 16 位向上/向下计数器,16 位自动重载寄存器,重复计数器,预分频器,如图 8.1 所示。

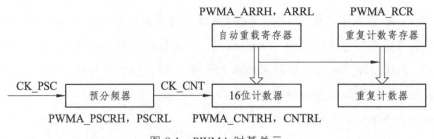

图 8.1　PWMA 时基单元

16 位计数器、预分频器、自动重载寄存器和重复计数器寄存器都可以通过软件进行读写操作。自动重载寄存器由预装载寄存器和影子寄存器组成。可在以下两种模式中写自动重载寄存器：

- 自动预装载已使能（PWMA_CR1 寄存器的 ARPE 位为 1）。在此模式下，写入自动重载寄存器的数据将被保存在预装载寄存器中，并在下一个更新事件（UEV）时传送到影子寄存器。
- 自动预装载已禁止（PWMA_CR1 寄存器的 ARPE 位为 0）。在此模式下，写入自动重载寄存器的数据将立即写入影子寄存器。

更新事件的产生条件：

- 计数器向上或向下溢出。
- 软件置位了 PWMA_EGR 寄存器的 UG 位。
- 时钟/触发控制器产生了触发事件。

在预装载使能时（ARPE=1），如果发生了更新事件，预装载寄存器中的数值（PWMA_ARR）将写入影子寄存器中，并且 PWMA_PSCR 寄存器中的值将写入预分频器中。置位 PWMA_CR1 寄存器的 UDIS 位将禁止更新事件（UEV）。预分频器的输出 CK_CNT 驱动计数器，而 CK_CNT 仅在 PWMA_CR1 寄存器的计数器使能位（CEN）被置位时才有效。注意实际的计数器在 CEN 位使能的一个时钟周期后才开始计数。

8.1.1　向上计数模式

如图 8.2 所示，在向上计数模式中，计数器从 0 计数到用户定义的比较值（PWMA_ARR 寄存器的值），然后重新从 0 开始计数并产生一个计数器溢出事件，此时如果 PWMA_CR1 寄存器的 UDIS 位是 0，将会产生一个更新事件（UEV）。

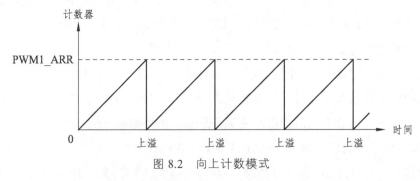

图 8.2　向上计数模式

通过软件方式或者通过使用触发控制器置位 PWMA_EGR 寄存器的 UG 位同样也可以

产生一个更新事件。使用软件置位 PWMA_CR1 寄存器的 UDIS 位，可以禁止更新事件，这样可以避免在更新预装载寄存器时更新影子寄存器。在 UDIS 位被清除之前，将不产生更新事件。但是在应该产生更新事件时，计数器仍会被清 0，同时预分频器的计数也被清 0（但预分频器的数值不变）。此外，如果设置了 PWMA_CR1 寄存器中的 URS 位（选择更新请求），设置 UG 位将产生一个更新事件 UEV，但硬件不设置 UIF 标志（即不产生中断请求）。这是为了避免在捕获模式下清除计数器时，同时产生更新和捕获中断。

当发生一个更新事件时，所有的寄存器都被更新，硬件依据 URS 位同时设置更新标志位（PWMA_SR 寄存器的 UIF 位）：

- 自动装载影子寄存器被重新置入预装载寄存器的值（PWMA_ARR）。
- 预分频器的缓存器被置入预装载寄存器的值（PWMA_PSC）。

如图 8.3 所示例子，说明当 PWMA_ARR=0x36 时，计数器在不同时钟频率下的动作。图中预分频为 2，因此计数器的时钟（CK_CNT）频率是预分频时钟（CK_PSC）频率的一半。图中禁止了自动装载功能（ARPE=0），所以在计数器达到 0x36 时，计数器溢出，影子寄存器立刻被更新，同时产生一个更新事件。

当 ARPE=0（ARR 不预装载），预分频为 2 时的计数器更新。

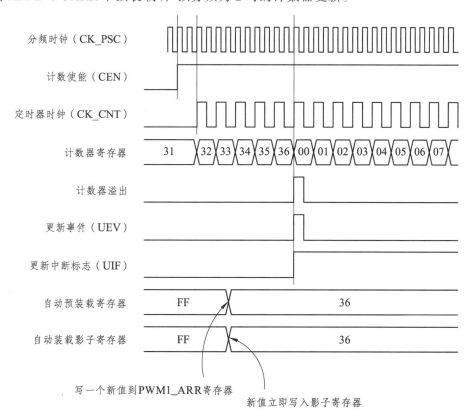

图 8.3　预装载寄存器失能情况

如图 8.4 所示，图中预分频为 1，因此 CK_CNT 的频率与 CK_PSC 一致。图中使能了自动重载（ARPE=1），所以在计数器达到 0xFF 产生溢出。0x36 将在溢出时被写入，同时产生一个更新事件。当 ARPE=1（PWMA_ARR 预装载），预分频为 1 时的计数器更新。

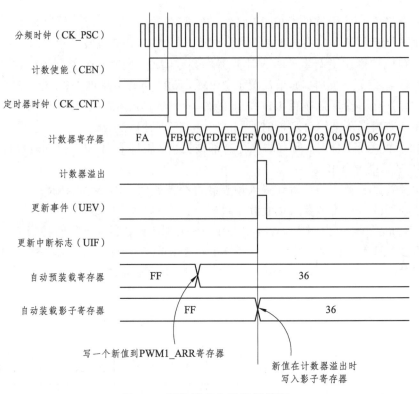

图 8.4 预装载寄存器使能情况

8.1.2 向下计数模式

如图 8.5 所示，在向下模式中，计数器从自动装载的值（PWMA_ARR 寄存器的值）开始向下计数到 0，然后再从自动装载的值重新开始计数，并产生一个计数器向下溢出事件。如果 PWMA_CR1 寄存器的 UDIS 位被清零，还会产生一个更新事件（UEV）。

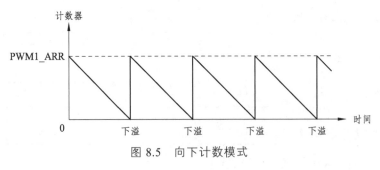

图 8.5 向下计数模式

通过软件方式或者通过使用触发控制器置位 PWMA_EGR 寄存器的 UG 位同样也可以产生一个更新事件。置位 PWMA_CR1 寄存器的 UDIS 位可以禁止 UEV 事件。这样可以避免在更新预装载寄存器时更新影子寄存器。因此 UDIS 位清除之前不会产生更新事件。然而，计数器仍会从当前自动加载值重新开始计数，并且预分频器的计数器重新从 0 开始（但预分频器不能被修改）。此外，如果设置了 PWMA_CR1 寄存器中的 URS 位（选择更新请求），设置 UG 位将产生一个更新事件 UEV，但不设置 UIF 标志（因此不产生中断），这是为了避免在发生捕获事件并清除计数器时，同时产生更新和捕获中断。

当发生更新事件时，所有的寄存器都被更新，硬件依据 URS 位同时设置更新标志位（PWMA_SR 寄存器的 UIF 位）：

- 自动装载影子寄存器被重新置入预装载寄存器的值（PWMA_ARR）。
- 预分频器的缓存器被置入预装载寄存器的值（PWMA_PSC）。

预装载寄存器失能情况如图 8.6 所示。

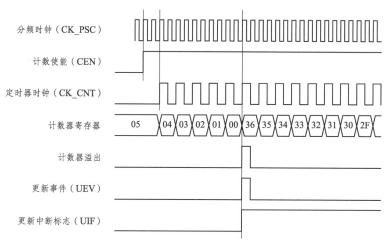

图 8.6　预装载寄存器失能情况

当 ARPE=1（ARR 预装载），预分频为 1 时的计数器更新。预装载寄存器使能情况如图 8.7 所示。

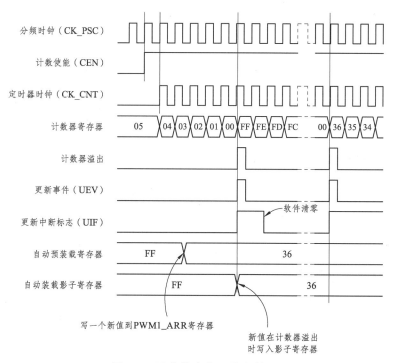

图 8.7　预装载寄存器使能情况

8.1.3 中央对齐模式（向上/向下计数）

如图 8.8 所示，在中央对齐模式，计数器从 0 开始计数到 PWMA_ARR 寄存器的值，产生一个计数器上溢事件；然后从 PWMA_ARR 寄存器的值向下计数到 0 产生一个计数器下溢事件；然后再从 0 开始重新计数。在此模式下，不能写入 PWMA_CR1 中的 DIR 方向位。它由硬件更新并指示当前的计数方向。

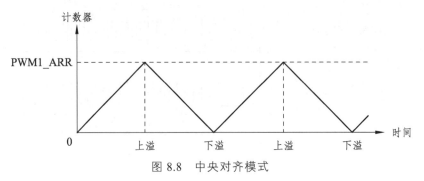

图 8.8 中央对齐模式

如果定时器带有重复计数器，在重复了指定次数（PWMA_RCR 的值）的向上和向下溢出之后会产生更新事件（UEV）。否则每一次的向上向下溢出都会产生更新事件。通过软件方式或者通过使用触发控制器置位 PWMA_EGR 寄存器的 UG 位同样也可以产生一个更新事件。此时，计数器重新从 0 开始计数，预分频器也重新从 0 开始计数。设置 PWMA_CR1 寄存器中的 UDIS 位可以禁止 UEV 事件。这样可以避免在更新预装载寄存器时更新影子寄存器。因此 UDIS 位被清零之前不会产生更新事件。然而，计数器仍会根据当前自动重加载的值，继续向上或向下计数。如果定时器带有重复计数器，由于重复寄存器没有双重的缓冲，新的重复数值将立刻生效，因此在修改时需要小心。此外，如果设置了 PWMA_CR1 寄存器中的 URS 位（选择更新请求），设置 UG 位将产生一个更新事件 UEV 但不设置 UIF 标志（因此不产生中断），

当发生更新事件时，所有的寄存器都被更新，硬件依据 URS 位更新标志位（PWMA_SR 寄存器中的 UIF 位）：

- 预分频器的缓存器被加载为预装载的值（PWMA_PSCR）。
- 当前的自动加载寄存器被更新为预装载值（PWMA_ARR）。

要注意的是，如果因为计数器溢出而产生更新，自动重装载寄存器将在计数器重载入之前被更新，因此下一个周期才是预期的值（计数器被装载为新的值）。

以下是一些计数器在不同时钟频率下的操作的例子：内部时钟分频因子为 1，PWMA_ARR=0x6，ARPE = 1。

使用中央对齐模式的提示：

- 启动中央对齐模式时，计数器将按照原有的向上/向下的配置计数。也就是说 PWMA_CR1 寄存器中的 DIR 位将决定计数器是向上还是向下计数。此外，软件不能同时修改 DIR 位和 CMS 位的值。

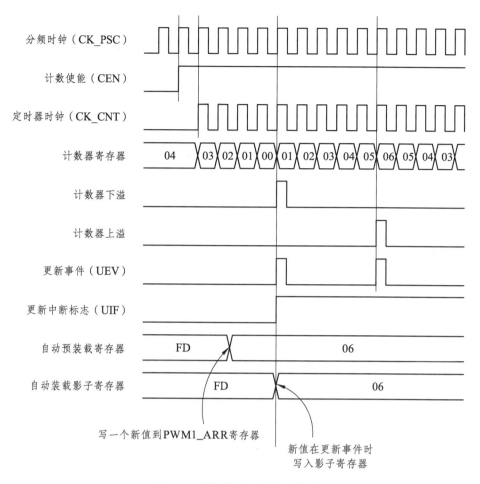

图 8.9　预装载寄存器使能情况

● 不推荐在中央对齐模式下，计数器正在计数时写计数器的值，这将导致不能预料的后果。具体地说：向计数器写入了比自动装载值更大的数值时（PWMA_CNT > PWMA_ARR），但计数器的计数方向不发生改变。例如计数器已经向上溢出，但计数器仍然向上计数；向计数器写入了 0 或者 PWMA_ARR 的值，但更新事件不发生。

● 安全使用中央对齐模式的计数器的方法是在启动计数器之前先用软件（置位 PWMA_EGR 寄存器的 UG 位）产生一个更新事件，并且不在计数器计数时修改计数器的值。

8.1.4　重复计数器

时基单元解释了计数器向上/向下溢出时更新事件（UEV）是如何产生的，然而事实上它只能在重复计数器的值达到 0 的时候产生。这个特性对产生 PWM 信号非常有用。

这意味着在每 N 次计数上溢或下溢时，数据从预装载寄存器传输到影子寄存器（PWMA_ARR 自动重载入寄存器，PWMA_PSCR 预装载寄存器，还有在比较模式下的捕获/比较寄存器 PWMA_CCRx），N 是 PWMA_RCR 重复计数寄存器中的值。

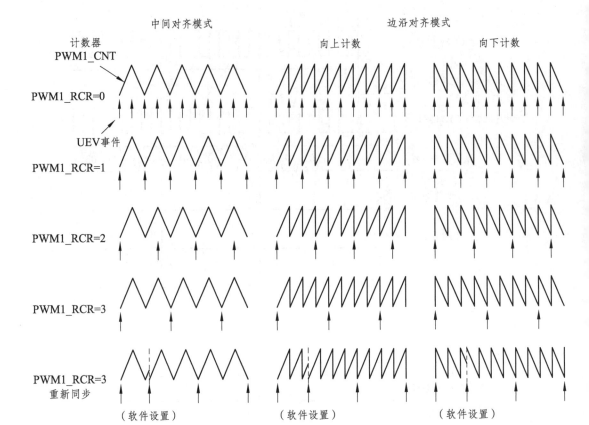

图 8.10　不同模式下 PWMA_RCR 的寄存器设置

重复计数器在下述任一条件成立时递减：

- 向上计数模式下，每次计数器向上溢出时。
- 向下计数模式下，每次计数器向下溢出时。
- 中央对齐模式下，每次上溢和每次下溢时。虽然这样限制了 PWM 的最大循环周期为 128，但它能够在每个 PWM 周期 2 次更新占空比。在中央对齐模式下，因为波形是对称的，如果每个 PWM 周期中仅刷新一次比较寄存器，则最大的分辨率为 $2*t_{CK\_PSC}$。

重复计数器是自动加载的，重复速率由 PWMA_RCR 寄存器的值定义。当更新事件由软件产生或者通过硬件的时钟/触发控制器产生，则无论重复计数器的值是多少，立即发生更新事件，并且 PWMA_RCR 寄存器中的内容被重载入到重复计数器。

8.2　时钟/触发控制器

时钟/触发控制器允许用户选择计数器的时钟源，输入触发信号和输出信号。

时基单元的预分频时钟（CK_PSC）可以由以下源提供：内部时钟（f_{MASTER}）；外部时钟模式 1：外部时钟输入（TIx）；外部时钟模式 2：外部触发输入（ETR）；内部触发输入（ITRx）：使用一个 PWM 的 TRGO 作为另一个 PWM 的预分频时钟。

1．内部时钟（f_{MASTER}）

如果同时禁止了时钟/触发模式控制器和外部触发输入（PWMA_SMCR 寄存器的 SMS=000，PWMA_ETR 寄存器的 ECE = 0），则 CEN、DIR 和 UG 位是实际上的控制位，并且只能被软件修改（UG 位仍被自动清除）。一旦 CEN 位被写成 1，预分频器的时钟就由内部时钟提供。图 8.11 描述了控制电路和向上计数器在普通模式下，不带预分频器时的操作。

普通模式下的控制电路，f_{MASTER} 分频因子为 1。

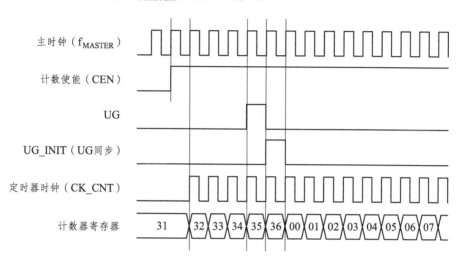

图 8.11　f_{MASTER} 分频因子为 1 情况

2．外部时钟模式 1：外部时钟输入（TIx）

当 PWMA_SMCR 寄存器的 SMS=111 时，此模式被选中。然后再通过 PWMA_SMCR 寄存器的 TS 选择 TRGI 的信号源。计数器可以在选定输入端的每个上升沿或下降沿计数。图 8.12 所举的例子以 TI2 作为外部时钟。

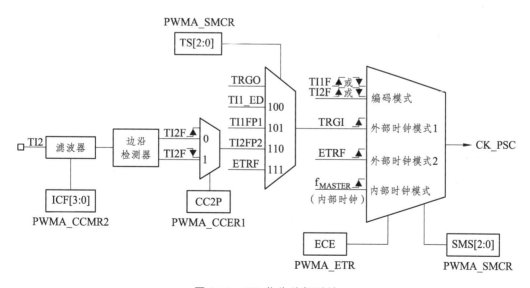

图 8.12　TI2 作为外部时钟

例如，要配置向上计数器在 TI2 输入端的上升沿计数，使用下列步骤：

（1）配置 PWMA_CCMR2 寄存器的 CC2S=01，使用通道 2 检测 TI2 输入的上升沿。

（2）配置 PWMA_CCMR2 寄存器的 IC2F[3:0]位，选择输入滤波器带宽。

（3）配置 PWMA_CCER1 寄存器的 CC2P=0，选定上升沿极性。

（4）配置 PWMA_SMCR 寄存器的 SMS=111，配置计数器使用外部时钟模式 1。

（5）配置 PWMA_SMCR 寄存器的 TS=110，选定 TI2 作为输入源。

（6）设置 PWMA_CR1 寄存器的 CEN=1，启动计数器。

当上升沿出现在 TI2，计数器计数一次，且触发标识位（PWMA_SR1 寄存器的 TIF 位）被置 1，如果使能中断（在 PWMA_IER 寄存器中配置）则会产生中断请求。在 TI2 的上升沿和计数器实际时钟之间的延时取决于在 TI2 输入端的重新同步电路。

外部时钟模式 1 下的控制电路如图 8.13 所示。

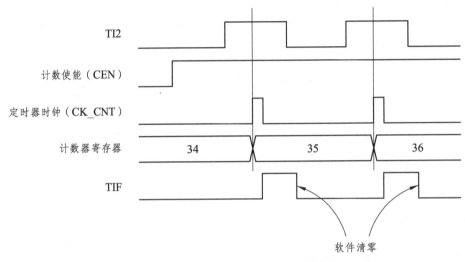

图 8.13　外部时钟模式 1 下的控制电路

3．外部时钟模式 2：外部触发输入（ETR）

计数器能够在外部触发输入 ETR 信号的每一个上升沿或下降沿计数。将 PWMA_ETR 寄存器的 ECE 位写 1，即可选定此模式（PWMA_SMCR 寄存器的 SMS=111 且 1PWMA_SMCR 寄存器的 TS=111 时，也可选择此模式）。

ETR 作为外部时钟的外部触发输入的总体框图，如图 8.14 所示。

例如，要配置计数器在 ETR 信号的每 2 个上升沿时向上计数 1 次，需使用下列步骤：

（1）本例中不需要滤波器，配置 PWMA_ETR 寄存器的 ETF[3:0]=0000。

（2）设置预分频器，配置 PWMA_ETR 寄存器的 ETPS[1:0]=01。

（3）选择 ETR 的上升沿检测，配置 PWMA_ETR 寄存器的 ETP=0。

（4）开启外部时钟模式 2，配置 PWMA_ETR 寄存器中的 ECE=1。

（5）启动计数器，写 PWMA_CR1 寄存器的 CEN=1。计数器在每 2 个 ETR 上升沿计数 1 次。

外部时钟模式 2 下的控制电路，如图 8.15 所示。

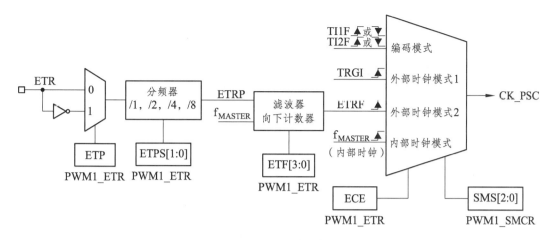

图 8.14 ETR 作为外部时钟

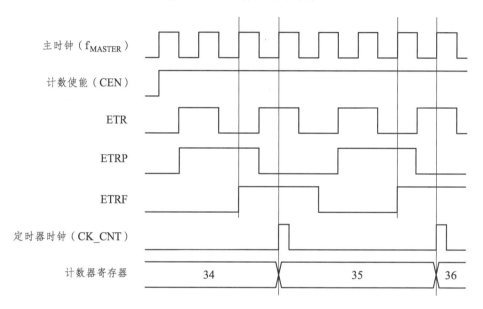

图 8.15 外部时钟模式 2 下的控制电路

4. 触发同步

PWMA 的计数器使用三种模式与外部的触发信号同步：标准触发模式、复位触发模式和门控触发模式。

（1）标准触发模式

计数器的使能（CEN）依赖于选中的输入端上的事件。

例如，计数器在 TI2 输入的上升沿开始向上计数：

① 配置 PWMA_CCER1 寄存器的 CC2P = 0，选择 TI2 的上升沿作为触发条件。

② 配置 PWMA_SMCR 寄存器的 SMS=110，选择计数器为触发模式。配置 PWMA_SMCR 寄存器的 TS=110，选择 TI2 作为输入源。

③ 当 TI2 出现一个上升沿时，计数器开始在内部时钟驱动下计数，同时置位 TIF 标志。TI2 上升沿和计数器启动计数之间的延时取决于 TI2 输入端的重同步电路。

（2）复位触发模式

在发生一个触发输入事件时，计数器和它的预分频器能够重新被初始化。同时，如果 PWMA_CR1 寄存器的 URS 位为低，还产生一个更新事件 UEV，然后所有的预装载寄存器（PWMA_ARR，PWMA_CCRx）都会被更新。

例如，TI1 输入端的上升沿导致向上计数器被清零。

① 配置 PWMA_CCER1 寄存器的 CC1P=0 来选择 TI1 的极性（只检测 TI1 的上升沿）。

② 配置 PWMA_SMCR 寄存器的 SMS=100，选择定时器为复位触发模式。配置 PWMA_SMCR 寄存器的 TS=101，选择 TI1 作为输入源。

③ 配置 PWMA_CR1 寄存器的 CEN=1，启动计数器。

计数器开始依据内部时钟计数，然后正常计数直到 TI1 出现一个上升沿。此时，计数器被清零然后从 0 重新开始计数。同时，触发标志（PWMA_SR1 寄存器的 TIF 位）被置位，如果使能中断（PWMA_IER 寄存器的 TIE 位），则产生一个中断请求。在 TI1 上升沿和计数器的实际复位之间的延时取决于 TI1 输入端的重同步电路。

（3）门控触发模式

计数器由选中的输入端信号的电平使能。

例如，计数器只在 TI1 为低时向上计数。

① 配置 PWMA_CCER1 寄存器的 CC1P=1 来确定 TI1 的极性（只检测 TI1 上的低电平）。

② 配置 PWMA_SMCR 寄存器的 SMS=101，选择定时器为门控触发模式，配置 PWMA_SMCR 寄存器中 TS=101，选择 TI1 作为输入源。

③ 配置 PWMA_CR1 寄存器的 CEN=1，启动计数器（在门控模式下，如果 CEN=0，则计数器不能启动，不论触发输入电平如何）。

只要 TI1 为低，计数器开始依据内部时钟计数，一旦 TI1 变高则停止计数。当计数器开始或停止时 TIF 标志位都会被置位。TI1 上升沿和计数器实际停止之间的延时取决于 TI1 输入端的重同步电路。

（4）外部时钟模式 2 联合触发模式

外部时钟模式 2 可以与另一个输入信号的触发模式一起使用。例如，ETR 信号被用作外部时钟的输入，另一个输入信号可用作触发输入（支持标准触发模式，复位触发模式和门控触发模式）。注意不能通过 PWMA_SMCR 寄存器的 TS 位把 ETR 配置成 TRGI。

例如，一旦在 TI1 上出现一个上升沿，计数器即在 ETR 的每一个上升沿向上计数一次。

① 通过 PWMA_ETR 寄存器配置外部触发输入电路。配置 ETPS=00 禁止预分频，配置 ETP=0 监测 ETR 信号的上升沿，配置 ECE=1 使能外部时钟模式 2。

② 配置 PWMA_CCER1 寄存器的 CC1P=0 来选择 TI1 的上升沿触发。

③ 配置 PWMA_SMCR 寄存器的 SMS=110 来选择定时器为触发模式。配置 PWMA_SMCR 寄存器的 TS=101 来选择 TI1 作为输入源。

当 TI1 上出现一个上升沿时，TIF 标志被设置，计数器开始在 ETR 的上升沿计数。TI1 信号的上升沿和计数器实际时钟之间的延时取决于 TI1 输入端的重同步电路。ETR 信号的上升沿和计数器实际时钟之间的延时取决于 ETRP 输入端的重同步电路。

8.3 捕获/比较通道

8.3.1 捕获输入功能

PWM1P、PWM2P、PWM3P、PWM4P 可以用作输入捕获，PWM1P/PWM1N、PWM2P/PWM2N、PWM3P/PWM3N、PWM4P/PWM4N 可以输出比较。这个功能可以通过配置捕获/比较通道模式寄存器（PWMA_CCMRi）的 CCiS 通道选择位来实现，此处的 i 代表 1~4 的通道数。

每一个捕获/比较通道都是围绕着一个捕获/比较寄存器（包含影子寄存器）来构建的，包括捕获的输入部分（数字滤波、多路复用和预分频器）和输出部分（比较器和输出控制）。

捕获/比较通道 1 的主要电路（其他通道与此类似）。

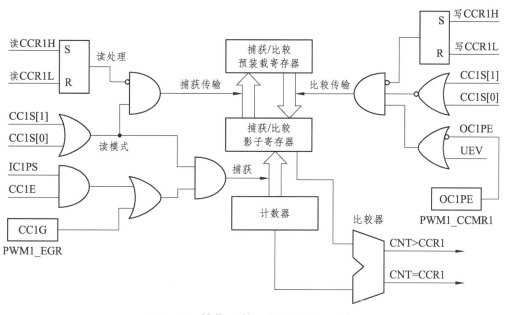

图 8.16　捕获/比较通道 1 的主要电路

捕获/比较模块由一个预装载寄存器和一个影子寄存器组成。读写过程仅操作预装载寄存器。在捕获模式下，捕获发生在影子寄存器上，然后再复制到预装载寄存器中。在比较模式下，预装载寄存器的内容被复制到影子寄存器中，然后影子寄存器的内容和计数器进行比较。当通道被配置成输出模式时，可以随时访问 PWMA_CCRi 寄存器。当通道被配置成输入模式时，对 PWMA_CCRi 寄存器的读操作类似于计数器的读操作。当捕获发生时，计数器的内容被捕获到 PWMA_CCRi 影子寄存器，随后再复制到预装载寄存器中。在读操作进行中，预装载寄存器是被冻结的。

1．16 位 PWMA_CCRi 寄存器的写流程

16 位 PWMA_CCRi 寄存器的写操作通过预装载寄存器完成。必需使用两条指令来完成整个流程，一条指令对应一个字节。必须先写高位字节。在写高位字节时，影子寄存器的更新被禁止直到低位字节的写操作完成。

2．输入模块

如图 8.17 和图 8.18 所示，输入模块输入部分对相应的 TIx 输入信号采样，并产生一个滤波后的信号 TIxF。然后，一个带极性选择的边缘监测器产生一个信号（TIxFPx），它可以作为触发模式控制器的输入触发或者作为捕获控制。该信号通过预分频后进入捕获寄存器（ICxPS）。

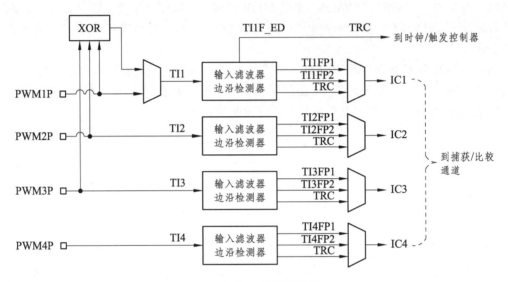

图 8.17　输入模块的框图

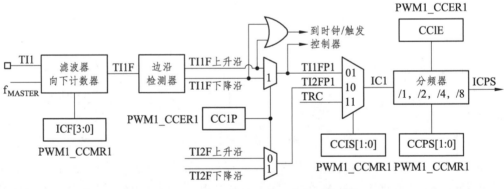

图 8.18　输入模块通道 1 的输入电路

在输入捕获模式下，当检测到 ICi 信号上相应的边沿后，计数器的当前值被锁存到捕获/比较寄存器（PWMA_CCRx）中。当发生捕获事件时，相应的 CCiIF 标志（PWMA_SR 寄存器）被置 1。如果 PWMA_IER 寄存器的 CCiIE 位被置位，也就是使能了中断，则将产生中断请求。如果发生捕获事件时 CCiIF 标志已经为高，那么重复捕获标志 CCiOF（PWMA_SR2寄存器）被置 1。写 CCiIF=0 或读取存储在 PWMA_CCRiL 寄存器中的捕获数据都可清除 CCiIF。写 CCiOF=0 可清除 CCiOF。

（1）PWM 输入信号上升沿时捕获。

以下例子说明如何在 TI1 输入的上升沿时捕获计数器的值到 PWMA_CCR1 寄存器中，步骤如下：

① 选择有效输入端，设置 PWMA_CCMR1 寄存器中的 CC1S=01，此时通道被配置为输入，并且 PWMA_CCR1 寄存器变为只读。

② 根据输入信号 TIi 的特点，可通过配置 PWMA_CCMR1 寄存器中的 IC1F 位来设置相应的输入滤波器的滤波时间。假设输入信号在最多 5 个时钟周期的时间内抖动，用户须配置滤波器的带宽长于 5 个时钟周期；因此用户可以连续采样 8 次，以确认在 TI1 上有一次真实的边沿变换，即在 PWMA_CCMR1 寄存器中写入 IC1F=0011。此时，只有连续采样到 8 个相同的 TI1 信号，信号才为有效（采样频率为 f_{MASTER}）。

③ 选择 TI1 通道的有效转换边沿，在 PWMA_CCER1 寄存器中写入 CC1P=0（上升沿）。

④ 配置输入预分频器。在本例中，我们希望捕获发生在每一个有效的电平转换时刻，因此预分频器被禁止（写 PWMA_CCMR1 寄存器的 IC1PS=00）。

⑤ 设置 PWMA_CCER1 寄存器的 CC1E=1，允许捕获计数器的值到捕获寄存器中。

⑥ 如果需要，通过设置 PWMA_IER 寄存器中的 CC1IE 位允许相关中断请求。

当发生一个输入捕获，产生有效的电平转换时，计数器的值被传送到 PWMA_CCR1 寄存器，CC1IF 标志被置 1。当发生至少两个连续的捕获时，而 CC1IF 未曾被清除时，CC1OF 也被置 1。如设置了 CC1IE 位，则会产生一个中断。为了处理捕获溢出事件（CC1OF 位），建议在读出重复捕获标志之前读取数据，这是为了避免丢失在读出捕获溢出标志之后和读取数据之前可能产生的重复捕获信息。设置 PWMA_EGR 寄存器中相应的 CCiG 位，可以通过软件产生输入捕获中断。

（2）PWM 输入信号测量

该模式是输入捕获模式的一个特例，除下列区别外，操作与输入捕获模式相同：

● 两个 ICi 信号被映射至同一个 TIi 输入。

● 这两个 ICi 信号的有效边沿的极性相反。

● 其中一个 TIiFP 信号被作为触发输入信号，而触发模式控制器被配置成复位触发模式。

PWM 输入信号与计数器的测量关系如图 8.19 所示。

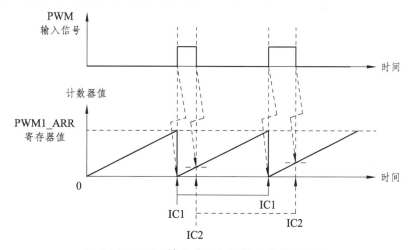

图 8.19　PWM 输入信号与计数器的测量关系

例如，你可以用以下方式测量 TI1 上输入的 PWM 信号的周期（PWMA_CCR1 寄存器）和占空比（PWMA_CCR2 寄存器）。

① 选择 PWMA_CCR1 的有效输入：置 PWMA_CCMR1 寄存器的 CC1S=01（选中 TI1FP1）。

② 选择 TI1FP1 的有效极性：置 CC1P=0（上升沿有效）。

③ 选择 PWMA_CCR2 的有效输入：置 PWMA_CCMR2 寄存器的 CC2S=10（选中 TI1FP2）。

④ 选择 TI1FP2 的有效极性（捕获数据到 PWMA_CCR2）：置 CC2P=1（下降沿有效）。

⑤ 选择有效的触发输入信号：置 PWMA_SMCR 寄存器中的 TS=101（选择 TI1FP1）。

⑥ 配置触发模式控制器为复位触发模式：置 PWMA_SMCR 中的 SMS=100。

⑦ 使能捕获：置 PWMA_CCER1 寄存器中 CC1E=1，CC2E=1。

8.3.2　比较输出功能

输出模块会产生一个用来作参考的中间波形，称为 OCiREF（高有效）。刹车功能和极性的处理都在模块的最后处理，输出模块框如图 8.20 所示。

通道 1 带互补输出功能的模块框图如图 8.21 所示。

1．强制输出模式

在强制输出模式下，输出比较信号能够直接由软件强制为高或低状态，而不依赖于输出比较寄存器和计数器间的比较结果。

（1）置 PWMA_CCMRi 寄存器的 OCiM=101，可强制 OCiREF 信号为高电平。

（2）置 PWMA_CCMRi 寄存器的 OCiM=100，可强制 OCiREF 信号为低电平。

（3）OCi/OCiN 的输出是高还是低则取决于 CCiP/CCiNP 极性标志位。该模式下，在 PWMA_CCRi 影子寄存器和计数器之间的比较仍然在进行，相应的标志也会被修改，也仍然会产生相应的中断。

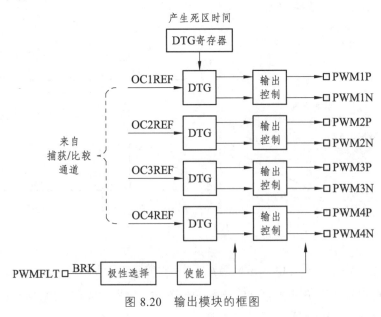

图 8.20　输出模块的框图

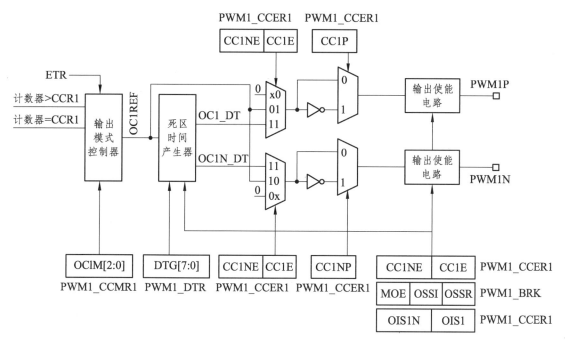

图 8.21　通道 1 带互补输出功能的模块框图

2．输出比较模式

输出比较模式用来控制一个输出波形或者指示一段给定的时间已经达到。当计数器与捕获/比较寄存器的内容相匹配时，有如下操作：

（1）根据不同的输出比较模式，相应的 OCi 输出信号：

- 保持不变（OCiM=000）。
- 设置为有效电平（OCiM=001）。
- 设置为无效电平（OCiM=010）。
- 翻转（OCiM=011）。

（2）设置中断状态寄存器中的标志位（PWMA_SR1 寄存器中的 CCiIF 位）。

（3）若设置相应的中断使能位（PWMA_IER 寄存器中的 CCiIE 位），则产生一个中断。

PWMA_CCMRi 寄存器的 OCiM 位用于选择输出比较模式，而 PWMA_CCMRi 寄存器的 CCiP 位用于选择有效和无效的电平极性。PWMA_CCMRi 寄存器的 OCiPE 位用于选择 PWMA_CCRi 寄存器是否需要使用预装载寄存器。在输出比较模式下，更新事件 UEV 对 OCiREF 和 OCi 输出没有影响。时间精度为计数器的一个计数周期。输出比较模式也能用来输出一个单脉冲。

输出比较模式的配置步骤：

① 选择计数器时钟（内部、外部或者预分频器）。

② 将相应的数据写入 PWMA_ARR 和 PWMA_CCRi 寄存器中。

③ 如果要产生一个中断请求，设置 CCiIE 位。

④ 选择输出模式步骤：

- 设置 OCiM=011，在计数器与 CCRi 匹配时翻转 OCiM 管脚的输出。

- 设置 OCiPE=0，禁用预装载寄存器。
- 设置 CCiP=0，选择高电平为有效电平。
- 设置 CCiE=1，使能输出。
- 设置 PWMA_CR1 寄存器的 CEN 位来启动计数器。

PWMA_CCRi 寄存器能够在任何时候通过软件进行更新以控制输出波形，条件是未使用预装载寄存器（OCiPE=0），否则 PWMA_CCRi 的影子寄存器只能在发生下一次更新事件时被更新。如图 8.22 所示，当写入 B201 后，在计数器数值达到 B201 时候，输出翻转 OC1。

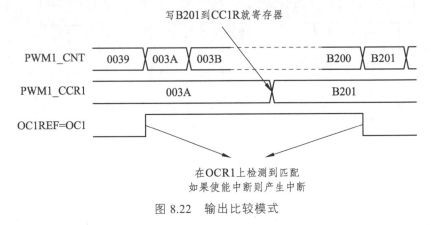

图 8.22　输出比较模式

3．PWM 模式

脉冲宽度调制（PWM）模式可以产生一个由 PWMA_ARR 寄存器确定频率，由 PWMA_CCRi 寄存器确定占空比的信号。在 PWMA_CCMRi 寄存器中的 OCiM 位写入 110（PWM 模式 1）或 111（PWM 模式 2），能够独立地设置每个 OCi 输出通道产生一路 PWM。必须设置 PWMA_CCMRi 寄存器的 OCiPE 位使能相应的预装载寄存器，也可以设置 PWMA_CR1 寄存器的 ARPE 位使能自动重装载的预装载寄存器（在向上计数模式或中央对称模式中）。由于仅当发生一个更新事件的时候，预装载寄存器才能被传送到影子寄存器，因此在计数器开始计数之前，必须通过设置 PWMA_EGR 寄存器的 UG 位来初始化所有的寄存器。OCi 的极性可以通过软件在 PWMA_CCERi 寄存器中的 CCiP 位设置，它可以设置为高电平有效或低电平有效。OCi 的输出使能通过 PWMA_CCERi 和 PWMA_BKR 寄存器中的 CCiE、MOE、OISi、OSSR 和 OSSI 位的组合来控制。

在 PWM 模式（模式 1 或模式 2）下，PWMA_CNT 和 PWMA_CCRi 始终在进行比较，（依据计数器的计数方向）以确定是否符合 PWMA_CCRi≤PWMA_CNT 或者 PWMA_CNT≤ PWMA_CCRi。

根据 PWMA_CR1 寄存器中 CMS 位域的状态，定时器能够产生边沿对齐的 PWM 信号或中央对齐的 PWM 信号。

（1）PWM 边沿对齐模式

向上计数配置情况，当 PWMA_CR1 寄存器中的 DIR 位为 0 时，执行向上计数。图 8.23 所示是一个 PWM 模式 1 的例子。当 PWMA_CNT<PWMA_CCRi 时，PWM 参考信号 OCiREF 为高，否则为低。如果 PWMA_CCRi 中的比较值大于自动重装载值（PWMA_ARR），则 OCiREF 保持为高。如果比较值为 0，则 OCiREF 保持为低。

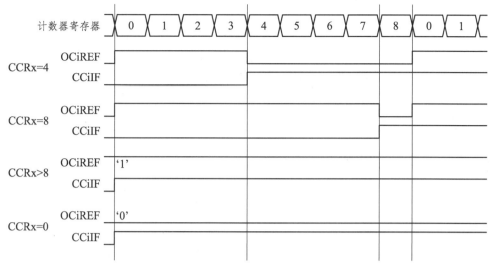

图 8.23　边沿对齐，PWM 模式 1 的波形（ARR=8）

向下计数配置的情况，当 PWMA_CR1 寄存器的 DIR 位为 1 时，执行向下计数。在 PWM 模式 1 时，当 PWMA_CNT>PWMA_CCRi 时参考信号 OCiREF 为低，否则为高。如果 PWMA_CCRi 中的比较值大于 PWMA_ARR 中的自动重装载值，则 OCiREF 保持为高。该模式下不能产生占空比为 0% 的 PWM 波形。

（2）PWM 中央对齐模式

当 PWMA_CR1 寄存器中的 CMS 位不为'00'时为中央对齐模式（所有其他的配置对 OCiREF/OCi 信号都有相同的作用）。根据不同的 CMS 位的设置，比较标志可以在计数器向上计数，向下计数，或向上和向下计数时被置 1。PWMA_CR1 寄存器中的计数方向位（DIR）由硬件更新，不要用软件修改它。

图 8.24 所示为 PWMA_ARR=8 时中央对齐的 PWM 波形，对应标志位为：只有在计数器向下计数时（CMS=01），只有在计数器向上计数时（CMS=10），在计数器向上和向下计数时（CMS=11）三种情况。

（3）单脉冲模式

单脉冲模式（OPM）这种模式允许计数器响应一个激励，并在一个程序可控的延时之后产生一个脉宽可控的脉冲。

也可以通过时钟/触发控制器启动计数器，在输出比较模式或者 PWM 模式下产生波形。设置 PWMA_CR1 寄存器的 OPM 位将选择单脉冲模式，此时计数器自动地在下一个更新事件 UEV 时停止。仅当比较值与计数器的初始值不同时，才能产生一个脉冲。启动之前（当定时器正在等待触发），必须作如下配置：向上计数方式，计数器 CNT < CCRi≤ARR；向下计数方式，计数器 CNT > CCRi。

例如，在从 TI2 输入脚上检测到一个上升沿之后延迟 t_{DELAY}，在 OC1 上产生一个 t_{PULSE} 宽度的正脉冲：（假定 IC2 作为触发 1 通道的触发源），单脉冲模式图如图 8.25 所示，必须进行如下配置。

- 置 PWMA_CCMR2 寄存器的 CC2S=01，把 IC2 映射到 TI2。
- 置 PWMA_CCER1 寄存器的 CC2P=0，使 IC2 能够检测上升沿。

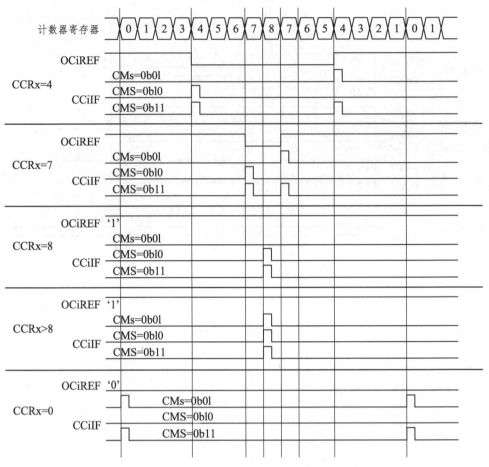

图 8.24　PWMA_ARR=8 时中央对齐的 PWM 波形

- 置 PWMA_SMCR 寄存器的 TS=110，使 IC2 作为时钟/触发控制器的触发源（TRGI）。
- 置 PWMA_SMCR 寄存器的 SMS=110（触发模式），IC2 被用来启动计数器。OPM 的波形由写入比较寄存器的数值决定（要考虑时钟频率和计数器预分频器）。
- t_{DELAY} 由 PWMA_CCR1 寄存器中的值定义。
- t_{PULSE} 由自动装载值和比较值之间的差值定义（PWMA_ARR – PWMA_CCR1）。
- 假定当发生比较匹配时要产生从 0 到 1 的波形，当计数器达到预装载值时要产生一个从 1 到 0 的波形。首先要置 PWMA_CCMR1 寄存器的 OCiM=111，进入 PWM 模式 2，根据需要有选择地设置 PWMA_CCMR1 寄存器的 OC1PE=1，置位 PWMA_CR1 寄存器中的 ARPE，使能预装载寄存器；然后在 PWMA_CCR1 寄存器中填写比较值，在 PWMA_ARR 寄存器中填写自动装载值，设置 UG 位来产生一个更新事件；然后等待在 TI2 上的一个外部触发事件。

（4）OCx 快速使能（特殊情况）

在单脉冲模式下，对 TIi 输入脚的边沿检测会设置 CEN 位以启动计数器，然后计数器和比较值间的比较操作产生了单脉冲的输出。但是这些操作需要一定的时钟周期，因此它限制了可得到的最小延时 t_{DELAY}。

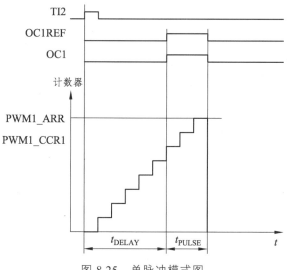

图 8.25　单脉冲模式图

如果要以最小延时输出波形，可以设置 PWMA_CCMRi 寄存器中的 OCiFE 位，此时强制 OCiREF（和 OCx）直接响应激励而不再依赖比较的结果，输出的波形与比较匹配时的波形一样。OCiFE 只在通道配置为 PWMA 和 PWMB 模式时起作用。

（5）互补输出和死区插入

PWMA 能够输出两路互补信号，并且能够管理输出的瞬时关断和接通，这段时间通常被称作死区。用户应该根据连接的输出器件和它们的特性（电平转换的延时、电源开关的延时等）来调整死区时间。

配置 PWMA_CCERi 寄存器中的 CCiP 和 CCiNP 位，可以为每一个输出独立地选择极性（主输出 OCi 或互补输出 OCiN）。互补信号 OCi 和 OCiN 通过下列控制位的组合进行控制：PWMA_CCERi 寄存器的 CCiE 和 CCiNE 位，PWMA_BKR 寄存器中的 MOE、OISi、OISiN、OSSI 和 OSSR 位。特别地是，在转换到 IDLE 状态时（MOE 下降到 0）死区控制被激活。同时设置 CCiE 和 CCiNE 位将插入死区，如果存在刹车电路，则还要设置 MOE 位。每一个通道都有一个 8 位的死区发生器。

如果 OCi 和 OCiN 为高有效：

• OCi 输出信号与 OCiREF 相同，只是它的上升沿相对于 OCiREF 的上升沿有·个延迟。

• OCiN 输出信号与 OCiREF 相反，只是它的上升沿相对于 OCiREF 的下降沿有一个延迟。

如果延迟大于当前有效的输出宽度（OCi 或者 OCiN），则不会产生相应的脉冲。图 8.26 ~ 图 8.28 显示了死区发生器的输出信号和当前参考信号 OCiREF 之间的关系。（假设 CCiP=0、CCiNP=0、MOE=1、CCiE=1 并且 CCiNE=1）

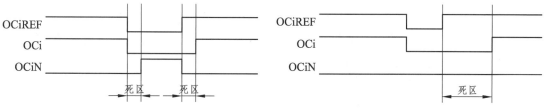

图 8.26　带死区插入的互补输出　　　图 8.27　死区波形延迟大于负脉冲

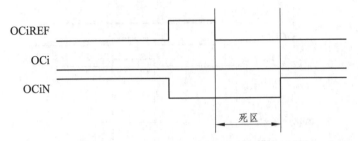

图 8.28　死区波形延迟大于正脉冲

每一个通道的死区延时都是相同的，是由 PWMA_DTR 寄存器中的 DTG 位编程配置。

（6）重定向 OCiREF 到 OCi 或 OCiN

在输出模式下（强制输出、输出比较或 PWM 输出），通过配置 PWMA_CCERi 寄存器的 CCiE 和 CCiNE 位，OCiREF 可以被重定向到 OCi 或者 OCiN 的输出。

这个功能可以在互补输出处于无效电平时，在某个输出上送出一个特殊的波形（例如 PWM 或者静态有效电平）。另一个作用是，让两个输出同时处于无效电平，或同时处于有效电平（此时仍然是带死区的互补输出）。

当只使能 OCiN（CCiE=0，CCiNE=1）时，它不会反相，而当 OCiREF 变高时立即有效。例如，如果 CCiNP=0，则 OCiN=OCiREF。另一方面，当 OCi 和 OCiN 都被使能时（CCiE=CCiNE=1），当 OCiREF 为高时 OCi 有效；而 OCiN 相反，当 OCiREF 低时 OCiN 变为有效。

（7）针对马达控制的六步 PWM 输出

当在一个通道上需要互补输出时，预装载位有 OCiM、CCiE 和 CCiNE。在发生 COM 换相事件时，这些预装载位被传送到影子寄存器位。这样用户就可以预先设置好下一步骤配置，并在同一个时刻同时修改所有通道的配置。COM 可以通过设置 PWMA_EGR 寄存器的 COMG 位由软件产生或在 TRGI 上升沿由硬件产生。

图 8.29 所示为显示当发生 COM 事件时，三种不同配置下 OCx 和 OCxN 输出。

4. 使用刹车功能（PWMFLT）

刹车功能常用于马达控制中。当使用刹车功能时，依据相应的控制位（PWMA_BKR 寄存器中的 MOE、OSSI 和 OSSR 位），输出使能信号和无效电平都会被修改。

系统复位后，刹车电路被禁止，MOE 位为低。设置 PWMA_BKR 寄存器中的 BKE 位可以使能刹车功能。刹车输入信号的极性可以通过配置同一个寄存器中的 BKP 位选择。BKE 和 BKP 可以被同时修改。

MOE 下降沿相对于时钟模块可以是异步的，因此在实际信号（作用在输出端）和同步控制位（在 PWMA_BKR 寄存器中）之间设置了一个再同步电路。这个再同步电路会在异步信号和同步信号之间产生延迟。特别地，如果当它为低时写 MOE=1，则读出它之前必须先插入一个延时（空指令）才能读到正确的值。这是因为写入的是异步信号而读的是同步信号。

当发生刹车时（在刹车输入端出现选定的电平），有下述动作：

● MOE 位被异步地清除，将输出置于无效状态、空闲状态或者复位状态（由 OSSI 位选择）。这个特性在 MCU 的振荡器关闭时依然有效。

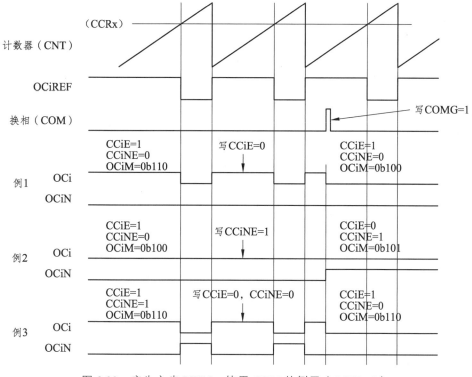

图 8.29　产生六步 PWM，使用 COM 的例子（OSSR=1）

• 一旦 MOE=0，每一个输出通道输出由 PWMA_OISR 寄存器的 OISi 位设定的电平。如果 OSSI=0，则定时器不再控制输出使能信号，否则输出使能信号始终为高。

• 当使用互补输出时：输出首先被置于复位状态即无效的状态（取决于极性）。这是异步操作，即使定时器没有时钟时，此功能也有效。如果定时器的时钟依然存在，死区生成器将会重新生效，在死区之后根据 OISi 和 OISiN 位指示的电平驱动输出端口。即使在这种情况下，OCi 和 OCiN 也不能被同时驱动到有效的电平。注：因为重新同步 MOE，死区时间比通常情况下长一些（大约 2 个时钟周期）。

• 如果设置了 PWMA_IER 寄存器的 BIE 位，当刹车状态标志（PWMA_SR1 寄存器中的 BIF 位）为 1 时，则产生一个中断。

• 如果设置了 PWMA_BKR 寄存器中的 AOE 位，在下一个更新事件 UEV 时 MOE 位被自动置位。例如这可以用来进行波形控制，否则，MOE 始终保持低直到被再次置 1。这个特性可以被用在安全方面，用户可以把刹车输入连到电源驱动的报警输出、热敏传感器或者其他安全器件上。

刹车输入为电平有效。所以，当刹车输入有效时，不能同时（自动地或者通过软件）设置 MOE。同时，状态标志 BIF 不能被清除。

刹车由 BRK 输入产生，它的有效极性是可编程的，且由 PWMA_BKR 寄存器的 BKE 位开启或禁止。除了刹车输入和输出管理，刹车电路中还实现了写保护以保证应用程序的安全。它允许用户冻结几个配置参数（OCi 极性和被禁止时的状态，OCiM 配置，刹车使能和极性）。用户可以通过 PWMA_BKR 寄存器的 LOCK 位，从三种级别的保护中选择一种。在 MCU 复位后 LOCK 位域只能被修改一次。

5．在外部事件发生时清除 OCiREF 信号

对于一个给定的通道，在 ETRF 输入端（设置 PWMA_CCMRi 寄存器中对应的 OCiCE 位为 1）的高电平能够把 OCiREF 信号拉低，OCiREF 信号将保持为低直到发生下一次的更新事件 UEV。该功能只能用于输出比较模式和 PWM 模式，而不能用于强制模式。

例如，OCiREF 信号可以联到一个比较器的输出，用于控制电流。这时，ETR 必须配置如下：

（1）外部触发预分频器必须处于关闭：PWMA_ETR 寄存器中的 ETPS[1:0]=00。

（2）必须禁止外部时钟模式 2：PWMA_ETR 寄存器中的 ECE=0。

（3）外部触发极性（ETP）和外部触发滤波器（ETF）可以根据需要配置。

图 8.30 显示了当 ETRF 输入变为高时，对应 OCiCE 的值，OCiREF 信号的动作。

6．编码器接口模式

编码器接口模式一般用于电机控制。编码器接口模式基本上相当于使用了一个带有方向选择的外部时钟。这意味着计数器只在 0 到 PWMA_ARR 寄存器的自动装载值之间连续计数（根据方向，或是 0 到 ARR 计数，或是 ARR 到 0 计数）。所以在开始计数之前必须配置 PWMA_ARR。在这种模式下捕获器、比较器、预分频器、重复计数器、触发输出特性等仍继续工作。编码器模式和外部时钟模式 2 不兼容，因此不能同时操作。编码器接口模式下，计数器依照增量编码器的速度和方向被自动地修改，因此计数器的内容始终指示着编码器的位置，计数方向与相连的传感器旋转的方向对应。

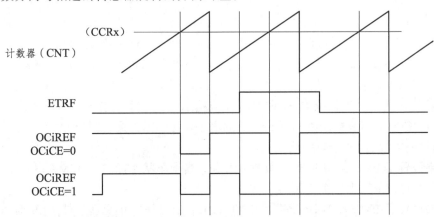

图 8.30 当 ETRF 输入变为高电平时，对应 OCiCE 的值，OCiREF 信号的动作

两个输入 TI1 和 TI2 被用来作为增量编码器的接口。假定计数器已经启动（PWMA_CR1 寄存器中的 CEN=1），则计数器在每次 TI1FP1 或 TI2FP2 上产生有效跳变时计数。TI1FP1 和 TI2FP2 是 TI1 和 TI2 在通过输入滤波器和极性控制后的信号。如果没有滤波和极性变换，则 TI1FP1=TI1，TI2FP2=TI2。根据两个输入信号的跳变顺序，产生了计数脉冲和方向信号。依据两个输入信号的跳变顺序，计数器向上或向下计数，同时硬件对 PWMA_CR1 寄存器的 DIR 位进行相应的设置。不管计数器是依靠 TI1 计数、依靠 TI2 计数或者同时依靠 TI1 和 TI2 计数，在任一输入端（TI1 或者 TI2）的跳变都会重新计算 DIR 位。

选择编码器接口模式的方法是：

- 如果计数器只在 TI2 的边沿计数，则置 PWMA_SMCR 寄存器中的 SMS=001；
- 如果只在 TI1 边沿计数，则置 SMS=010；
- 如果计数器同时在 TI1 和 TI2 边沿计数，则置 SMS=011。

通过设置 PWMA_CCER1 寄存器中的 CC1P 和 CC2P 位，可以选择 TI1 和 TI2 极性；如果需要，还可以对输入滤波器编程。

计数方向与编码器信号的关系如表 8.1 所示。一个外部的增量编码器可以直接与 MCU 连接而不需要外部接口逻辑。但是，一般使用比较器将编码器的差分输出转换成数字信号，这大大增加了抗噪声干扰能力。编码器输出的第三个信号表示机械零点，可以把它连接到一个外部中断输入并触发一个计数器复位。

表 8.1　计数器计数方向与编码信号的关系

有效边沿	相对信号的电平 （TI1FP1 对应 TI2，TI2FP2 对应 TI1）	TI1FP1 信号		TI2FP2 信号	
		上升	下降	上升	下降
仅在 TI1 计数	高	向下计数	向上计数	不计数	不计数
	低	向上计数	向下计数	不计数	不计数
仅在 TI2 计数	高	不计数	不计数	向上计数	向下计数
	低	不计数	不计数	向下计数	向上计数
在 TI1 和 TI2 上计数	高	向下计数	向上计数	向上计数	向下计数
	低	向上计数	向下计数	向下计数	向上计数

下面是一个计数器操作的实例，显示了计数信号的产生和方向控制。它还显示了当选择了双边沿时，输入抖动是如何被抑制的；抖动可能会在传感器的位置靠近一个转换点时产生。在这个例子中，可假定配置如下：

- CC1S=01（PWMA_CCMR1 寄存器，IC1FP1 映射到 TI1）。
- CC2S=01（PWMA_CCMR2 寄存器，IC2FP2 映射到 TI2）。
- CC1P=0（PWMA_CCER1 寄存器，IC1 不反相，IC1=TI1）。
- CC2P=0（PWMA_CCER1 寄存器，IC2 不反相，IC2=TI2）。
- SMS=011（PWMA_SMCR 寄存器，所有的输入均在上升沿和下降沿有效）。
- CEN=1（PWMA_CR1 寄存器，计数器使能）。

图 8.31 和图 8.32 分别显示 IC1 极性为同相和反相时计数器的波形。当定时器配置成编码器接口模式时，提供传感器当前位置的信息。使用另外一个配置在捕获模式下的定时器测量两个编码器事件的间隔，可以获得动态的信息（速度、加速度、减速度）。指示机械零点的编码器输出可被用作此目的。根据两个事件间的间隔，可以按照一定的时间间隔读出计数器。如果可能的话，用户可以把计数器的值锁存到第三个输入捕获寄存器（捕获信号必须是周期的并且可以由另一个定时器产生）。

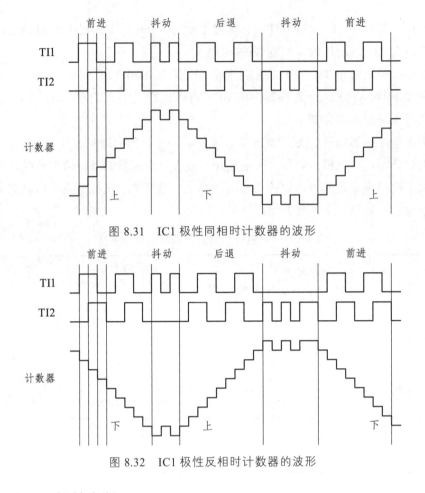

图 8.31　IC1 极性同相时计数器的波形

图 8.32　IC1 极性反相时计数器的波形

8.3.3　PWM 相关中断

1．中断源

PWMA/PWMB 各有 8 个中断请求源：刹车中断、触发中断、COM 事件中断、输入捕捉/输出比较 1～8 中断、更新事件中断（如：计数器上溢，下溢及初始化）。通过设置 PWMA_EGR/PWMB_EGR 寄存器中的相应位（BGA/BGB、TGA\TGB、COMGA\COMGB、CCiG（i=1～8）、UGA\UGB），也可以用软件产生上述各个中断源。

2．中断请求标志位

上述中断请求标志位位于 PWMA_SR1/PWMB_SR2 中，分别为 BIFA/BIFB、TIFA\TIFB、COMIFA\COMIFB、CCiIF（i=1～8）、UIFA\UIFB。

3．中断允许

上述中断允许标志位位于 PWMA_IER/PWMB_IER 中，分别为 BIEA/BIEB、TIEA/TIEB、COMIEA/COMIEB、CCiIE（i=1～8）、UIEA/UIEB 位。

4．中断优先级

PWMA 中断的中断优先级，由 IP2 和 IP2H 中对应的 PPWMAH/PPWMA 控制。

PPWMAH/PPWMA=0/0，PWMA 中断的中断优先级为 0 级（最低级）。

PPWMAH/PPWMA=0/1，PWMA 中断的中断优先级为 1 级。

PPWMAH/PPWMA=1/0，PWMA 中断的中断优先级为 2 级。

PPWMAH/PPWMA=1/1，PWMA 中断的中断优先级为 3 级（最高级）。

PWMB 中断的中断优先级，由 IP2 和 IP2H 中对应的 PPWMBH/PPWMB 控制，配置与上类似。

5. PWM 中断的中断号

PWMA 中断的中断号为 26，PWMB 中断的中断号为 27。

8.4 PWM 相关寄存器描述

8.4.1 输出使能寄存器（PWMx_ENO）

符号	地址	B7	B6	B5	B4	B3	B2	B1	B0
PWMA_ENO	FEB1H	ENO4N	ENO4P	ENO3N	ENO3P	ENO2N	ENO2P	ENO1N	ENO1P
PWMB_ENO	FEB5H	—	ENO8P	—	ENO7P	—	ENO6P	—	ENO5P

ENOxP（x=1~8）：PWMxP 输出控制位。0：禁止 PWMxP 输出；1：使能 PWMxP 输出。由于没有 PWMxN（x=5~8）通道，故 PWMxP（x=5~8），有时候就称作 PWMx（x=5~8）通道。

ENOxN：PWMxN 输出控制位（x=1~4）。0：禁止 PWMxN 输出；1：使能 PWMxN1 输出。

8.4.2 输出附加使能寄存器（PWMx_IOAUX）

符号	地址	B7	B6	B5	B4	B3	B2	B1	B0
PWMA_IOAUX	FEB3H	AUX4N	AUX4P	AUX3N	AUX3P	AUX2N	AUX2P	AUX1N	AUX1P
PWMB_IOAUX	FEB7H	—	AUX8P	—	AUX7P	—	AUX6P	—	AUX5P

AUXnP（n=5~8）：PWMn 输出附加控制位。0：PWMn 的输出直接由 ENOnP 控制；1：PWMn 的输出由 ENOnP 和 PWMB_BKR 共同控制。

AUXnP（n=1~4）：PWMnP 输出附加控制位。0：PWMnP 的输出直接由 ENOnP 控制；1：PWMnP 的输出由 ENOnP 和 PWMA_BKR 共同控制。

AUXnN（n=1~4）：PWMnN 输出附加控制位。0：PWMnN 的输出直接由 ENOnN 控制；1：PWMnN 的输出由 ENOnN 和 PWMA_BKR 共同控制。

8.4.3 控制寄存器 1（PWMx_CR1）

符号	地址	B7	B6	B5	B4	B3	B2	B1	B0
PWMA_CR1	FEC0H	ARPEA	CMSA[1:0]		DIRA	OPMA	URSA	UDISA	CENA
PWMB_CR1	FEE0H	ARPEB	CMSB[1:0]		DIRB	OPMB	URSB	UDISB	CENB

ARPEn（n=A，B）：自动预装载允许位。0：PWMn_ARR 寄存器没有缓冲，它可以被直接写入；1：PWMn_ARR 寄存器由预装载缓冲器缓冲。

CMSn[1:0]（n=A，B）：选择对齐模式。具体对齐模式见表 8.2。

表 8.2 计数器对齐模式

CMSn[1:0]：选择对齐模式（n=A，B）

CMSn[1:0]	对齐模式	说 明
00	边沿对齐模式	计数器依据方向位（DIR）向上或向下计数
01	中央对齐模式 1	计数器交替地向上和向下计数； 配置为输出的通道的输出比较中断标志位； 只在计数器向下计数时被置 1
10	中央对齐模式 2	计数器交替地向上和向下计数； 配置为输出的通道的输出比较中断标志位； 只在计数器向上计数时被置 1
11	中央对齐模式 3	计数器交替地向上和向下计数； 配置为输出的通道的输出比较中断标志位； 在计数器向上和向下计数时均被置 1

在计数器开启时（CEN=1），不允许从边沿对齐模式转换到中央对齐模式。在中央对齐模式下，编码器模式（SMS=001，010，011）必须被禁止。

DIRn（n=A，B）：计数器的计数方向。0：计数器向上计数；1：计数器向下计数。当计数器配置为中央对齐模式或编码器模式时，该位为只读。

OPMn（n=A，B）：单脉冲模式。0：在发生更新事件时，计数器不停止；1：在发生下一次更新事件时，清除 CEN 位，计数器停止。

URSn（n=A，B）：更新请求源。0：如果 UDIS 允许产生更新事件，则下述任一事件产生一个更新中断：寄存器被更新（计数器上溢/下溢）；软件设置 UG 位；时钟/触发控制器产生的更新。1：如果 UDIS 允许产生更新事件，则只有当下列事件发生时才产生更新中断，并 UIF 置 1：寄存器被更新（计数器上溢/下溢）。

UDISn（n=A，B）：禁止更新。0：一旦下列事件发生，产生更新（UEV）事件：计数器溢出/下溢；产生软件更新事件；时钟/触发模式控制器产生的硬件复位，被缓存的寄存器被装入它们的预装载值。1：不产生更新事件，影子寄存器（ARR、PSC、CCRx）保持它们的值。如果设置了 UG 位或时钟/触发控制器发出了一个硬件复位，则计数器和预分频器被重新初始化。

CENn（n=A，B）：允许计数器。0：禁止计数器；1：使能计数器。在软件设置了 CEN

位后，外部时钟、门控模式和编码器模式才能工作。然而触发模式可以自动地通过硬件设置 CEN 位。

8.4.4　控制寄存器 2（PWMx_CR2）

符号	地址	B7	B6	B5	B4	B3	B2	B1	B0
PWMA_CR2	FEC1H	TI1S	MMSA[2:0]			—	COMSA	—	CCPCA
PWMB_CR2	FEE1H	TI5S	MMSB[2:0]			—	COMSB	—	CCPCB

TI1S：第一组 PWMA 的 TI1 选择。0：PWM1P 输入管脚连到 TI1（数字滤波器的输入）；1：PWM1P、PWM2P 和 PWM3P 管脚经异或后连到第一组 PWM 的 TI1。

TI5S：第二组 PWMB 的 TI5 选择。0：PWM5 输入管脚连到 TI5（数字滤波器的输入）；1：PWM5、PWM6 和 PWM7 管脚经异或后连到第二组 PWM 的 TI5。

MMSA[2:0]：主模式选择，具体配置见表 8.3。

表 8.3　主模式选择配置

MMSA[2:0]	主模式	说　明
000	复位	PWMA_EGR 寄存器的 UG 位被用于作为触发输出（TRGO）。如果触发输入(时钟/触发控制器配置为复位模式)产生复位，则 TRGO 上的信号相对实际的复位会有一个延迟
001	使能	计数器使能信号被用于作为触发输出（TRGO）。其用于启动多个 PWM，以便控制在一段时间内使能 PWM。计数器使能信号是通过 CEN 控制位和门控模式下的触发输入信号的逻辑或产生。除非选择了主/从模式，当计数器使能信号受控于触发输入时，TRGO 上会有一个延迟
010	更新	更新事件被选为触发输出（TRGO）
011	比较脉冲	一旦发生一次捕获或一次比较成功，当 CC1IF 标志被置 1 时，触发输出送出一个正脉冲（TRGO）
100	比较	OC1REF 信号被用于作为触发输出（TRGO）
101	比较	OC2REF 信号被用于作为触发输出（TRGO）
110	比较	OC3REF 信号被用于作为触发输出（TRGO）
111	比较	OC4REF 信号被用于作为触发输出（TRGO）

当需要使用 PWM 触发 ADC 转换时，需要先设置 ADC_CONTR 寄存器中的 ADC_POWER、ADC_CHS 以及 ADC_EPWMT，当 PWM 产生 TRGO 内部信号时，系统会自动设置 ADC_START 来启动 AD 转换。

MMSB[2:0]：主模式选择，具体配置见表 8.4。

表 8.4　主模式选择配置

MMSA[2:0]	主模式	说　明
000	复位	PWMA_EGR 寄存器的 UG 位被用于作为触发输出（TRGO）。如果触发输入（时钟/触发控制器配置为复位模式）产生复位，则 TRGO 上的信号相对实际的复位会有一个延迟
001	使能	计数器使能信号被用作触发输出（TRGO）。其用于启动，以便控制在一段时间内使能 PWM。计数器使能信号是通过 CEN 控制位和门控模式下的触发输入信号的逻辑或产生。除非选择了主/从模式，当计数器使能信号受控于触发输入时，TRGO 上会有一个延迟
010	更新	更新事件被选为触发输出（TRGO）
011	比较脉冲	一旦发生一次捕获或一次比较成功，当 CC5IF 标志被置 1 时，触发输出送出一个正脉冲（TRGO）
100	比较	OC5REF 信号被用于作为触发输出（TRGO）
101	比较	OC6REF 信号被用于作为触发输出（TRGO）
110	比较	OC7REF 信号被用于作为触发输出（TRGO）
111	比较	OC8REF 信号被用于作为触发输出（TRGO）

只有第一组 PWM 的 TRGO 可用于触发启动 ADC。只有第二组 PWM 的 TRGO 可用于第一组 PWM 的 ITR2。

COMSn（n=A，B）：捕获/比较控制位的更新控制选择。0：当 CCPCn=1 时，只有在 COMG 位置 1 的时候这些控制位才被更新；1：当 CCPCn=1 时，只有在 COMG 位置 1 或 TRGI 发生上升沿的时候这些控制位才被更新。

CCPCn（n=A，B）：捕获/比较预装载控制位。0：CCIE，CCINE，CCiP，CCiNP 和 OCIM 位不是预装载的；1：CCIE，CCINE，CCiP，CCiNP 和 OCIM 位是预装载的；设置该位后，它们只在设置了 COMG 位后被更新。注：该位只对具有互补输出的通道起作用。

8.4.5　从模式控制寄存器（PWMx_SMCR）

符号	地址	B7	B6	B5	B4	B3	B2	B1	B0
PWMA_SMCR	FEC2H	MSMA	TSA[2:0]			—	SMSA[2:0]		
PWMB_SMCR	FEE2H	MSMB	TSB[2:0]			—	SMSB[2:0]		

MSMn（n=A，B）：主/从模式；0：无作用；1：触发输入（TRGI）上的事件被延迟了，以允许 PWMn 与它的从 PWM 间的完美同步（通过 TRGO）。

TSA[2:0]：触发源选择，具体配置见表 8.5。

表 8.5 PWMA 触发源选择

TSA[2:0]	触发源
000	—
001	—
010	内部触发 ITR2
011	—
100	TI1 的边沿检测器（TI1F_ED）
101	滤波后的定时器输入 1（TI1FP1）
110	滤波后的定时器输入 2（TI2FP2）
111	外部触发输入（ETRF）

TSB[2:0]：触发源选择，具体配置见表 8.6。

表 8.6 PWMB 触发源选择

TSB[2:0]	触发源
000	—
001	—
010	—
011	—
100	TI5 的边沿检测器（TI5F_ED）
101	滤波后的定时器输入 1（TI5FP5）
110	滤波后的定时器输入 2（TI6FP6）
111	外部触发输入（ETRF）

这些位只能在 SMS=000 时被改变，以避免在改变时产生错误的边沿检测。

SMSA[2:0]：时钟/触发/从模式选择，具体配置见表 8.7。

表 8.7 PWMA 时钟/触发/从模式选择

SMSA[2:0]	功 能	说 明
000	内部时钟模式	如果 CEN=1，则预分频器直接由内部时钟驱动
001	编码器模式 1	根据 TI1FP1 的电平，计数器的 TI2FP2 的边沿向上/下计数
010	编码器模式 2	根据 TI2FP2 的电平，计数器的 TI1FP1 的边沿向上/下计数
011	编码器模式 3	根据另一个输入的电平，计数器在 TI1FP1 和 TI2FP2 的边沿向上/下计数
100	复位模式	在选中的触发输入（TRGI）的上升沿时重新初始化计数器，并且产生一个更新寄存器的信号

SMSA[2:0]	功　能	说　明
101	门控模式	当触发输入（TRGI）为高时，计数器的时钟开启。一旦触发输入变为低，则计数器停止（但不复位）。计数器的启动和停止都是受控的
110	触发模式	计数器在触发输入 TRGI 的上升沿启动（但不复位），只有计数器的启动是受控的
111	外部时钟模式 1	选中的触发输入（TRGI）的上升沿驱动计数器。 注：如果 TI1F_ED 被选为触发输入（TS=100）时，不要使用门控模式。这是因为 TI1F_ED 在每次 TI1F 变化时只是输出一个脉冲，然而门控模式是要检查触发输入的电平

SMSB[2:0]：时钟/触发/从模式选择，具体配置见表 8.8。

表 8.8　PWMB 时钟/触发/从模式选择

SMSB[2:0]	功　能	说　明
000	内部时钟模式	如果 CEN=1，则预分频器直接由内部时钟驱动
001	编码器模式 1	根据 TI5FP5 的电平，计数器的 TI6FP6 的边沿向上/下计数
010	编码器模式 2	根据 TI6FP6 的电平，计数器的 TI5FP5 的边沿向上/下计数
011	编码器模式 3	根据另一个输入的电平，计数器在 TI5FP5 和 TI6FP6 的边沿向上/下计数
100	复位模式	在选中的触发输入（TRGI）的上升沿时重新初始化计数器，并且产生一个更新寄存器的信号
101	门控模式	当触发输入（TRGI）为高时，计数器的时钟开启。一旦触发输入变为低，则计数器停止（但不复位）。计数器的启动和停止都是受控的
110	触发模式	计数器在触发输入 TRGI 的上升沿启动（但不复位），只有计数器的启动是受控的
111	外部时钟模式 1	选中的触发输入（TRGI）的上升沿驱动计数器。 注：如果 TI5F_ED 被选为触发输入（TS=100）时，不要使用门控模式。这是因为 TI1F_ED 在每次 TI5F 变化时只是输出一个脉冲，然而门控模式是要检查触发输入的电平

8.4.6　外部触发寄存器（PWMx_ETR）

符号	地址	B7	B6	B5	B4	B3	B2	B1	B0
PWMA_ETR	FEC3H	ETP1		ETPSA[1:0]			ETFA[3:0]		
PWMB_ETR	FEE3H	ETP2		ETPSB[1:0]			ETFBB[3:0]		

ETPn（n=A,B）：外部触发 ETR 的极性。0：高电平或上升沿有效；1：低电平或下降沿有效。

ECEn（n=A,B）：外部时钟使能。0：禁止外部时钟模式 2；1：使能外部时钟模式 2，计数器的时钟为 ETRF 的有效沿。ECE 置 1 的效果与选择把 TRGI 连接到 ETRF 的外部时钟模式 1 相同（PWMn_SMCR 寄存器中，SMS=111，TS=111）。外部时钟模式 2 可与下列模式同时使用：触发标准模式；触发复位模式；触发门控模式。但是，此时 TRGI 决不能与 ETRF 相连（PWMn_SMCR 寄存器中，TS 不能为 111）。外部时钟模式 1 与外部时钟模式 2 同时使能，外部时钟输入为 ETRF。

ETPSn（n=A，B）：外部触发预分频器外部触发信号 EPRP 的频率最大不能超过 fMASTER/4。可用预分频器来降低 ETRP 的频率，当 EPRP 的频率很高时，它非常有用。00：预分频器关闭；01：EPRP 的频率/2；02：EPRP 的频率/4；03：EPRP 的频率/8。

ETFn[3:0]（n=A，B）：外部触发滤波器选择，该位域定义了 ETRP 的采样频率及数字滤波器长度。

8.4.7 中断使能寄存器（PWMx_IER）

符号	地址	B7	B6	B5	B4	B3	B2	B1	B0
PWMA_IER	FEC4H	BIEA	TIEA	COMIEA	CC4IE	CC3IE	CC2IE	CCI1E	UIEA
PWMB_IER	FEE4H	BIEB	TIEB	COMIEB	CC8IE	CC7IE	CC6IE	CC5IE	UIEB

BIEn（n=A，B）：允许刹车中断。0：禁止刹车中断；1：允许刹车中断。

TIE（n=A，B）：触发中断使能。0：禁止触发中断；1：使能触发中断。

COMIEn（n=A，B）：允许 COM 中断。0：禁止 COM 中断；1：允许 COM 中断。

CCiIE（i=1，2，3，4，5，6，7，8）：允许捕获/比较 i 中断。0：禁止捕获/比较 n 中断；1：允许捕获/比较 n 中断。

UIEn（n=A，B）：允许更新中断。0：禁止更新中断；1：允许更新中断。

8.4.8 状态寄存器 1（PWMx_SR1）

符号	地址	B7	B6	B5	B4	B3	B2	B1	B0
PWMA_SR1	FEC5H	BIFA	TIFA	COMIFA	CC4IF	CC3IF	CC2IF	CCI1F	UIEA
PWMB_SR1	FEE5H	BIFB	TIFB	COMIFB	CC8IF	CC7IF	CC6IF	CC5IF	UIEB

BIFn（n=A，B）：刹车中断标记。一旦刹车输入有效，由硬件对该位置 1。如果刹车输入无效，则该位可由软件清零。0：无刹车事件产生；1：刹车输入上检测到有效电平。

TIFn（n=A，B）：触发器中断标记。当发生触发事件时由硬件对该位置 1，由软件清零。0：无触发器事件产生；1：触发中断等待响应。

COMIFn（n=A，B）：COM 中断标记。一旦产生 COM 事件该位由硬件置 1，由软件清零。0：无 COM 事件产生；1：COM 中断等待响应。

UIFn（n=A，B）：更新中断标记。当产生更新事件时该位由硬件置 1，由软件清零。0：无更新事件产生；1：更新事件等待响应。UIFn 由硬件置 1 情况如下：若 PWMn_CR1 寄存器的 UDIS=0，当计数器上溢或下溢时；若 PWMn_CR1 寄存器的 UDIS=0、URS=0，当设置

PWMn_EGR 寄存器的 UG 位软件对计数器 CNT 重新初始化时；若 PWMn_CR1 寄存器的 UDIS=0、URS=0，当计数器 CNT 被触发事件重新初始化时。

CC1IF：捕获/比较 1 中断标记。如果通道 CC1 配置为输出模式：当计数器值与比较值匹配时该位由硬件置 1，但在中心对称模式下除外，它由软件清零。0：无匹配发生；1：PWMA_CNT 的值与 PWMA_CCR1 的值匹配。注：在中心对称模式下，当计数器值为 0 时，向上计数，当计数器值为 ARR 时，向下计数（它从 0 向上计数到 ARR – 1，再由 ARR 向下计数到 1）。因此，对所有的 SMS 位值，这两个值都不置标记。但是，如果 CCR1 > ARR，则当 CNT 达到 ARR 值时，CC1IF 置 1。如果通道 CC1 配置为输入模式：当捕获事件发生时该位由硬件置 1，它由软件清零或通过读 PWMA_CCR1L 清零。0：无输入捕获产生；1：计数器值已被捕获至 PWMA_CCR1。

CCiIF（i=2 ~ 8）：捕获/比较 x 中断标记，参考 CC1IF 描述。

8.4.9 状态寄存器 2（PWMx_SR2）

符号	地址	B7	B6	B5	B4	B3	B2	B1	B0
PWMA_SR2	FEC6H	—	—	—	CC4OF	CC4OF	CC2OF	CC1OF	—
PWMB_SR2	FEE6H	—	—	—	CC8OF	CC7OF	CC6OF	CC5OF	—

CC1OF：捕获/比较 1 重复捕获标记。仅当相应的通道被配置为输入捕获时，该标记可由硬件置 1。写 0 可清除该位。0：无重复捕获产生；1：计数器的值被捕获到 PWMA_CCR1 寄存器时，CC1IF 的状态已经为 1。

CCiOF（i=2 ~ 8）：捕获/比较 i 重复捕获标记，参考 CCiOF 描述。

8.4.10 事件产生寄存器（PWMx_EGR）

符号	地址	B7	B6	B5	B4	B3	B2	B1	B0
PWMA_EGR	FEC7H	BGA	TGA	COMGA	CC4G	CC3G	CC2G	CC1G	UGA
PWMB_EGR	FEE7H	BGB	TGB	COMGB	CC8G	CC7G	CC6G	CC5G	UGB

BGn（n=A，B）：产生刹车事件。该位由软件置 1，用于产生一个刹车事件，由硬件自动清零。0：无动作；1：产生一个刹车事件。此时 MOE=0、BIF=1，若开启对应的中断（BIE=1），则产生相应的中断。

TGn（n=A，B）：产生触发事件。该位由软件置 1，用于产生一个触发事件，由硬件自动清零。0：无动作；1：TIF=1，若开启对应的中断（TIE=1），则产生相应的中断。

COMGn（n=A，B）：捕获/比较事件，产生控制更新。该位由软件置 1，由硬件自动清零。0：无动作；1：CCPC=1，允许更新 CCIE、CCINE、CCiP，CCiNP，OCIM 位。该位只对拥有互补输出的通道有效。

CC1G：产生捕获/比较 1 事件。产生捕获/比较 1 事件。该位由软件置 1，用于产生一个捕获/比较事件，由硬件自动清零。0：无动作；1：在通道 CC1 上产生一个捕获/比较事件。

若通道 CC1 配置为输出：设置 CC1IF=1，若开启对应的中断，则产生相应的中断。若通道 CC1 配置为输入：当前的计数器值被捕获至 PWMA_CCR1 寄存器，设置 CC1IF=1，若开启对应的中断，则产生相应的中断。若 CC1IF 已经为 1，则设置 CC1OF=1。

CCxG（x=2 ~ 8）：产生捕获/比较 x 事件。参考 CC1G 描述。

UGn（n=A，B）：产生更新事件，该位由软件置 1，由硬件自动清零。0：无动作；1：重新初始化计数器，并产生一个更新事件。注意预分频器的计数器也被清零（但是预分频系数不变）。若在中心对称模式下或 DIR=0（向上计数）则计数器被清零；若 DIR=1（向下计数）则计数器取 PWMn_ARR 的值。

8.4.11 捕获/比较模式寄存器（PWMx_CCMRx）

通道可用于捕获输入模式或比较输出模式，通道的方向由相应的 CCnS 位定义。该寄存器其他位的作用在输入和输出模式下不同。OCxx 描述了通道在输出模式下的功能，ICxx 描述了通道在输入模式下的功能。因此必须注意，同一个位在输出模式和输入模式下的功能是不同的。

PWMA_CCMR1/PWMB_CCMR1 通道配置为比较输出模式：

符号	地址	B7	B6	B5	B4	B3	B2	B1	B0
PWMA_CCMR1	FEC8H	OC1CE	OC1M[2:0]			OC1PE	OC1FE	CC1S[1:0]	
PWMB_CCMR1	FEE8H	OC5CE	OC5M[2:0]			OC5PE	OC5FE	CC5S[1:0]	

OCnCE（n=1，5）：输出比较 n 清零使能。该位用于使能使用 PWMETI 引脚上的外部事件来清通道 n 的输出信号 OCnREF。0：OCnREF 不受 ETRF 输入的影响；1：一旦检测到 ETRF 输入高电平，OCnREF=0。

OCnM[2:0]（n=1，5）：输出比较 n 模式。该 3 位定义了输出参考信号 OCnREF 的动作，而 OCnREF 决定了 OCn 的值。OCnREF 是高电平有效，而 OCn 的有效电平取决于 CCnP 位。详细配置见表 8.9。

注意一旦 LOCK 级别设为 3（PWMn_BKR 寄存器中的 LOCK 位）并且 CCnS=00（该通道配置成输出）则该位不能被修改。在 PWM 模式 1 或 PWM 模式 2 中，只有当比较结果改变了或在输出比较模式中从冻结模式切换到 PWM 模式时，OCnREF 电平才改变。在有互补输出的通道上，这些位是预装载的。如果 PWMn_CR2 寄存器的 CCPC=1，OCM 位只有在 COM 事件发生时，才从预装载位取新值。

OCnPE（n=1，5）：输出比较 n 预装载使能。0：禁止 PWMn_CCR1 寄存器的预装载功能，可随时写入 PWMn_CCR1 寄存器，并且新写入的数值立即起作用。1：开启 PWMn_CCR1 寄存器的预装载功能，读写操作仅对预装载寄存器操作，PWMn_CCR1 的预装载值在更新事件到来时被加载至当前寄存器中。

注意一旦 LOCK 级别设为 3（PWMn_BKR 寄存器中的 LOCK 位）并且 CCnS=00（该通道配置成输出）则该位不能被修改。为了操作正确，在 PWM 模式下必须使能预装载功能。但在单脉冲模式下（PWMn_CR1 寄存器的 OPM=1），它不是必须的。

表 8.9　比较输出模式

OCnM[2:0]	功　能	说　明
000	冻结	PWMn_CCR1 与 PWMn_CNT 间的比较对 OCnREF 不起作用
001	匹配时设置通道 n 的输出为有效电平	当 PWMn_CCR1=PWMn_CNT 时，OCnREF 输出高
010	匹配时设置通道 n 的输出为无效电平	当 PWMn_CCR1=PWMn_CNT 时，OCnREF 输出低
011	翻转	当 PWMn_CCR1=PWMn_CNT 时，翻转 OCnREF
100	强制为无效电平	强制 OCnREF 为低
101	强制为有效电平	强制 OCnREF 为高
110	PWM 模式 1	在向上计数时，当 PWMn_CNT ＜ PWMn_CCR1 时 OCnREF 输出高，否则 OCnREF 输出低 在向下计数时，当 PWMn_CNT ＞ PWMn_CCR1 时 OCnREF 输出低，否则 OCnREF 输出高
111	PWM 模式 2	在向上计数时，当 PWMn_CNT ＜ PWMn_CCR1 时 OCnREF 输出低，否则 OCnREF 输出高 在向下计数时，当 PWMn_CNT ＞ PWMn_CCR1 时 OCnREF 输出高，否则 OCnREF 输出低

OCnFE（n=1，5）：输出比较 n 快速使能。该位用于加快 CC 输出对触发输入事件的响应。0：根据计数器与 CCRn 的值，CCn 正常操作，即使触发器是打开的。当触发器的输入有一个有效沿时，激活 CCn 输出的最小延时为 5 个时钟周期。1：输入到触发器的有效沿的作用就像发生了一次比较匹配。因此，OC 被设置为比较电平而与比较结果无关。采样触发器的有效沿和 CC1 输出间的延时被缩短为 3 个时钟周期。OCFE 只在通道被配置成 PWMA 或 PWMB 模式时起作用。

CC1S[1:0]：捕获/比较 1 选择。这两位定义通道的方向（输入/输出），及输入脚的选择见表 8.10。

表 8.10　捕获/比较通道/选择

CC1S[1:0]	方向	输入脚
00	输出	
01	输入	IC1 映射在 TI1FP1 上
10	输入	IC1 映射在 TI2FP1 上
11	输入	IC1 映射在 TRC 上。此模式仅工作在内部触发输入被选中时（由 PRMA_SMCR 寄存器的 TS 位选择）

CC5S[1:0]：捕获/比较 5 选择。这两位定义通道的方向（输入/输出），及输入脚的选择见表 8.11。

表 8.11 捕获/比较通道与选择

CC5S[1:0]	方向	输入脚
00	输出	
01	输入	IC5 映射在 TI5FP5 上
10	输入	IC5 映射在 TI6FP5 上
11	输入	IC5 映射在 TRC 上。此模式仅工作在内部触发输入被选中时（由 PWM5_SMCR 寄存器的 TS 位选择）

注意：CC1S 仅在通道关闭时（PWMA_CCER1 寄存器的 CC1E=0）才是可写的，CC5S 仅在通道关闭时（PWM5_CCER1 寄存器的 CC5E=0）才是可写的。

PWMA_CCMRx/PWMB_CCMRx（x=2 ~ 4），配制成输出模式下各位含义与 PWMA_CCMR1/PWMB_CCMR1 在输出模式下各位含义类似，这里不再赘述。

符号	地址	B7	B6	B5	B4	B3	B2	B1	B0
PWMA_CCMR2	FEC9H	OC2CE	OC2M[2:0]			OC2PE	OC2FE	CC2S[1:0]	
PWMB_CCMR2	FEE9H	OC6CE	OC6M[2:0]			OC6PE	OC6FE	CC6S[1:0]	

符号	地址	B7	B6	B5	B4	B3	B2	B1	B0
PWMA_CCMR3	FECAH	OC3CE	OC3M[2:0]			OC3PE	OC3FE	CC3S[1:0]	
PWMB_CCMR3	FEEAH	OC7CE	OC7M[2:0]			OC7PE	OC7FE	CC7S[1:0]	

符号	地址	B7	B6	B5	B4	B3	B2	B1	B0
PWMA_CCMR4	FECBH	OC4CE	OC4M[2:0]			OC4PE	OC4FE	CC4S[1:0]	
PWMB_CCMR4	FEEBH	OC8CE	OC8M[2:0]			OC8PE	OC8FE	CC8S[1:0]	

PWMA_CCMR1/PWMB_CCMR1 通道配置为捕获输入模式：

符号	地址	B7	B6	B5	B4	B3	B2	B1	B0
PWMA_CCMR1	FEC8H	IC1F[3:0]				IC1PSC[1:0]		CC1S[1:0]	
PWMB_CCMR1	FEE8H	IC5F[3:0]				IC5PSC[1:0]		CC5S[1:0]	

ICnF[3:0]（n=1，5）：输入捕获 n 滤波器选择，该位域定义了 TIn 采样频率及数字滤波器长度，见表 8.12。

表 8.12 输入捕获滤波器选择

ICnF[3:0]	时钟数	ICnF[3:0]	时钟数
0000	1	1000	48
0001	2	1001	64
0010	5	1010	80
0011	8	1011	96
0100	12	1100	128
0101	16	1101	160
0110	24	1110	192
0111	32	1111	256

注意即使对于带互补输出的通道，该位域也是非预装载的，并且不会考虑 CCPC（PWMn_CR2 寄存器）的值。

ICnPSC[1:0]（n=1，5）：输入/捕获 n 预分频器。这两位定义了 CCn 输入（IC1）的预分频系数。00：无预分频器，捕获输入口上检测到的每一个边沿都触发一次捕获；01：每 2 个事件触发一次捕获；10：每 4 个事件触发一次捕获；11：每 8 个事件触发一次捕获。

PWMA_CCMR1/PWMB_CCMR1 通道输入模式下 CC1S[1:0]和 CC5S[1:0]含义同输出模式下含义一致。

PWMA_CCMRx/PWMB_CCMRx（x=2~4），配制成输入模式下各位含义与 PWMA_CCMR1/PWMB_CCMR1 在输入模式下各含义类似，这里不再赘述。

符号	地址	B7	B6	B5	B4	B3	B2	B1	B0
PWMA_CCMR2	FEC9H	IC2F[3:0]				IC2PSC[1:0]		CC2S[1:0]	
PWMB_CCMR2	FEE9H	IC6FM[3:0]				IC6PSC[1:0]		CC6S[1:0]	

符号	地址	B7	B6	B5	B4	B3	B2	B1	B0
PWMA_CCMR3	FECAH	IC3F[3:0]				IC3PSC[1:0]		CC3S[1:0]	
PWMB_CCMR3	FEEAH	IC7F[3:0]				IC7PSC[1:0]		CC7S[1:0]	

符号	地址	B7	B6	B5	B4	B3	B2	B1	B0
PWMA_CCMR4	FECBH	IC4F[3:0]				IC4PSC[1:0]		CC4S[1:0]	
PWMB_CCMR4	FEEBH	IC8F[3:0]				IC8PSC[1:0]		CC8S[1:0]	

8.4.12 捕获/比较使能寄存器（PWMx_CCERx）

符号	地址	B7	B6	B5	B4	B3	B2	B1	B0
PWMA_CCER1	FECCH	CC2NP	CC2NE	CC2P	CC2E	CC1NP	CC1NE	CC1P	CC1E
PWMB_CCER1	FEECH	—	—	CC6P	CC6E	—	—	CC5P	CC5E

CC1NP：OC1N 比较输出极性。0：高电平有效；1：低电平有效。一旦 LOCK 级别（PWMA_BKR 寄存器中的 LOCK 位）设为 3 或 2 且 CC1S=00（通道配置为输出），则该位不能被修改。对于有互补输出的通道，该位是预装载的。如果 CCPC=1（PWMA_CR2 寄存器），只有在 COM 事件发生时，CC1NP 位才从预装载位中取新值。

CC1NE：OC1N 比较输出使能。0：关闭比较输出；1：开启比较输出，其输出电平依赖于 MOE、OSSI、OSSR、OIS1、OIS1N 和 CC1E 位的值。对于有互补输出的通道，该位是预装载的。如果 CCPC=1（PWMA_CR2 寄存器），只有在 COM 事件发生时，CC1NE 位才从预装载位中取新值。

CC1P：OC1 输入捕获/比较输出极性。CC1 通道配置为输出时候，0：高电平有效；1：低电平有效。CC1 通道配置为输入或者捕获，0：捕获发生在 TI1F 或 TI2F 的上升沿；1：捕获发生在 TI1F 或 TI2F 的下降沿。

CC1E：OC1 输入捕获/比较输出使能。0：关闭输入捕获/比较输出；1：开启输入捕获/

比较输出。一旦 LOCK 级别（PWMA_BKR 寄存器中的 LOCK 位）设为 3 或 2，则该位不能被修改。对于有互补输出的通道，该位是预装载的。如果 CCPC=1（PWMA_CR2 寄存器），只有在 COM 事件发生时，CC1P 位才从预装载位中取新值。

CCiNP（i=2~4）：OCiNP 比较输出极性，参考 CC1NP。

CCiNE（i=2~4）：OCiNE 比较输出使能，参考 CC1NE。

CCiP（i=2~4）：OCi 比较输出极性，参考 CC1P。

CCiE（i=2~4）：OCi 比较输出使能，参考 CC1E。

带刹车功能的互补输出通道 OCi 和 OCiN 的控制位配置如见表 8.13。

表 8.13　互补输出通道控制位配置

控制位					输出状态	
MOE	OSSI	OSSR	CCiE	CCiNE	OCi 输出状态	OCiN 输出状态
1	X	0	0	0	输出禁止	输出禁止
		0	0	1	输出禁止	带极性的 OCiREF
		0	1	0	带极性的 OCiREF	输出禁止
		0	1	1	带极性和死区的 OCiREF	带极性和死区的反向 OCiREF
		1	0	0	输出禁止	输出禁止
		1	0	1	关闭状态（输出使能且为无效电平）OCi=CCiP	带极性的 OCiREF
		1	1	0	带极性的 OCiREF	关闭状态（输出使能且为无效电平）OCiN=CCiP
		1	1	1	带极性和死区的 OCiREF	带极性和死区的反向 OCiREF
0	0	X	X	X	输出禁止	
	1				关闭状态（输出使能且为无效电平）异步地：OCi=CCiP，OCiN=CCiNP；然后，若时钟存在：经过一个死区时间后 OCi=OISi，OCiN=OISiN，假设 OISi 与 OISiN 并不都对应 OCi 和 OCiN 的有效电平	

注意管脚连接到互补的 OCi 和 OCiN 通道的外部 I/O 管脚的状态，取决于 OCi 和 OCiN 通道状态和 GPIO 寄存器。

PWMA_CCER2/PWMB+CCER2 相关寄存器位含义同 PWMA_CCER1/PWMB+CCER1。

符号	地址	B7	B6	B5	B4	B3	B2	B1	B0
PWMA_CCER2	FECDH	CC4NP	CC4NE	CC4P	CC4E	CC3NP	CC3NE	CC3P	CC3E
PWMB_CCER2	FEEDH	—	—	CC8P	CC8E	—	—	CC7P	CC7E

8.4.13 计数器寄存器（PWMx_CNTRx）

符号	地址	B7	B6	B5	B4	B3	B2	B1	B0
PWMA_CNTRH	FECEH				CNTA[15:8]				
PWMB_CNTRH	FEEEH				CNTB[15:8]				

符号	地址	B7	B6	B5	B4	B3	B2	B1	B0
PWMA_CNTRL	FECFH				CNTA[7:0]				
PWMB_CNTRL	FEEFH				CNTB[7:0]				

CNTn[15:8]（n=A，B）：计数器的高 8 位值。

CNTn[7:0]（n=A，B）：计数器的低 8 位值。

8.4.14 预分频寄存器（PWMx_PSCRx）

符号	地址	B7	B6	B5	B4	B3	B2	B1	B0
PWMA_PSCRH	FED0H				PSCA[15:8]				
PWMB_PSCRH	FEF0H				PSCB[15:8]				

PSCn[15:8]（n=A，B）：预分频器的高 8 位值。预分频器用于对 CK_PSC 进行分频。计数器的时钟频率（fCK_CNT）等于 fCK_PSC/（PSCR[15:0]+1）。PSCR 包含了当更新事件产生时装入当前预分频器寄存器的值（更新事件包括计数器被 TIM_EGR 的 UG 位清零或被工作在复位模式的从控制器清零）。这意味着为了使新的值起作用，必须产生一个更新事件。

PWM 输出频率计算公式，PWMA/PWMB 两组 PWM 的输出频率计算公式相同，且每组可设置不同的频率，不同对齐模式下计算公式见表 8.14。

表 8.14　PWM 输出频率计算公式

对齐模式	PWM 输出频率计算公式
边沿对齐	$PWM \text{ 输出频率} = \dfrac{\text{系统工作频率 SYSclk}}{(PWMx\_RSCR+1)\times(PWMx\_ARR+1)}$
中间对齐	$PWM \text{ 输出频率} = \dfrac{\text{系统工作频率 SYSclk}}{(PWMx\_RSCR+1)\times PWMx\_ARR\times2}$

8.4.15 自动重装载寄存器（PWMx_ARRx）

符号	地址	B7	B6	B5	B4	B3	B2	B1	B0
PWMA_ARRH	FED2H				ARRA[15:8]				
PWMB_ARRH	FEF2H				ARRB[15:8]				

符号	地址	B7	B6	B5	B4	B3	B2	B1	B0
PWMA_ARRL	FED3H				ARRA[7:0]				
PWMB_ARRL	FEF3H				ARRB[7:0]				

ARRn[15:8]（n=A，B）：自动重装载高 8 位值。ARR 包含了将要装载入实际的自动重装载寄存器的值。当自动重装载的值为 0 时，计数器不工作。

ARRn[7:0]（n=A，B）：自动重装载低 8 位值。

8.4.16 重复计数器寄存器（PWMx_RCR）

符号	地址	B7	B6	B5	B4	B3	B2	B1	B0
PWMA_PCR	FED4H				REPA[7:0]				
PWMB_PCR	FEF4H				REPB[7:0]				

REPn[7:0]（n=A，B）：重复计数器值。开启了预装载功能后，这些位允许用户设置比较寄存器的更新速率（即周期性地从预装载寄存器传输到当前寄存器）;如果允许产生更新中断，则会同时影响产生更新中断的速率。每次向下计数器 REP_CNT 达到 0，会产生一个更新事件并且计数器 REP_CNT 重新从 REP 值开始计数。由于 REP_CNT 只有在周期更新事件 U_RC 发生时才重载 REP 值，因此对 PWMn_RCR 寄存器写入的新值只在下次周期更新事件发生时才起作用。这意味着在 PWM 模式中，（REP+1）对应着：在边沿对齐模式下，PWM 周期的数目；在中心对称模式下，PWM 半周期的数目。

8.4.17 捕获/比较寄存器（PWMx_CCRx）

符号	地址	B7	B6	B5	B4	B3	B2	B1	B0
PWMA_CCR1H	FED5H				CCR1[15:8]				
PWMB_CCR5H	FEF5H				CCR5[15:8]				

CCRn[15:8]（n=1，5）：捕获/比较 n 的高 8 位值。若 CCn 通道配置为输出：CCRn 包含了装入当前比较值（预装载值）。如果在 PWMn_CCMR1 寄存器（OCnPE 位）中未选择预装载功能，写入的数值会立即传输至当前寄存器中。否则只有当更 新事件发生时，此预装载值才传输至当前捕获/比较 n 寄存器中。当前比较值同计数器 PWMn_CNT 的值相比较，并在 OCn 端口上产生输出信号。若 CCn 通道配置为输入：CCRn 包含了上一次输入捕获事件发生时的计数器值（此时该寄存器为只读）。

符号	地址	B7	B6	B5	B4	B3	B2	B1	B0
PWMA_CCR1L	FED6H				CCR1[7:0]				
PWMB_CCR5L	FEF6H				CCR5[7:0]				

CCRn[7:0]（n=1，5）：捕获/比较 n 的低 8 位值。

剩余的 PWMA_CCRiL/ PWMA_CCRiH（i=2 ~ 4）、PWMB_CCRiL/ PWMB_CCRiH（i=6 ~ 8）含义类似，不再赘述。

8.4.18 刹车寄存器（PWMx_BKR）

符号	地址	B7	B6	B5	B4	B3	B2	B1	B0
PWMA_BKR	FEDDH	MOEA	AOEA	BKPA	BKEA	OSSRA	OSSIA	LOCKA[1:0]	
PWMB_BKR	FEFDH	MOEB	AOEB	BKPB	BKEB	OSSRB	OSSIB	LOCKB[1:0]	

MOEn（n=A,B）：主输出使能。一旦刹车输入有效，该位被硬件异步清 0。根据 AOE 位的设置值，该位可以由软件置 1 或被自动置 1。它仅对配置为输出的通道有效。0：禁止 OC 和 OCN 输出或强制为空闲状态；1：如果设置了相应的使能位（PWMn_CCERX 寄存器的 CCIE 位），则使能 OC 和 OCN 输出。

AOEn（n=A,B）：自动输出使能。0：MOE 只能被软件置 1；1：MOE 能被软件置 1 或在下一个更新事件被自动置 1（如果刹车输入无效）。一旦 LOCK 级别（PWMn_BKR 寄存器中的 LOCK 位）设为 1，则该位不能被修改。

BKPn（n=A,B）：刹车输入极性。0：刹车输入低电平有效；1：刹车输入高电平有效。一旦 LOCK 级别（PWMn_BKR 寄存器中的 LOCK 位）设为 1，则该位不能被修改。

BKEn（n=A,B）：刹车功能使能。0：禁止刹车输入（BRK）；1：开启刹车输入（BRK）。一旦 LOCK 级别（PWMn_BKR 寄存器中的 LOCK 位）设为 1，则该位不能被修改。

OSSRn（n=A,B）：运行模式下"关闭状态"选择。该位在 MOE=1 且通道设为输出时有效。0：当 PWM 不工作时，禁止 OC/OCN 输出（OC/OCN 使能输出信号=0）；1：当 PWM 不工作时，一旦 CCiE=1 或 CCiNE=1，首先开启 OC/OCN 并输出无效电平，然后置 OC/OCN 使能输出信号=1。一旦 LOCK 级别（PWMn_BKR 寄存器中的 LOCK 位）设为 2，则该位不能被修改。

OSSIn（n=A，B）：空闲模式下"关闭状态"选择。该位在 MOE=0 且通道设为输出时有效。0：当 PWM 不工作时，禁止 OC/OCN 输出（OC/OCN1 使能输出信号=0）；1：当 PWM 不工作时，一旦 CCiE=1 或 CCiNE=1，OC/OCN 首先输出其空闲电平，然后 OC/OCN1 使能输出信号=1。一旦 LOCK 级别（PWMn_BKR 寄存器中的 LOCK 位）设为 2，则该位不能被修改。

LOCKn[1:0]（n=A，B）：锁定设置。该位为防止软件错误而提供的写保护措施，详细配置见表 8.15。

表 8.15 写保护配置表

LOCKn[1:0]	保护级别	保护内容
00	无保护	寄存器无写保护
01	锁定级别 1	不能写入 PWMn_BKR 寄存器的 BKE、BKP、AOE 位和 PWMn_OISR 寄存器的 OISI 位
10	锁定级别 2	不能写入锁定级别 1 中的各位，也不能写入 CC 极性位以及 OSSR/ OSSI 位
11	锁定级别 3	不能写入锁定级别 2 中的各位，也不能写入 CC 控制位

注意由于 BKE、BKP、AOE、OSSR、OSSI 位可被锁定（依赖于 LOCK 位），因此在第一次写 PWMn_BKR 寄存器时必须对它们进行设置。

8.4.19 死区寄存器（PWMx_DTR）

符号	地址	B7	B6	B5	B4	B3	B2	B1	B0
PWMA_DTR	FEDEH				DTGA[7:0]				
PWMB_DTR	FEFEH				DTGB[7:0]				

DTGn[7:0]（n=A，B）：死区发生器设置。这些位定义了插入互补输出之间的死区持续时间（t_{CK_PSC} 为 PWMn 的时钟脉冲）。

8.4.20 输出空闲状态寄存器（PWMx_OISR）

符号	地址	B7	B6	B5	B4	B3	B2	B1	B0
PWMA_OISR	FEDFH	OIS4N	OIS4	OIS3N	OIS3	OIS2N	OIS2	OIS1N	OIS1
PWMB_OISR	FEFFH	—	OIS8	—	OIS7	—	OIS6	—	OIS5

OIS1N：空闲状态时 OC1N 输出电平。0：当 MOE=0 时，则在一个死区时间后，OC1N=0；1：当 MOE=1 时，则在一个死区时间后，OC1N=1。

OIS1：空闲状态时 OC1 输出电平。0：当 MOE=0 时，如果 OC1N 使能，则在一个死区后，OC1=0；1：当 MOE=1 时，如果 OC1N 使能，则在一个死区后，OC1=1。

OISiN（i=2～4）：空闲状态时 OCiN 输出电平，参见 OIS1N 描述。

OISi（i=2～8）：空闲状态时 OCi 输出电平，参见 OIS1 描述。

8.5 PWM 驱动程序的简介

STC8H8K64U 系列单片机的 PWM 定时器功能复杂，其中能够输出特定频率占空比可控的 PWM 信号很常见，为了方便设置 PWM 相关寄存器，定义如下结构体。

```
typedef struct
{
    uint8_t    PWM1_Mode;          // PWM1 通道模式
    uint8_t    PWM2_Mode;          // PWM2 通道模式
    uint8_t    PWM3_Mode;          // PWM3 通道模式
    uint8_t    PWM4_Mode;          // PWM4 通道模式
    uint8_t    PWM5_Mode;          // PWM5 通道模式
    uint8_t    PWM6_Mode;          // PWM6 通道模式
    uint8_t    PWM7_Mode;          // PWM7 通道模式
```

```
    uint8_t    PWM8_Mode;              //PWM8 通道模式
    uint16_t   PWM_pscr;               //预分频系数，0 ~ 65535
    uint16_t   PWM_freq;               // PWM 波形频率，Hz
    uint16_t   PWM1_Duty;              //PWM1 占空比百分数，10000 对应 100%
    uint16_t   PWM2_Duty;              //PWM2 占空比，百分数，10000 对应 100%
    uint16_t   PWM3_Duty;              //PWM3 占空比百分数，10000 对应 100%
    uint16_t   PWM4_Duty;              //PWM4 占空比百分数，10000 对应 100%
    uint16_t   PWM5_Duty;              //PWM5 占空比百分数，10000 对应 100%
    uint16_t   PWM6_Duty;              //PWM6 占空比百分数，10000 对应 100%
    uint16_t   PWM7_Duty;              //PWM7 占空比百分数，10000 对应 100%
    uint16_t   PWM8_Duty;              //PWM8 占空比百分数，10000 对应 100%
    uint8_t    PWM_DeadTime;           //死区发生器设置，  0 ~ 255
    uint8_t    PWM_CC1Enable;          //开启输入捕获/比较输出，ENABLE，DISABLE
    uint8_t    PWM_CC1NEnable;         //开启输入捕获/比较输出，ENABLE，DISABLE
    uint8_t    PWM_CC2Enable;          //开启输入捕获/比较输出，ENABLE，DISABLE
    uint8_t    PWM_CC2NEnable;         //开启输入捕获/比较输出，ENABLE，DISABLE
    uint8_t    PWM_CC3Enable;          //开启输入捕获/比较输出，ENABLE，DISABLE
    uint8_t    PWM_CC3NEnable;         //开启输入捕获/比较输出，ENABLE，DISABLE
    uint8_t    PWM_CC4Enable;          //开启输入捕获/比较输出，ENABLE，DISABLE
    uint8_t    PWM_CC4NEnable;         //开启输入捕获/比较输出，ENABLE，DISABLE
    uint8_t    PWM_CC5Enable;          //开启输入捕获/比较输出，ENABLE，DISABLE
    uint8_t    PWM_CC6Enable;          //开启输入捕获/比较输出，ENABLE，DISABLE
    uint8_t    PWM_CC7Enable;          //开启输入捕获/比较输出，ENABLE，DISABLE
    uint8_t    PWM_CC8Enable;          //开启输入捕获/比较输出，ENABLE，DISABLE
    uint8_t    PWM_Reload;             //输出比较的 CCR 的预装载使能，ENABLE，DISABLE
    uint8_t    PWM_Fast;               //输出比较快速功能使能，ENABLE，DISABLE
    uint8_t    PWM_EnoSelect;          //输出通道选择，ENO1P，ENO1N，ENO2P，ENO2N，
                                        ENO3P，ENO3N，
                                       //ENO4P，ENO4N / ENO5P，ENO6P，ENO7P，ENO8P
    uint8_t    PWM_PreLoad;            //预装载，  ENABLE，DISABLE
    uint8_t    PWM_PS_SW;              //切换端口，PWM1_SW_P10_P11，PWM1_SW_P20_P21，
//PWM1_SW_P60_P61
    uint8_t    PWM_CEN_Enable;         //使能计数器，ENABLE，DISABLE
    uint8_t    PWM_BrakeEnable;        //刹车输入使能，ENABLE，DISABLE
    uint8_t    PWM_MainOutEnable;      //主输出使能，ENABLE，DISABLE
} PWMx_InitDefine;
```

其中，输出模式由如下宏定义：

| #define CCMRn_FREEZE | 0x00 | //冻结 |
| #define CCMRn_MATCH_VALID | 0x10 | //匹配时设置通道 n 的输出为有效电平 |

```
#define CCMRn_MATCH_INVALID      0x20      //匹配时设置通道 n 的输出为无效电平
#define CCMRn_ROLLOVER           0x30      //翻转
#define CCMRn_FORCE_INVALID      0x40      //强制为无效电平
#define CCMRn_FORCE_VALID        0x50      //强制为有效电平
#define CCMRn_PWM_MODE1          0x60      //PWM 模式 1
#define CCMRn_PWM_MODE2          0x70      //PWM 模式 2
```

初始化函数定义如下：

```
uint8_t   PWM_Configuration(uint8_t PWM, PWMx_InitDefine *PWMx)
{
    if(PWM == PWMA)
    {
        EAXSFR();
        PWMA_CCER1_Disable();              //关闭所有输入捕获/比较输出
        PWMA_CCER2_Disable();              //关闭所有输入捕获/比较输出
        PWMA_OC1ModeSet(PWMx->PWM1_Mode);  //设置输出比较模式
        PWMA_OC2ModeSet(PWMx->PWM2_Mode);  //设置输出比较模式
        PWMA_OC3ModeSet(PWMx->PWM3_Mode);  //设置输出比较模式
        PWMA_OC4ModeSet(PWMx->PWM4_Mode);  //设置输出比较模式
        if(PWMx->PWM_Reload == ENABLE) PWMA_OC1_ReloadEnable();   //输出比较的
                                                                  预装载使能
        else      PWMA_OC1_RelosdDisable(); //禁止输出比较的预装载
        if(PWMx->PWM_Fast == ENABLE) PWMA_OC1_FastEnable();       //输出比较快速
                                                                  功能使能
        else      PWMA_OC1_FastDisable();    //禁止输出比较快速功能
        if(PWMx->PWM_CC1Enable == ENABLE)    PWMA_CC1E_Enable(); //开启输入捕获/
                                                                  比较输出
        else      PWMA_CC1E_Disable(); //关闭输入捕获/比较输出
        if(PWMx->PWM_CC1NEnable == ENABLE) PWMA_CC1NE_Enable();  //开启输入捕获/
                                                                  比较输出
        else      PWMA_CC1NE_Disable();      //关闭输入捕获/比较输出
        if(PWMx->PWM_CC2Enable == ENABLE)    PWMA_CC2E_Enable(); //开启输入捕获/
                                                                  比较输出
        else      PWMA_CC2E_Disable(); //关闭输入捕获/比较输出
        if(PWMx->PWM_CC2NEnable == ENABLE) PWMA_CC2NE_Enable();  //开启输入捕获/
                                                                  比较输出
        else      PWMA_CC2NE_Disable();      //关闭输入捕获/比较输出
        if(PWMx->PWM_CC3Enable == ENABLE)    PWMA_CC3E_Enable(); //开启输入捕获/
                                                                  比较输出
        else      PWMA_CC3E_Disable(); //关闭输入捕获/比较输出
```

```
          if(PWMx->PWM_CC3NEnable == ENABLE) PWMA_CC3NE_Enable();    //开启输入捕获/
                                                                      比较输出
          else      PWMA_CC3NE_Disable();        //关闭输入捕获/比较输出
          if(PWMx->PWM_CC4Enable == ENABLE)      PWMA_CC4E_Enable(); //开启输入捕获/
                                                                      比较输出
          else      PWMA_CC4E_Disable(); //关闭输入捕获/比较输出
          if(PWMx->PWM_CC4NEnable == ENABLE) PWMA_CC4NE_Enable();    //开启输入捕获/
                                                                      比较输出
          else      PWMA_CC4NE_Disable();                   //关闭输入捕获/比较输出
          pwm_pscr[0] = PWMx->PWM_pscr;
          PWMA_Prescaler(pwm_pscr[0]);                      // 设置分频系数
          frequency_arr[0] = COMPUTE_PWM_ARR(MAIN_Fosc,PWMx->PWM_pscr,PWMx->PWM_freq);
                                                            // 计算出 PWM_ARR 数值
          PWMA_AutoReload(frequency_arr[0]);
          pwmA_duty[0] = PWMx->PWM1_Duty;
          pwmA_duty[1] = PWMx->PWM2_Duty;
          pwmA_duty[2] = PWMx->PWM3_Duty;
          pwmA_duty[3] = PWMx->PWM4_Duty;
          PWMA_Duty1(COMPUTE_PWM_CCR(frequency_arr[0],pwmA_duty[0])); //设置 PWM_
                                                                      CCR 数值
          PWMA_Duty2(COMPUTE_PWM_CCR(frequency_arr[0],pwmA_duty[1]));
          PWMA_Duty3(COMPUTE_PWM_CCR(frequency_arr[0],pwmA_duty[2]));
          PWMA_Duty4(COMPUTE_PWM_CCR(frequency_arr[0],pwmA_duty[3]));
          PWMA_CCPCAPreloaded(PWMx->PWM_PreLoad);           //捕获/比较预装载控制位
          PWMA_PS = PWMx->PWM_PS_SW;                         //切换 IO
          PWMA_ENO = PWMx->PWM_EnoSelect;                    //输出通道选择
          PWMA_DeadTime(PWMx->PWM_DeadTime);                //死区发生器设置
          if(PWMx->PWM_BrakeEnable == ENABLE)    PWMA_BrakeEnable();  //开启刹车输入
          else      PWMA_BrakeDisable();                    //禁止刹车输入
          if(PWMx->PWM_MainOutEnable == ENABLE)       PWMA_BrakeOutputEnable();
                                                            //主输出使能
          else      PWMA_BrakeOutputDisable();              //主输出禁止
          if(PWMx->PWM_CEN_Enable == ENABLE)   PWMA_CEN_Enable();   //使能计数器
          else      PWMA_CEN_Disable();                     //禁止计数器
          EAXRAM();
      return0;
          }
      if(PWM == PWMB)
      {
```

```
EAXSFR();
PWMB_CCER1_Disable();                                //关闭所有输入捕获/比较输出
PWMB_CCER2_Disable();                                //关闭所有输入捕获/比较输出
PWMB_OC5ModeSet(PWMx->PWM5_Mode);        //设置输出比较模式
PWMB_OC6ModeSet(PWMx->PWM6_Mode);        //设置输出比较模式
PWMB_OC7ModeSet(PWMx->PWM7_Mode);        //设置输出比较模式
PWMB_OC8ModeSet(PWMx->PWM8_Mode);        //设置输出比较模式
if(PWMx->PWM_Reload == ENABLE) PWMB_OC5_ReloadEnable(); //输出比较的
                                                    预装载使能
else       PWMB_OC5_RelosdDisable();                          //禁止输出比较的
                                                    预装载
if(PWMx->PWM_Fast == ENABLE) PWMB_OC5_FastEnable();         //输出比较快速
功能使能
else       PWMB_OC5_FastDisable();                            //禁止输出比较快速功能
if(PWMx->PWM_CC5Enable == ENABLE)      PWMB_CC5E_Enable(); //开启输入捕获/
                                                    比较输出
else       PWMB_CC5E_Disable(); //关闭输入捕获/比较输出
if(PWMx->PWM_CC6Enable == ENABLE)      PWMB_CC6E_Enable(); //开启输入捕获/
                                                    比较输出
else       PWMB_CC6E_Disable(); //关闭输入捕获/比较输出
if(PWMx->PWM_CC7Enable == ENABLE)      PWMB_CC7E_Enable(); //开启输入捕获/
                                                    比较输出
else       PWMB_CC7E_Disable();                      //关闭输入捕获/比较输出
if(PWMx->PWM_CC8Enable == ENABLE)      PWMB_CC8E_Enable(); //开启输入捕获/
                                                    比较输出
else       PWMB_CC8E_Disable(); //关闭输入捕获/比较输出
pwm_pscr[1] = PWMx->PWM_pscr;
PWMB_Prescaler(pwm_pscr[1]);                         // 设置分频系数
frequency_arr[1] = COMPUTE_PWM_ARR(MAIN_Fosc,PWMx->PWM_pscr,PWMx->PWM_freq);
                                                    // 计算出 PWM_ARR 数值
PWMB_AutoReload(frequency_arr[1]);
pwmB_duty[0] = PWMx->PWM5_Duty;
pwmB_duty[1] = PWMx->PWM6_Duty;
pwmB_duty[2] = PWMx->PWM7_Duty;
pwmB_duty[3] = PWMx->PWM8_Duty;
PWMB_Duty5(COMPUTE_PWM_CCR(frequency_arr[1],pwmB_duty[0]));
PWMB_Duty6(COMPUTE_PWM_CCR(frequency_arr[1],pwmB_duty[1]));
PWMB_Duty7(COMPUTE_PWM_CCR(frequency_arr[1],pwmB_duty[2]));
PWMB_Duty8(COMPUTE_PWM_CCR(frequency_arr[1],pwmB_duty[3]));
```

```
            PWMB_CCPCBPreloaded(PWMx->PWM_PreLoad);        //捕获/比较预装载控制位
             PWMB_PS = PWMx->PWM_PS_SW;                     //切换 IO
            PWMB_ENO = PWMx->PWM_EnoSelect;                 //输出通道选择
            PWMB_DeadTime(PWMx->PWM_DeadTime);             //死区发生器设置
            if(PWMx->PWM_BrakeEnable == ENABLE)    PWMB_BrakeEnable();    //开启刹车输入
            else        PWMB_BrakeDisable();               //禁止刹车输入
            if(PWMx->PWM_MainOutEnable == ENABLE)        PWMB_BrakeOutputEnable();
                                                           //主输出使能
            else        PWMB_BrakeOutputDisable();          //主输出禁止
            if(PWMx->PWM_CEN_Enable == ENABLE)    PWMB_CEN_Enable();    //使能计数器
            else        PWMB_CEN_Disable();                //禁止计数器
            EAXRAM();
    return0;
        }
        return    2;    //错误
}
```

注意在设置各相关寄存器时候，先关闭各个通道输出。采用如下宏定义：

```
#define PWMB_CCER1_Disable()    PWMB_CCER1 = 0x00    //关闭所有输入捕获/比较输出
#define PWMA_CCER2_Disable()    PWMA_CCER2 = 0x00    //关闭所有输入捕获/比较输出
```

设置各个通道的输出模式采用下面类似的宏定义。

```
#define PWMA_OC1ModeSet(n)    PWMA_CCMR1 = (PWMA_CCMR1 & ~0x70) | (n) //输出比较
                                                              模式设置
#define PWMB_OC5ModeSet(n)    PWMB_CCMR1 = (PWMB_CCMR1 & ~0x70) | (n) //输出比较
                                                              模式设置
```

为了便于后期修改 PWM 频率以及占空比信息，定义了模块级别的全局变量。

```
uint16_t   frequency_arr[2] = {0,0};       // 分别对应 PWMA 和 PWMB 的 ARR 值
uint16_t   pwm_pscr[2]={0,0};              // 分别对应 PWMA 和 PWMB 的储存预分频数据
uint16_t   pwmA_duty[4]={0,0,0,0};         // 分别对应 PWM1~PWM4 的占空比信息
uint16_t   pwmB_duty[4]={0,0,0,0};         // 分别对应 PWM1~PWM4 的占空比信息
```

ARR 寄存器对应 PWM 的频率信息，通过下面的宏可以直接将频率信息转化为 ARR 寄存器数值，另外将占空比扩大了 100 倍，取值范围 0 ~ 10000，对应 0 ~ 100%。CCR 寄存器对应占空比信息，而且与 PWM 频率信息相关。

```
#define   COMPUTE_PWM_ARR(mainClock,pwm_pscr,pwm_freq) (mainClock/(pwm_pscr+1)/pwm_freq - 1)
#define   PWM_DUTY_MAX        10000.0f              // 最大占空比, 50% = 5000、10000
#define   COMPUTE_PWM_CCR(pwm_arr,pwm_duty) ((float)pwm_duty*pwm_arr/PWM_DUTY_MAX)
```

为方便后期修改 PWM 信号的频率和占空比，定义如下的函数：

```
void   UpdatePwmFreq(uint8_t PWMx, uint32_t freq)
{
    if((PWMx==0)||(PWMx>8))    return;
```

```
EAXSFR();
if(PWMx < PWM5)
{
    frequency_arr[0] = COMPUTE_PWM_ARR(MAIN_Fosc,pwm_pscr[0],freq);
                                                    // PWM_ARR 数值
    PWMA_AutoReload(frequency_arr[0]);
    switch(PWMx)
    {
        case PWM1:
            PWMA_Duty1(COMPUTE_PWM_CCR(frequency_arr[0],pwmA_duty[0]));
        break;
        case PWM2:
            PWMA_Duty2(COMPUTE_PWM_CCR(frequency_arr[0],pwmA_duty[1]));
        break;
        case PWM3:
            PWMA_Duty3(COMPUTE_PWM_CCR(frequency_arr[0],pwmA_duty[2]));
        break;
        case PWM4:
            PWMA_Duty4(COMPUTE_PWM_CCR(frequency_arr[0],pwmA_duty[3]));
        break;
    }
}
else
{
    frequency_arr[1] = COMPUTE_PWM_ARR(MAIN_Fosc,pwm_pscr[1],freq);// PWM_ARR 数值
            PWMB_AutoReload(frequency_arr[1]);
    switch(PWMx)
    {
        case PWM5:
            PWMB_Duty5(COMPUTE_PWM_CCR(frequency_arr[1],pwmB_duty[0]));
        break;
        case PWM6:
            PWMB_Duty6(COMPUTE_PWM_CCR(frequency_arr[1],pwmB_duty[1]));
        break;
        case PWM7:
            PWMB_Duty7(COMPUTE_PWM_CCR(frequency_arr[1],pwmB_duty[2]));
        break;
        case PWM8:
            PWMB_Duty8(COMPUTE_PWM_CCR(frequency_arr[1],pwmB_duty[3]));
```

```
                break;
            }
        }
        EAXRAM();
    }
```

需要注意，PWM信号占空比与 PWM 频率是有关的，直接修改 PWM 频率对应的 ARR 寄存器数值，会改变波形的占空比信息，故若只想更改频率信息，需要根据新的频率重新修改 ARR 寄存器数值，保证占空比信息不变。而且 PWMA 对应的4个通道频率是一样的，PWMB 对应的4个通道频率是一样的 ，但是 PWMA 和 PWMB 各自通道的占空比可以不同。修改各通道 PWM 信号占空比函数如下：

```
void   UpdatePwmDuty(uint8_t PWMx, uint16_t duty)
{
    EAXSFR();
    switch(PWMx)
    {
        case PWM1:
            PWMA_Duty1(COMPUTE_PWM_CCR(frequency_arr[0],duty));        //设置 PWM_CCR 数值
        break;
        case PWM2:
            PWMA_Duty2(COMPUTE_PWM_CCR(frequency_arr[0],duty));        //设置 PWM_CCR 数值
        break;
        case PWM3:
            PWMA_Duty3(COMPUTE_PWM_CCR(frequency_arr[0],duty));        //设置 PWM_CCR 数值
        break;
        case PWM4:
            PWMA_Duty4(COMPUTE_PWM_CCR(frequency_arr[0],duty));        //设置 PWM_CCR 数值
        break;
        case PWM5:
            PWMB_Duty5(COMPUTE_PWM_CCR(frequency_arr[1],duty));        //设置 PWM_CCR 数值
        break;
        case PWM6:
            PWMB_Duty6(COMPUTE_PWM_CCR(frequency_arr[1],duty));        //设置 PWM_CCR 数值
        break;
        case PWM7:
            PWMB_Duty7(COMPUTE_PWM_CCR(frequency_arr[1],duty));        //设置 PWM_CCR 数值
        break;
        case PWM8:
            PWMB_Duty8(COMPUTE_PWM_CCR(frequency_arr[1],duty));        //设置 PWM_CCR 数值
        break;
```

```
        }
    EAXRAM();
}


void test8(void)
{
        PWMx_InitDefine              PWMx_InitStructure;
        PWMx_InitStructure.PWM1_Mode        = CCMRn_PWM_MODE1;        // PWM1
        PWMx_InitStructure.PWM_pscr         = 12 - 1;                 // 系统时钟 12 分频
        PWMx_InitStructure.PWM_freq         = 5000;                   // PWM 信号频率 5 kHz
        PWMx_InitStructure.PWM1_Duty        = 4000;                   //PWM1 占空比 40%
        PWMx_InitStructure.PWM_EnoSelect    = ENO1P;                  //输出通道选择,
        PWMx_InitStructure.PWM_PS_SW        = PWM1_SW_P20_P21;        // 管脚切换
        PWMx_InitStructure.PWM_CC1Enable    = ENABLE;        //开启 PWM1P 输入捕获/比较输出
        PWMx_InitStructure.PWM_MainOutEnable= ENABLE;        //主输出使能, ENABLE,DISABLE
        PWMx_InitStructure.PWM_CEN_Enable    = ENABLE;       //使能计数器, ENABLE,DISABLE
        PWM_Configuration(PWMA, &PWMx_InitStructure);        /初始化 PWM,  PWMA,PWMB
}
```

输出结果如图 8.33 所示，可以看到 PWM 信号输出的频率与设置频率一致，占空比有些误差。而且是低电平占整个周期的占空比。

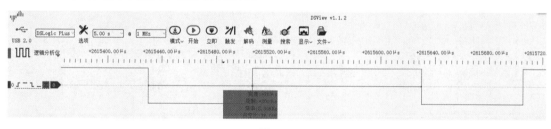

图 8.33

将输出模式改成 PWM2 之后，其余条件不变，输出结果如图 8.34 所示。

图 8.34

这次是高电平占整个周期的占空比为 40%，而且误差比上一种要小。

第 9 章

A/D 转换模块和
比较器模块

9.1 A/D 转换模块的结构

STC8H8K64U 系列单片机集成有 16 通道 12 位高速电压输入型模拟数字转换器，即 A/D 转换模块采用逐次比较方式进行 A/D 转换，转换速率可达 800 kHz（80 万次/秒），可将连续变化的模拟电压转化成相应的数字信号，可应用于温度检测、电池电压检测、按键扫描、频谱检测等。

STC8H8K64U 系列单片机 A/D 转换模块输入通道共有 16 个通道：ADC0（P1.0）、ADC（P1.1）、ADC2（PS.4）、ADC3（P1.3）、ADC4（P1.4）、ADCS（P1.5）、ADC6（P1.6）、ADC（P1.7）、ADC8（PO.0）、ADC9（PO.1）、ADC10（PO.2）、ADC11（PO.3）、ADC12（P0A）、ADC13（PO.5）、ADC14（PO.6）、ADC15（用于测试内部 1.19V 基准电压），各输入通道应工作在高阻状态。

STC8H8K64U 系列单片机的 A/D 转换模块由多路选择开关、比较器、逐次比较寄存器、12 位数字模拟转换器（DA 转换模块）、A/D 转换结果寄存器（ADC_RES 和 ADC_RESL）以及 A/D 转换模块控制寄存器（ADC_CONTR）和 A/D 转换模块配置寄存器（ADCCFG）构成。

STC8H8K64U 系列单片机的 A/D 转换模块是逐次比较型模拟数字转换器，根据逐次比较逻辑，从最高位（MSB）开始，逐次对每一输入电压模拟量与内置 D/A 转化器输出进行比较，经过多次比较，使转换所得的数字量逐次逼近输入模拟量对应值，直至 A/D 转换结束，并将最终的 A/D 转换结果保存在 ADC_RES 和 ADC_RESL 中，同时置位 ADC_CONTR 中的 A/D 转换结束标志位 ADC_FLAG，以供程序查询或发出中断请求。

STC8H8K64U 系列单片机 A/D 转换模块的电源与单片机电源是同一个（VCC/AVCC、GND/AGND），但前者有独立的参考电压源输入端（ADC_VRef+、AGND）。若测量精度要求不是很高，则可以直接使用单片机的工作电源，此时 ADC_VRef+直接与单片机电源端 VCC 相接；若需要获得高测量精度，则 A/D 转换模块就需要精准的参考电压。注意如果芯片有 A/D 的外部参考电源管脚 ADC_VRef+，则一定不能浮空。

9.2 A/D 转换模块相关寄存器

9.2.1 ADC 控制寄存器（ADC_CONTR）

符号	地址	B7	B6	B5	B4	B3	B2	B1	B0
ADC_CONTR	BCH	ADC_POWER	ADC_START	ADC_FLAG	ADC_EPWMT	ADC_CHS[3:0]			

ADC_POWER：ADC 电源控制位。0：关闭 ADC 电源；1：打开 ADC 电源。

建议进入空闲模式和掉电模式前将 ADC 电源关闭，以降低功耗。特别注意：（1）给 MCU 的内部 ADC 模块电源打开后，需等待约 1 ms，等 MCU 内部的 ADC 电源稳定后再让 ADC 工作；（2）适当加长对外部信号的采样时间，就是对 ADC 内部采样保持电容的充电或放电时间，时间足够，内部才能和外部电势相等。

ADC_START：ADC 转换启动控制位。0：无影响。即使 ADC 已经开始转换工作，写 0 也不会停止 A/D 转换；1：开始 ADC 转换，转换完成后硬件自动将此位清零。

ADC_FLAG：ADC 转换结束标志位。当 ADC 完成一次转换后，硬件会自动将此位置 1，并向 CPU 提出中断请求。此标志位必须软件清零。

ADC_EPWMT：使能 PWM 实时触发 ADC 功能。0：禁止 PWM 同步触发 A/D 转换模块功能；1：使能 PWM 同步触发 A/D 转换模块功能。

ADC_CHS[3:0]：ADC 模拟通道选择位。注意：被选择为 ADC 输入通道的 I/O 口，必须设置 PxM0/PxM1 寄存器将 I/O 口模式设置为高阻输入模式。另外如果 MCU 进入掉电模式/时钟停振模式后，仍需要使能 ADC 通道，则需要设置 PxIE 寄存器关闭数字输入通道，以防止外部模拟输入信号忽高忽低而产生额外的功耗。

9.2.2 ADC 配置寄存器（ADCCFG）

符号	地址	B7	B6	B5	B4	B3	B2	B1	B0
ADCCFG	DEH	—	—	RESFMT	—	SPEED[3:0]			

RESFMT：ADC 转换结果格式控制位。0：转换结果左对齐；1：转换结果右对齐。对齐细节如图 9.1 所示。

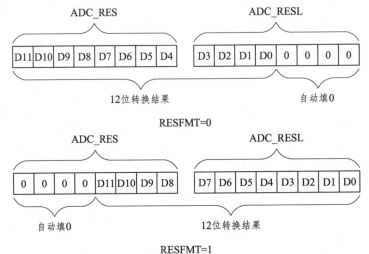

图 9.1　ADC 转换结果对齐方式

SPEED[3:0]：设置 ADC 工作时钟频率 $F_{ADC} = \text{SYSclk}/2/(\text{SPEED}+1)$。

9.2.3 ADC 转换结果寄存器（ADC_RES，ADC_RESL）

符号	地址	B7	B6	B5	B4	B3	B2	B1	B0
ADC_RES	BDH								
ADC_RESL	BEH								

当 A/D 转换完成后，12 位的转换结果会自动保存到 ADC_RES 和 ADC_RESL 中。保存结果的数据格式请参考 ADC_CFG 寄存器中的 RESFMT 设置。

9.2.4　ADC 时序控制寄存器（ADCTIM）

符号	地址	B7	B6	B5	B4	B3	B2	B1
ADCTIM	FEA8H	CSSETUP	CSHOLD[1:0]		SMPDUTY[4:0]			

CSSETUP：ADC 通道选择时间控制 T_{setup}。0：占用 1 个 A/D 转换模块工作时钟数（默认值）；1：占用 2 个 A/D 转换模块工作时钟数。

CSHOLD[1:0]：ADC 通道选择保持时间控制 T_{hold}。00：占用 1 个 A/D 转换模块工作时钟数；01：占用 2 个 A/D 转换模块工作时钟数（默认值）；10：占用 3 个 A/D 转换模块工作时钟数；11：占用 4 个 A/D 转换模块工作时钟数。

SMPDUTY[4:0]：ADC 模拟信号采样时间控制 T_{duty}。$T_{duty}=$（SMPDUTY[4:0]+1）个 A/D 转换模块工作时钟数。SMPDUTY[4:0]的默认状态为 01010B，即 11 个 A/D 转换模块工作时钟数。实际工作中，SMPDUTY[4:0]值要大于 01010B。

ADC 数模转换时间：$T_{convert}$。12 位 ADC 的转换时间固定为 12 个 ADC 工作时钟。一个完整的 ADC 转换时间为：$T_{setup}+T_{duty}+T_{hold}+T_{convert}$，如图 9.2 所示。

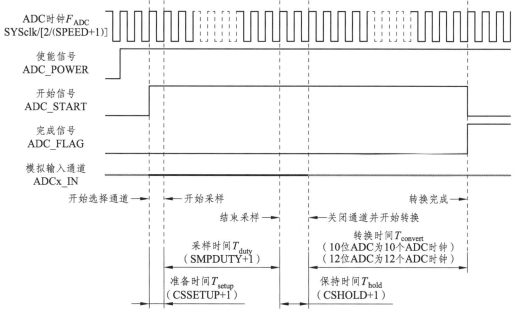

图 9.2　ADC 整体转换时序图

9.3　ADC 驱动实现和范例

为方便相关特殊功能寄存器的配置，定义如下的结构体。

```
typedef struct
{
    uint8_t    ADC_SMPduty;          //ADC 模拟信号采样时间控制，0～31（SMPDUTY 应大于 10）
    uint8_t    ADC_Speed;            //设置 ADC 工作时钟频率 ADC_SPEED_2X1T～ADC_SPEED_2X16T
    uint8_t    ADC_Power;            //ADC 功率允许/关闭       ENABLE，DISABLE
    uint8_t    ADC_AdjResult;        //ADC 结果调整，ADC_LEFT_JUSTIFIED, ADC_RIGHT_JUSTIFIED
    uint8_t    ADC_CsSetup;          //ADC 通道选择时间控制 0（默认），1
    uint8_t    ADC_CsHold;           //ADC 通道选择保持时间控制 0，1（默认），2，3
} ADC_InitTypeDef;
```

初始化函数如下：

```
#define    ADC_Justify(n) ADCCFG = (ADCCFG & ~(1<<5)) | (n << 5)     /* ADC 转换结果格式控制
void  ADC_Inilize(ADC_InitTypeDef *ADCx)
{
    ADCCFG = (ADCCFG & ~ADC_SPEED_2X16T) | ADCx->ADC_Speed;
                                                        //设置 ADC 工作时钟频率
    ADC_Justify(ADCx->ADC_AdjResult);                   //AD 转换结果对齐方式
    if(ADCx->ADC_Power == ENABLE)      ADC_CONTR |= 0x80;   // 打开电源
    else                               ADC_CONTR &= 0x7F;   // 关闭电源
    if(ADCx->ADC_SMPduty > 31)         return;             //错误返回
    if(ADCx->ADC_CsSetup > 1)          return;             //错误返回
    if(ADCx->ADC_CsHold > 3)           return;             //错误返回
    EAXSFR();
    ADCTIM = (ADCx->ADC_CsSetup << 7) | (ADCx->ADC_CsHold << 5) | ADCx->ADC_SMPduty ;
                            //设置 ADC 内部时序，ADC 采样时间建议设最大值
    EAXRAM();
}
```

获取转换结果函数。

```
uint16_t   Get_ADCResult(uint8_t channel)            //channel = 0~15
{
    uint16_t   adc;
    uint8_t    i;
    if(channel > ADC_CH15) return      4096;    //错误，返回 4096，调用的程序判断
    ADC_RES = 0;                                // 清零结果寄存器
    ADC_RESL = 0;                               // 清零结果寄存器
    ADC_CONTR = (ADC_CONTR & 0xf0) | ADC_START | channel;  //启动对应 A/D 通道转换
    NOP(4);                                     //对 ADC_CONTR 操作后要 4T 之后才能访问
    for(i=0; i<250; i++)                        //超时返回，正常 i 等于 10 以内就可以转换完成
    {
        if(ADC_CONTR & ADC_FLAG)                // 查询 ADC 转换是否结束，可申请中断
```

```
{
        ADC_CONTR &= ~ADC_FLAG;              // 情况标志位
        If (ADCCFG &    (1<<5))               //转换结果右对齐。
        {
            adc = ((uint16_t)ADC_RES << 8) | ADC_RESL;// 合成最终 16 位数据结果
        }
        else        //转换结果左对齐。
        {
            #if    ADC_RES_12BIT==1                   // 条件编译,12 位 AD
            adc = (uint16_t)ADC_RES;
            adc = (adc << 4) | ((ADC_RESL >> 4)&0x0f);
            #else
            adc = (uint16_t)ADC_RES;
            adc = (adc << 2) | ((ADC_RESL >> 6)&0x03);
            #endif
        }
        return    adc;
    }
}
    return    4096;                 //错误，返回 4096，调用的程序判断
}
```

【范例 1】   如图 9.3 所示电路，滑动变阻器的电压送入通道 ADC13，每秒进行电压采样变换后通过串口输出电压，采用查询方式。

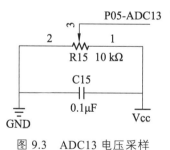

图 9.3   ADC13 电压采样

```
void test09(void)
{
    ADC_InitTypeDef ADC_InitTypeStruct;
    P0_MODE_IN_HIZ(GPIO_Pin_5);            // P05 高阻输入
    ADC_InitTypeStruct.ADC_SMPduty = 15;   //ADC 模拟信号采样时间控制， 0～31
                                           // （注意：SMPDUTY 一定不能设置小于  10 ）
    ADC_InitTypeStruct.ADC_Speed = 10;     //设置  ADC  工作时钟频率
    ADC_InitTypeStruct.ADC_Power = ENABLE; //ADC 功率允许/关闭      ENABLE，DISABLE
```

```
    ADC_InitTypeStruct.ADC_AdjResult = ADC_RIGHT_JUSTIFIED;   //ADC 结果右对齐
    ADC_InitTypeStruct.ADC_CsSetup = 0;   //ADC 通道选择时间控制 0（默认），1
    ADC_InitTypeStruct.ADC_CsHold = 1;   //ADC 通道选择保持时间控制 0，1（默认），2，3
    ADC_Init(&ADC_InitTypeStruct);          // ADC 初始化
}
```

定义 1S 的定时器任务，在任务中写如下程序：

```
uint16_t adc_value = 0;
adc_value = Get_ADCResult（ADC_CH13）;                    // 得到 13 通道的值
printf（"adc_value = %f\r\n", adc_value * 5.0 / 4095）;      // 输出最终结果
```

图 9.4 是最终输出结果，调整滑动变阻器，电压从 0～5 V 变化，跟预期一致。

图 9.4　输出结果

【范例 2】　如图 9.3 所示电路，滑动变阻器的电压送入通道 ADC13，每秒进行电压采样变换后通过串口输出电压，采用中断方式。

由于 ADC 通道很多，为了能够清晰地知道哪个通道转换完成，可以定义如下结构体：

```
typedef   struct
{
    uint8_t       adc_complete_flag;      // 转换完成标志
    uint8_t       channel;                // 转换的 ADC 通道
    uint16_t      adc;                    // 转换结果
}ADC_Result;
```

定义一个结构体变量用来储存中间的转换结果。

```
ADC_Result    adc_value = {0, 16, 4096};          // 定义一个结果结构体
```

一般转换完成之后，会对结果进行处理，而具体如何处理是由用户确定的，故采用回调函数接口，定义回调函数指针并用注册方法接收用户的回调函数。

```
adc_fun_callBack adc_callBack = (void *)0;                        // 初始化空指针
void adc_callback_register (adc_fun_callBack   pcallBack)         /* 回调函数注册 */
{
        adc_callBack = pcallBack;
}
```

回调函数是在主程序的大循环中执行的，代码如下：

```
void ADC_complete_exe(void)          /* 中断法，while 大循环中执行 */
```

```c
{
    if(Is_ADC_Transform_complete() == 1)
    {
        adc_value.adc_complete_flag = 0;     // 清零
        if ( adc_callBack != (void *)0)
        {
            adc_callBack(&adc_value);        // 回调函数处理，转换的结构体传进去
        }
    }
}
uint8_t    Is_ADC_Transform_complete(void)        /* 返回转换标志位 */
{
    return   adc_value.adc_complete_flag;
}
```

在中断处理函数中，清除标志位，并且将结果更新到结构体中。

```c
void ADC_ISR_Handler (void) interrupt ADC_VECTOR
{
    ADC_CONTR &=  ~ ADC_FLAG;          //清除中断标志
    adc_value.adc_complete_flag = 1;          //转换完成标志位
    if ( ADCCFG &  (1<<5))               //转换结果右对齐
    {
        adc_value.adc = ((uint16_t)ADC_RES << 8) | ADC_RESL;
    }
    else       //转换结果左对齐
    {
        #if ADC_RES_12BIT==1
            adc_value.adc = (uint16_t)ADC_RES;
            adc_value.adc = (adc_value.adc << 4) | ((ADC_RESL >> 4)&0x0f);
        #else
            adc_value.adc = (uint16_t)ADC_RES;
            adc_value.adc = (adc_value.adc << 2) | ((ADC_RESL >> 6)&0x03);
        #endif
    }
}
```

最后，触发 ADC 转换函数如下：

```c
void  ADC_trigerTransform(uint8_t channel)          //channel = 0 ~ 15，中断法，触发 ADC 转换
{
    if(channel > ADC_CH15) return;      //错误返回
    ADC_RES = 0;
```

```
        ADC_RESL = 0;
        ADC_CONTR = (ADC_CONTR & 0xf0) | ADC_START | channel;
        NOP(4);                              //延时，对 ADC_CONTR 操作后要 4T 之后才能访问
        adc_value.channel = channel;         // 具体触发了哪个通道
    }
```

有了上述函数之后，再看中断法实现【范例 1】的功能，首先定义初始化中要有中断使能，回调函数注册等与【范例 1】不同的地方。

```
void test09(void)
{
        ADC_InitTypeDef ADC_InitTypeStruct;
        P0_MODE_IN_HIZ(GPIO_Pin_5);                  // P05 高阻输入
        ADC_InitTypeStruct.ADC_SMPduty = 15;         //ADC 模拟信号采样时间控制，0～31
        ADC_InitTypeStruct.ADC_Speed = 10;           //设置 ADC 工作时钟频率
        ADC_InitTypeStruct.ADC_Power = ENABLE;       //ADC 功率允许/关闭 ENABLE，DISABLE
        ADC_InitTypeStruct.ADC_AdjResult = ADC_RIGHT_JUSTIFIED;  //结果右对齐
        ADC_InitTypeStruct.ADC_CsSetup = 0;   //ADC 通道选择时间控制 0（默认），1
        ADC_InitTypeStruct.ADC_CsHold = 1;    //ADC 通道选择保持时间控制 0，1（默认），2，3
        ADC_Init(&ADC_InitTypeStruct);
        NVIC_ADC_Init(ENABLE,Polity_3);              // 使能 ADC 中断，设置优先级
        adc_callback_register(adc_callback_lg);      // 注册回调函数
}
```

1 s 定时器任务中，仅仅需要触发相应通道进行转换：

```
ADC_trigerTransform(ADC_CH13); //中断法，触发转换
```

用户回调函数，就是取出相应通道的结果并通过串口输出：

```
void   adc_callback_lg(void * param)
{
        ADC_Result *pADC = (ADC_Result *)param;
        if(pADC->channel == ADC_CH13)                        // ADC13 通道
        {
            printf("adc_value = %f\r\n",pADC->adc * 5.0 / 4095);  // 输出采样电压
        }
}
```

在 while（1）大循环函数中，加入函数 ADC_complete_exe（）。本质上回调函数是被 ADC_complete_exe（）调用的。

```
ADC_complete_exe();              // adc 处理函数
```

完成上述设置之后，可以从串口助手中看到相同结果。比较查询法和中断法可知，查询法就是需要等待，而中断法转换完成后，直接进行处理。两种方法各有优劣，需要根据具体场景来选用。

9.4   比较器结构及特殊功能寄存器

STC8H8K64U 系列单片机比较器的内部结构如图 9.5 所示，该电路由集成运放比较电路、滤波电路、中断标志形成电路（含中断允许控制）、比较器结果输出电路等组成。

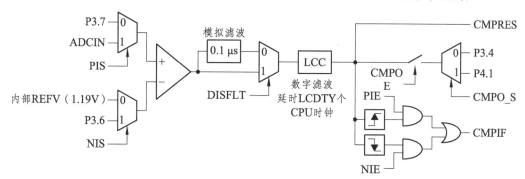

图 9.5   STC8H8K64U 系列单片机比较器的内部结构图

从图 9.5 中可知，比较器的正极可以是 P3.7 端口或者 ADC 的模拟输入通道，而负极可以 P3.6 端口或者是内部 BandGap 经过 OP 后的 REFV 电压（内部固定比较电压）。比较器内部有可程序控制的两级滤波：模拟滤波和数字滤波。模拟滤波可以过滤掉比较输入信号中的毛刺信号，数字滤波可以待输入信号更加稳定后再进行比较。比较结果可直接通过读取内部寄存器位获得，也可将比较器结果正向或反向输出到外部端口。将比较结果输出到外部端口可用作外部事件的触发信号和反馈信号，可扩大比较的应用范围。

9.4.1   比较器控制寄存器 1（CMPCR1）

符号	地址	B7	B6	B5	B4	B3	B2	B1	B0
CMPCR1	E6H	CMPEN	CMPIF	PIE	NIE	PIS	NIS	CMPOE	CMPRES

CMPEN：比较器模块使能位。0：关闭比较功能；1：使能比较功能。

CMPIF：比较器中断标志位。当 PIE 或 NIE 被使能后，若产生相应的中断信号，硬件自动将 CMPIF 置 1，并向 CPU 提出中断请求。此标志位必须用户软件清零。注意：没有使能比较器中断时，硬件不会设置此中断标志，即使用查询方式访问比较器时，也不能查询此中断标志。

PIE：比较器上升沿中断使能位。0：禁止比较器上升沿中断；1：使能比较器上升沿中断。

NIE：比较器下降沿中断使能位。0：禁止比较器下降沿中断；1：使能比较器下降沿中断。

PIS：比较器的正极选择位。0：选择外部端口 P3.7 为比较器正极输入源；1：通过 ADC_CONTR 中的 ADC_CHS 位选择 ADC 的模拟输入端作为比较器正极输入源。当比较器正极选择 ADC 输入通道时，请务必要打开 ADC_CONTR 寄存器中的 ADC 电源控制位 ADC_POWER 和 ADC 通道选择位 ADC_CHS。当需要使用比较器中断唤醒掉电模式/时钟停振模式时，比较器正极必须选择 P3.7，不能使用 ADC 输入通道。

NIS：比较器的负极选择位。0：选择内部 BandGap 经过 OP 后的电压 REFV 作为比较器负极输入源（芯片在出厂时，内部参考信号源调整为 1.19 V）；1：选择外部端口 P3.6 为比较器负极输入源。

CMPOE：比较器结果输出控制位。0：禁止比较器结果输出；1：使能比较器结果输出。比较器结果输出到 P3.4 或者 P4.1（由 P_SW2 中的 CMPO_S 进行设定）。

CMPRES：比较器的比较结果。此位为只读。0：表示 CMP+的电平低于 CMP － 的电平；1：表示 CMP+的电平高于 CMP-的电平。CMPRES 是经过数字滤波后的输出信号，而不是比较器的直接输出结果。

9.4.2 比较器控制寄存器 2（CMPCR2）

符号	地址	B7	B6	B5	B4	B3	B2	B1	B0
CMPCR2	E7H	INVCMPO	DISFLT			LCDTY[5:0]			

INVCMPO：比较器结果输出控制。0：比较器结果正向输出。若 CMPRES 为 0，则 P3.4/P4.1 输出低电平，反之输出高电平；1：比较器结果反向输出。若 CMPRES 为 0，则 P3.4/P4.1 输出高电平，反之输出低电平。

DISFLT：模拟滤波功能控制。0：使能 0.1us 模拟滤波功能；1：关闭 0.1us 模拟滤波功能，可略微提高比较器的比较速度。

LCDTY[5:0]：数字滤波功能控制。数字滤波功能即为数字信号去抖动功能。当比较结果发生上升沿或者下降沿变化时，比较器侦测变化后的信号必须维持 LCDTY 所设置的 CPU 时钟数不发生变化，才认为数据变化是有效的；否则将视同信号无变化。

9.5 比较器驱动实现

为了方便比较器相关特殊功能寄存器配置，定义如下结构体：

```
typedef  struct
{
    uint8_t   CMP_EN;              //比较器允许或禁止，ENABLE，DISABLE
    uint8_t   CMP_P_Select;       //比较器输入正极性选择
    uint8_t   CMP_N_Select;       //比较器输入负极性选择
    uint8_t   CMP_Outpt_En;       //允许比较结果输出， ENABLE，DISABLE
    uint8_t   CMP_InvCMPO;        //比较器输出取反，ENABLE，DISABLE
    uint8_t   CMP_100nsFilter;    //内部 0.1uF 滤波，ENABLE，DISABLE
    uint8_t   CMP_OutDelayDuty;   //0 ~ 63，比较结果变化延时周期数
    uint8_t   CMP_P_SW;           //选择 P3.4/P4.1 作为比较器输出脚, CMP_OUT_P34,CMP_OUT_P41
} CMP_InitDefine;
```
对应的结构体初始化函数如下：
```
void  CMP_Init(CMP_InitDefine *CMPx)
{
```

```
    CMPCR1 = 0;
    CMPCR2 = CMPx->CMP_OutDelayDuty & 0x3f;        //比较结果变化延时周期数，0～63
    if(CMPx->CMP_EN == ENABLE)  CMPCR1 |= CMPEN; //允许比较器，ENABLE, DISABLE
    if(CMPx->CMP_P_Select == CMP_P_ADC)    CMPCR1 |= PIS; //比较器输入正极性选择
    if(CMPx->CMP_N_Select == CMP_N_P36)      CMPCR1 |= NIS; //比较器输入负极性选择，
    if(CMPx->CMP_Outpt_En == ENABLE) CMPCR1 |= CMPOE; //允许比较结果输出到P3.4/P4.1
    if(CMPx->CMP_InvCMPO == ENABLE) CMPCR2 |= INVCMPO;    //比较器输出取反
    if(CMPx->CMP_100nsFilter == DISABLE)      CMPCR2 |= DISFLT;//内部 0.1uF 滤波
    P_SW2 = (P_SW2 & ~(0x08)) | CMPx->CMP_P_SW;                 // 输出管脚选择
}
```

为了让用户能够方便编写处理函数，定义如下回调函数注册函数，并在中断处理函数中调用。

```
typedef   void (CMPcallback)(void *);                    // 中断函数中调用的回调函数类型
CMPcallback    * pCMP_callBack_int = (void *)0;         // 定义空指针
void   CMP_registerCallBack(CMPcallback    * pCMP) /* 定义注册函数 */
{
    pCMP_callBack_int = pCMP;
}
void CMP_int (void) interrupt CMP_VECTOR  // 比较器中断处理函数
{
    uint8_t temp = 0xFF;
    CMPCR1 &=  ~ CMPIF;                       //清除中断标志
    temp = CMPCR1 & 0x01;                     //中断方式读取比较器比较结果
    pCMP_callBack_int(&temp);                 // 将结果传入，0 - - CMP+低，1 - - CMP+高
}
```

9.6   比较器编程范例

【范例 2】   如图 9.6 和图 9.7 所示，让 ADC13 作为比较器正极输入，让内部 1.19 V 为比较器负输入，当正极电压小于负极电压时候，比较器输出管脚 P41 输出低电平，流水灯 LED1 点亮，否则，P41 输出高电平，流水灯 LED1 熄灭。

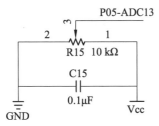
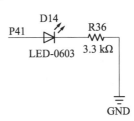

图 9.6 比较器正端输入通道   图 9.7 比较器输出管脚

```
void test14(void)
{
    CMP_InitDefine CMP_InitTypeStruct;
    P0_MODE_IN_HIZ(GPIO_Pin_5);              // P05 高阻输入
    P4_MODE_IO_PU(GPIO_Pin_1);               // P41 CMP 小灯控制
    P41 = 0;                                 // 默认输出低电平
    CMP_ADC_Channel(ADC_CH13);               // ADC 输入通道
    CMP_InitTypeStruct.CMP_EN = ENABLE;            //比较器允许或禁止，ENABLE，DISABLE
    CMP_InitTypeStruct.CMP_P_Select = CMP_P_ADC;   //比较器输入正极性选择
    CMP_InitTypeStruct.CMP_N_Select = CMP_N_GAP;   //比较器输入负极性选择
    CMP_InitTypeStruct.CMP_Outpt_En = ENABLE;      //允许比较结果输出
    CMP_InitTypeStruct.CMP_InvCMPO  = ENABLE; //比较器输出取反，ENABLE，DISABLE
    CMP_InitTypeStruct.CMP_100nsFilter = ENABLE; //内部 0.1uF 滤波，ENABLE，DISABLE
    CMP_InitTypeStruct.CMP_OutDelayDuty=60;    //0～63，比较结果变化延时周期数
    CMP_InitTypeStruct.CMP_P_SW = CMP_OUT_P41;   //选择 P4.1 作为比较器输出脚，
    CMP_Init(&CMP_InitTypeStruct);               // 结构体初始化
    NVIC_CMP_Init(FALLING_RISING_EDGE,Polity_0）; // 上升沿使能
    CMP_registerCallBack(cmp_callback);          // 绑定 CMP 回调函数
}
void cmp_callback(void * param)                  // CMP 回调函数
{
    uint8_t * dd = (uint8_t *)param;
    printf("cmp+ = %bd\r\n",*dd);                // 打印出比较寄存器数值
    if(*dd==0)
    {
        LED_refreshLightBuffer(0x7F);           // LED1 点亮
    }
    if(*dd==1)
    {
        LED_refreshLightBuffer(0xFF);           // LED1 熄灭
    }
}
```

　　实验结果验证了程序的正确性，需要说明的是，比较输出使能指的是管脚的输出，并不会影响寄存器比较结果。选择 ADC 通道作为输入，需要打开 ADC 电源及设置对应的通道。

第 10 章

I²C 通信

I^2C 通信协议（Inter-Integrated Circuit）是由 Philips 公司开发的，由于它引脚少，硬件实现简单，可扩展性强，不需要 USART、CAN 等通信协议的外部收发设备，现在被广泛地使用在系统内多个集成电路（IC）间的通信。

10.1　I^2C 物理层

I^2C 通信设备之间的常用连接方式见图 10.1。

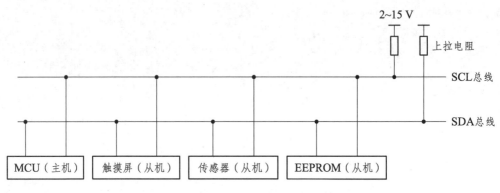

图 10.1　常见的 I^2C 通信系统

它的物理层有如下特点：

（1）它是一个支持多设备的总线。"总线"指多个设备共用的信号线。在一个 I^2C 通信总线中，可连接多个 I^2C 通信设备，支持多个通信主机及多个通信从机。

（2）一个 I^2C 总线只使用两条总线线路，一条双向串行数据线（SDA），一条串行时钟线（SCL）。数据线即用来表示数据，时钟线用于数据收发同步。

（3）每个连接到总线的设备都有一个独立的地址，主机可以利用这个地址进行不同设备之间的访问。

（4）总线通过上拉电阻接到电源。当 I^2C 设备空闲时，会输出高阻态，而当所有设备都空闲，都输出高阻态时，由上拉电阻把总线拉成高电平。

10.2　协议层

I^2C 的协议定义了通信的起始和停止信号、数据有效性、响应、仲裁、时钟同步和地址广播等环节。

1. I^2C 基本读写过程

先看看 I^2C 通信过程的基本结构，它的通信过程如图 10.2、图 10.3 及图 10.4 所示。

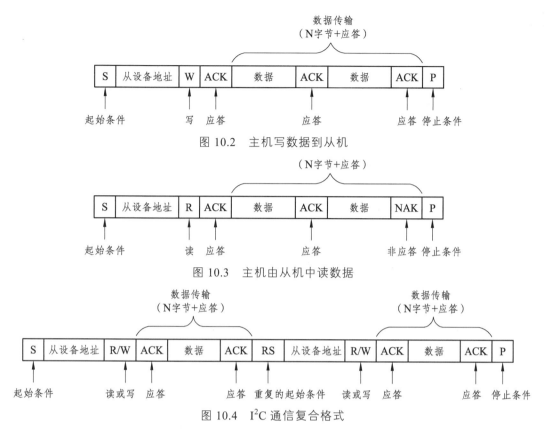

图 10.2　主机写数据到从机

图 10.3　主机由从机中读数据

图 10.4　I²C 通信复合格式

　　上述图表示的是主机和从机通信时，SDA 线的数据包序列。其中 S 表示由主机的 I²C 接口产生的传输起始信号（S），这时连接到 I²C 总线上的所有从机都会接收到这个信号。起始信号产生后，所有从机就开始等待主机紧接下来广播的从机地址信号（SLAVE_ADDRESS）。在 I²C 总线上，每个设备的地址都是唯一的，当主机广播的地址与某个设备地址相同时，这个设备就被选中了，没被选中的设备将会忽略之后的数据信号。根据 I²C 协议，这个从机地址可以是 7 位或 10 位。

　　在地址位之后，是传输方向的选择位，该位为 0 时，表示后面的数据传输方向是由主机传输至从机，即主机向从机写数据。该位为 1 时，则相反，即主机由从机读数据。从机接收到匹配的地址后，主机或从机会返回一个应答（ACK）或非应答（NACK）信号，只有接收到应答信号后，主机才能继续发送或接收数据。若配置的方向传输位为"写数据"方向，即第一幅图的情况，广播完地址，接收到应答信号后，主机开始正式向从机传输数据（DATA），数据包的大小为 8 位，主机每发送完一个字节数据，都要等待从机的应答信号（ACK），重复这个过程，可以向从机传输 N 个数据，这个 N 没有大小限制。当数据传输结束时，主机向从机发送一个停止传输信号（P），表示不再传输数据。

　　若配置的方向传输位为"读数据"方向，即第二幅图的情况，广播完地址，接收到应答信号后，从机开始向主机返回数据（DATA），数据包大小也为 8 位，从机每发送完一个数据，都会等待主机的应答信号（ACK），重复这个过程，可以返回 N 个数据，这个 N 也没有大小限制。当主机希望停止接收数据时，就向从机返回一个非应答信号（NACK），则从机自动停止数据传输。

除了基本的读写，I²C 通信更常用的是复合格式，即第三幅图的情况，该传输过程有两次起始信号（S）。一般在第一次传输中，主机通过 SLAVE_ADDRESS 寻找到从设备后，发送一段"数据"，这段数据通常用于表示从设备内部的寄存器或存储器地址（注意区分它与 SLAVE_ADDRESS 的区别）；在第二次的传输中，对该地址的内容进行读或写。也就是说，第一次通信是告诉从机读写地址，第二次通信则是读写的实际内容。

以上通信流程中包含的各个信号分解如下：

2．通信的起始和停止信号

前文中提到的起始（S）和停止（P）信号是两种特殊的状态，见图 10.5。当 SCL 线是高电平时 SDA 线从高电平向低电平切换，这个情况表示通信的起始。当 SCL 是高电平时 SDA 线由低电平向高电平切换，表示通信的停止。起始和停止信号一般由主机产生。

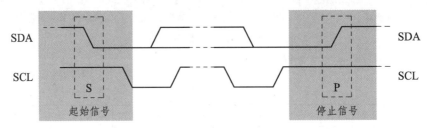

图 10.5　起始和停止信号

3．数据有效性

I²C 使用 SDA 信号线来传输数据，使用 SCL 信号线进行数据同步。SDA 数据线在 SCL 的每个时钟周期传输一位数据。传输时，SCL 为高电平的时候 SDA 表示的数据有效，即此时的 SDA 为高电平时表示数据"1"，为低电平时表示数据"0"。当 SCL 为低电平时，SDA 的数据无效，一般在这个时候 SDA 进行电平切换，为下一次表示数据做好准备。

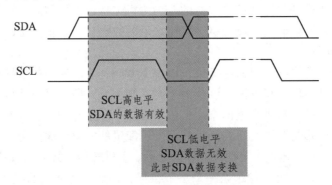

图 10.6　数据有效性

每次数据传输都以字节为单位，每次传输的字节数不受限制。

4．地址及数据方向

I²C 总线上的每个设备都有自己的独立地址，主机发起通信时，通过 SDA 信号线发送设备地址（SLAVE_ADDRESS）来查找从机。I²C 协议规定设备地址可以是 7 位或 10 位，实际中 7 位的地址应用比较广泛。紧跟设备地址的一个数据位用来表示数据传输方向，它是数据方向位（R/W），第 8 位或第 11 位。数据方向位为"1"时表示主机由从机读数据，该位为"0"时表示主机向从机写数据，如图 10.7 所示。

图 10.7　设备地址（7 位）及数据传输方向

读数据方向时，主机会释放对 SDA 信号线的控制，由从机控制 SDA 信号线，主机接收信号，写数据方向时，SDA 由主机控制，从机接收信号。

5. 响　应

I^2C 的数据和地址传输都带响应。响应包括"应答（ACK）"和"非应答（NACK）"两种信号。作为数据接收端时，当设备（无论主从机）接收到 I^2C 传输的一个字节数据或地址后，若希望对方继续发送数据，则需要向对方发送"应答（ACK）"信号，发送方会继续发送下一个数据；若接收端希望结束数据传输，则向对方发送"非应答（NACK）"信号，发送方接收到该信号后会产生一个停止信号，结束信号传输，如图 10.8 所示。

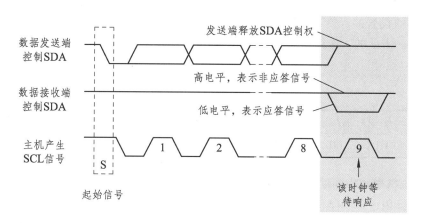

图 10.8　响应与非响应信号

传输时主机产生时钟，在第 9 个时钟时，数据发送端会释放 SDA 的控制权，由数据接收端控制 SDA，若 SDA 为高电平，表示非应答信号（NACK），低电平表示应答信号（ACK）。

10.3　STC8 系列单片机的 I^2C 总线

STC8 系列的单片机内部集成了一个 I^2C 串行总线控制器。I^2C 是一种高速同步通信总线，通信使用 SCL（时钟线）和 SDA（数据线）两线进行同步通信。对于 SCL 和 SDA 的端口分配，STC8 系列的单片机提供了切换模式，可将 SCL 和 SDA 切换到不同的 I/O 口上，以方便用户将一组 I^2C 总线当作多组进行分时复用。

与标准 I²C 协议相比较，忽略了如下两种机制：

- 发送起始信号（START）后不进行仲裁；
- 时钟信号（SCL）停留在低电平时不进行超时检测。

STC8 系列的 I²C 总线提供了两种操作模式：主机模式（SCL 为输出口，发送同步时钟信号）和从机模式（SCL 为输入口，接收同步时钟信号）。STC 的 I²C 串行总线控制器工作在从机模式时，SDA 管脚的下降沿信号可以唤醒进入掉电模式的 MCU。（注意：由于 I²C 传输速度比较快，MCU 唤醒后第一包数据一般是不正确的）。

10.3.1 I²C 主机模式

1. I²C 配置寄存器（I2CCFG），总线速度控制

符号	地址	B7	B6	B5	B4	B3	B2	B1	B0
I2CCFG	FE80H	EN12C	MSSL	MSSPEED[5:0]					

ENI2C：I²C 功能使能控制位。0：禁止 I²C 功能；1：允许 I²C 功能。

MSSL：I²C 工作模式选择位。0：从机模式；1：主机模式。

MSSPEED[5:0]：I²C 总线速度（等待时钟数）控制，只有当 I²C 模块工作在主机模式时，MSSPEED 参数设置的等待参数才有效。I²C 总线速度 = FOSC/2/(MSSPEED × 2+4)。

例：当 24 MHz 的工作频率下需要 400K 的 I²C 总线速度时，MSSPEED = (24M/400K/2 − 4)/2 = 13。

2. I²C 主机控制寄存器（I2CMSCR）

符号	地址	B7	B6	B5	B4	B3	B2	B1	B0
I2CMSCR	FE81H	EMSI	—	—	—	MSCMD[3:0]			

EMSI：主机模式中断使能控制位。0：关闭主机模式的中断；1：允许主机模式的中断。

MSCMD[3:0]：主机命令。

0000：待机，无动作。

0001：起始命令。发送 START 信号。如果当前 I²C 控制器处于空闲状态，即 MSBUSY（I2CMSST.7）为 0 时，写此命令会使控制器进入忙状态，硬件自动将 MSBUSY 状态位置 1，并开始发送 START 信号；若当前 I²C 控制器处于忙状态，写此命令可触发发送 START 信号。

0010：发送数据命令。写此命令后，I²C 总线控制器会在 SCL 管脚上产生 8 个时钟，并将 I2CTXD 寄存器里面数据按位送到 SDA 管脚上（先发送高位数据）。

0010：发送数据命令。写此命令后，I²C 总线控制器会在 SCL 管脚上产生 8 个时钟，并将 I2CTXD 寄存器里面数据按位送到 SDA 管脚上（先发送高位数据）。

0100：接收数据命令。写此命令后，I²C 总线控制器会在 SCL 管脚上产生 8 个时钟，并将从 SDA 端口上读取的数据依次左移到 I2CRXD 寄存器（先接收高位数据）。

0101：发送 ACK 命令。写此命令后，I²C 总线控制器会在 SCL 管脚上产生 1 个时钟，并将 MSACKO（I2CMSST.0）中的数据发送到 SDA 端口。

0110：停止命令。发送 STOP 信号。写此命令后，I²C 总线控制器开始发送 STOP 信号。信号发送完成后，硬件自动将 MSBUSY 状态位清零。

0111：保留。

1000：保留。

1001：起始命令+发送数据命令+接收 ACK 命令。此命令为命令 0001、命令 0010、命令 0011 三个命令的组合，下此命令后控制器会依次执行这三个命令。

1010：发送数据命令+接收 ACK 命令。此命令为命令 0010、命令 0011 两个命令的组合，下此命令后控制器会依次执行这两个命令。

1011：接收数据命令+发送 ACK（0）命令。此命令为命令 0100、命令 0101 两个命令的组合，下此命令后控制器会依次执行这两个命令。注意：此命令所返回的应答信号固定为 ACK（0），不受 MSACKO 位的影响。

1100：接收数据命令+发送 NAK（1）命令。此命令为命令 0100、命令 0101 两个命令的组合，下此命令后控制器会依次执行这两个命令。注意：此命令所返回的应答信号固定为 NAK（1），不受 MSACKO 位的影响。

3．I²C 主机辅助控制寄存器（I2CMSAUX）

符号	地址	B7	B6	B5	B4	B3	B2	B1	B0
I2CMSAUX	FE88H	—	—	—	—	—	—	—	WDTA

WDTA：主机模式时 I²C 数据自动发送允许位。0：禁止自动发送；1：使能自动发送。若自动发送功能被使能，当 MCU 执行完成对 I2CTXD 数据寄存器的写操作后，I²C 控制器会自动触发"1010"命令，即自动发送数据并接收 ACK 信号。

4．I²C 主机状态寄存器（I2CMSST）

符号	地址	B7	B6	B5	B4	B3	B2	B1	B0
I2CMSST	FE82H	MSBUSY	MSIF	—	—	—	—	MSACKI	MSACKO

MSBUSY：主机模式时 I²C 控制器状态位（只读位）。0：控制器处于空闲状态；1：控制器处于忙碌状态。当 I²C 控制器处于主机模式时，在空闲状态下，发送完成 START 信号后，控制器便进入到忙碌状态，忙碌状态会一直维持到成功发送完成 STOP 信号，之后状态会再次恢复到空闲状态。

MSIF：主机模式的中断请求位（中断标志位）。当处于主机模式的 I²C 控制器执行完成寄存器 I2CMSCR 中 MSCMD 命令后产生中断信号，硬件自动将此位 1，向 CPU 发请求中断，响应中断后 MSIF 位必须用软件清零。

MSACKI：主机模式时，发送"0011"命令到 I2CMSCR 的 MSCMD 位后所接收到的 ACK 数据。

MSACKO：主机模式时，准备将要发送出去的 ACK 信号。当发送"0101"命令到 I2CMSCR 的 MSCMD 位后，控制器会自动读取此位的数据当作 ACK 发送到 SDA。

10.3.2　I²C 从机模式

1．I²C 从机控制寄存器（I2CSLCR）

符号	地址	B7	B6	B5	B4	B3	B2	B1	B0
I2CMSLCR	FE83H	—	ESTAI	ERXI	ETXI	ESTOI	—	—	SLRST

ESTAI：从机模式时接收到 START 信号中断允许位。0：禁止从机模式时接收到 START 信号时发生中断；1：使能从机模式时接收到 START 信号时发生中断。

ERXI：从机模式时接收到 1 字节数据后中断允许位。0：禁止从机模式时接收到数据后发生中断；1：使能从机模式时接收到 1 字节数据后发生中断。

ETXI：从机模式时发送完成 1 字节数据后中断允许位。0：禁止从机模式时发送完成数据后发生中断；1：使能从机模式时发送完成 1 字节数据后发生中断。

ESTOI：从机模式时接收到 STOP 信号中断允许位。0：禁止从机模式时接收到 STOP 信号时发生中断；1：使能从机模式时接收到 STOP 信号时发生中断。

SLRST：复位从机模式。

2．I²C 从机状态寄存器（I2CSLST）

符号	地址	B7	B6I	B5	B4	B3	B2	B1	B0
I2CSLST	FE84H	SLBUSY	STAIF	RXIF	TXIF	STOIF	—	SLACKI	SLACKO

SLBUSY：从机模式时 I²C 控制器状态位（只读位）。0：控制器处于空闲状态；1：控制器处于忙碌状态。当 I²C 控制器处于从机模式时，在空闲状态下，接收到主机发送 START 信号后，控制器会继续检测之后的设备地址数据，若设备地址与当前 I2CSLADR 寄存器中所设置的从机地址相同时，控制器便进入到忙碌状态，忙碌状态会一直维持到成功接收到主机发送 STOP 信号，之后状态会再次恢复到空闲状态。

STAIF：从机模式时接收到 START 信号后的中断请求位。从机模式的 I²C 控制器接收到 START 信号后，硬件会自动将此位置 1，并向 CPU 发请求中断，响应中断后 STAIF 位必须用软件清零。

RXIF：从机模式时接收到 1 字节的数据后的中断请求位。从机模式的 I²C 控制器接收到 1 字节的数据后，在第 8 个时钟的下降沿时硬件会自动将此位置 1，并向 CPU 发请求中断，响应中断后 RXIF 位必须用软件清零。

TXIF：从机模式时发送完成 1 字节的数据后的中断请求位。从机模式的 I²C 控制器发送完成 1 字节的数据并成功接收到 1 位 ACK 信号后，在第 9 个时钟的下降沿时硬件会自动将此位置 1，并向 CPU 发请求中断，响应中断后 TXIF 位必须用软件清零。

STOIF：从机模式时接收到 STOP 信号后的中断请求位。从机模式的 I²C 控制器接收到 STOP 信号后，硬件会自动将此位置 1，并向 CPU 发请求中断，响应中断后 STOIF 位必须用软件清零。

SLACKI：从机模式时，接收到的 ACK 数据。

SLACKO：从机模式时，准备将要发送出去的 ACK 信号。

3. I²C 从机地址寄存器（I2CSLADR）

符号	地址	B7	B6I	B5	B4	B3	B2	B1	B0
I2CSLADR	FE85H				I2CSLDR[7:1]				MA

I2CSLADR[7:1]：从机设备地址。当 I²C 控制器处于从机模式时，控制器在接收到 START 信号后，会继续检测接下来主机发送出的设备地址数据以及读/写信号。当主机发送出的设备地址与 I2CSLADR[7:1]中所设置的从机设备地址相同时，控制器才会向 CPU 发出中断请求，请求 CPU 处理 I²C 事件；否则若设备地址不同，I²C 控制器继续监控，等待下一个起始信号，对下一个设备地址继续比较。

MA：从机设备地址比较控制。0：设备地址必须与 I2CSLADR[7:1]相同；1：忽略 I2CSLADR[7:1]中的设置，接收所有的设备地址。I²C 总线协议规定 I²C 总线上最多可挂载 128 个 I²C 设备（理论值），不同的 I²C 设备用不同的 I²C 从机设备地址进行识别。I²C 主机发送完成起始信号后，发送的第一个数据（DATA0）的高 7 位即为从机设备地址（DATA0[7:1]为 I²C 设备地址），最低位为读写信号。当 I²C 设备从机地址寄存器 MA（I2CSLADR.0）为 1 时，表示 I²C 从机能够接收所有的设备地址，此时主机发送的任何设备地址，即 DATA0[7:1]为任何值，从机都能响应。当 I²C 设备从机地址寄存器 MA（I2CSLADR.0）为 0 时，主机发送的设备地址 DATA0[7:1]必须与从机的设备地址 I2CSLADR[7:1]相同时才能访问此从机设备。

4. I²C 数据寄存器（I2CTXD，I2CRXD）

符号	地址	B7	B6	B5	B4	B3	B2	B1	B0
I2CTXD	FE86H								
I2CRXD	FE87H								

I2CTXD 是 I²C 发送数据寄存器，存放将要发送的 I²C 数据。
I2CRXD 是 I²C 接收数据寄存器，存放接收完成的 I²C 数据。

10.4　单片机硬件 I²C 驱动程序

为了方便地配置硬件 I²C 工作模式，用如下结构体进行封装：

```
typedef struct
{
    uint8_t  I2C_Speed;          //总线速度=Fosc/2/（Speed*2+4），  0 ~ 63
    uint8_t  I2C_Enable;         //I²C 功能使能，      ENABLE，  DISABLE
    uint8_t  I2C_Mode;           //主从模式选择，      I2C_Mode_Master，I2C_Mode_Slave
    uint8_t  I2C_MS_Interrupt;   //使能主机模式中断，  ENABLE，  DISABLE
    uint8_t  I2C_MS_WDTA;        //主机使能自动发送，  ENABLE，  DISABLE
    uint8_t  I2C_SL_ESTAI;       //从机接收 START 信号中断使能，  ENABLE，  DISABLE
```

```
    uint8_t    I2C_SL_ERXI;        //从机接收 1 字节数据中断使能，    ENABLE，  DISABLE
    uint8_t    I2C_SL_ETXI;        //从机发送 1 字节数据中断使能，    ENABLE，  DISABLE
    uint8_t    I2C_SL_ESTOI;       //从机接收 STOP 信号中断使能，    ENABLE，  DISABLE
    uint8_t    I2C_SL_ADR;         //从机设备地址，    0 ~ 127
    uint8_t    I2C_SL_MA;          //从机设备地址比较使能，    ENABLE，  DISABLE
    uint8_t    I2C_IoUse;          //I2C_P14_P15，I2C_P24_P25，I2C_P76_P77，I2C_P33_P32
} I2C_InitTypeDef;
```
然后调用如下函数进行初始化。

```
void  I2C_Init(I2C_InitTypeDef *I2Cx)
{
    EAXSFR();                                    // 指令的操作对象为扩展 SFR(XSFR)
    if(I2Cx->I2C_Mode == I2C_Mode_Master)
    {
        I2C_Master();                            //设为主机
        I2CMSST = 0x00;                          //清除 I²C 主机状态寄存器
        I2C_Master_Inturrupt(I2Cx->I2C_MS_Interrupt);
        I2C_SetSpeed(I2Cx->I2C_Speed);
        if(I2Cx->I2C_MS_WDTA == ENABLE)
{I2C_WDTA_EN();}                                 //使能自动发送
        else
{I2C_WDTA_DIS();}                                //禁止自动发送
    }
    else
    {
        I2C_Slave();                             //设为从机
        I2CSLST = 0x00;                          //清除 I²C 从机状态寄存器
        if(I2Cx->I2C_SL_ESTAI == ENABLE)
{I2C_ESTAI_EN();}                                //使能从机接收 START 信号中断
        else
{ I2C_ESTAI_DIS();}                              //禁止从机接收 START 信号中断
        if(I2Cx->I2C_SL_ERXI == ENABLE)
{I2C_ERXI_EN();}                                 //使能从机接收 1 字节数据中断
        else
{I2C_ERXI_DIS();   }                             //禁止从机接收 1 字节数据中断
        if(I2Cx->I2C_SL_ETXI == ENABLE)
{I2C_ETXI_EN();}                                 //使能从机发送 1 字节数据中断
        else
{I2C_ETXI_DIS();   }                             //禁止从机发送 1 字节数据中断
        if(I2Cx->I2C_SL_ESTOI == ENABLE)
```

```
        {I2C_ESTOI_EN();}                                   //使能从机接收 STOP 信号中断
                else
        {I2C_ESTOI_DIS();}                                  //禁止从机接收 STOP 信号中断
                I2C_Address(I2Cx->I2C_SL_ADR);
                if(I2Cx->I2C_SL_MA == ENABLE)
        {I2C_MATCH_EN();}                                   //从机地址比较功能，只接受相匹配地址
                else
        {I2C_MATCH_DIS();}                                  //禁止从机地址比较功能，接受所有设备地址
            }
            P_SW2 = (P_SW2 & ~(3<<4)) | I2Cx->I2C_IoUse;
            I2C_Function(I2Cx->I2C_Enable);
            EAXRAM();                                       // 指令的操作对象为扩展 RAM（XRAM）
}
```

以上函数中，调用了一些宏对特殊功能寄存器进行配置，具体宏定义如下：

```
#define     EAXSFR()        P_SW2 |=  0x80                              // 指令的操作对象为扩展
SFR(XSFR)
#define     EAXRAM()        P_SW2 &= ~0x80            //指令的操作对象为扩展 RAM(XRAM)
#define     I2C_Master()    I2CCFG |=  0x40           // 1: 设为主机
#define     I2C_Master_Inturrupt(n)   (n==0?(I2CMSCR &= ~0x80):(I2CMSCR |= 0x80))
//0：禁止 I2C 功能；1：使能 I2C 功
#define     I2C_SetSpeed(n)           I2CCFG = (I2CCFG & ~0x3f) | (n & 0x3f)
// 总线速度=Fosc/2/(Speed*2+4)
#define     I2C_WDTA_EN()   I2CMSAUX |= 0x01          // 使能自动发送
#define     I2C_WDTA_DIS()  I2CMSAUX &= ~0x01         // 禁止自动发送
#define     I2C_Slave()     I2CCFG &= ~0x40           //0: 设为从机
#dcfinc     I2C_ESTAI_EN()  I2CSLCR |= 0x40           //使能从机接收 START 信号中断
#define     I2C_ESTAI_DIS() I2CSLCR &= ~0x40          //禁止从机接收 START 信号中断
#define     I2C_ERXI_EN()   I2CSLCR |= 0x20           //使能从机接收 1 字节数据中断
#define     I2C_ERXI_DIS()  I2CSLCR &= ~0x20          //禁止从机接收 1 字节数据中断
#define     I2C_ETXI_EN()   I2CSLCR |= 0x10           //使能从机发送 1 字节数据中断
#define     I2C_ETXI_DIS()  I2CSLCR &= ~0x10          //禁止从机发送 1 字节数据中断
#define     I2C_ESTOI_EN()  I2CSLCR |= 0x08           //使能从机接收 STOP 信号中断
#define     I2C_ESTOI_DIS() I2CSLCR &= ~0x08          //禁止从机接收 STOP 信号中断
#define     I2C_SLRET()     I2CSLCR |= 0x01           //复位从机模式
#define     I2C_MATCH_EN()  I2CSLADR &= ~0x01         //使能从机地址比较功能，只接受相匹配地址
#define     I2C_MATCH_DIS() I2CSLADR |= 0x01          //禁止从机地址比较功能，接受所有设备地址
#define     I2C_Function(n)     (n==0?(I2CCFG &= ~0x80):(I2CCFG |= 0x80))
//0：禁止 I2C 功能；1：使能 I2C 功能
```

配置好硬件 I^2C 工作模式后，根据 I^2C 时序要求，还需要封装如下的函数。

```
//=================================================================
// 函数: void Start (void)
// 描述: I²C 总线起始函数.
// 参数: none.
// 返回: none.
//=================================================================
void Start()
{
    I2CMSCR = 0x01;              //发送 START 命令
    Wait();
}
//=================================================================
// 函数: void    Wait (void)
// 描述: 等待主机模式 I²C 控制器执行完成 I2CMSCR.
// 参数: mode: 指定模式，取值 I2C_Mode_Master 或  I2C_Mode_Slave.
// 返回: none.
//=================================================================
void Wait()
{
    while (!(I2CMSST & 0x40));
    I2CMSST &=   ~ 0x40;
}
//=================================================================
// 函数: void SendData (char dat)
// 描述: I²C 发送一个字节数据函数.
// 参数: 发送的数据.
// 返回: none.
//=================================================================
void SendData(char dat)
{
    I2CTXD = dat;                //写数据到数据缓冲区
    I2CMSCR = 0x02;              //发送 SEND 命令
    Wait();
}
//=================================================================
// 函数: void RecvACK (void)
// 描述: I²C 获取 ACK 函数
// 参数: none.
// 返回: none.
```

```
//=============================================================
    void RecvACK()
    {
        I2CMSCR = 0x03;                //发送读 ACK 命令
        Wait();
    }
//=============================================================
//  函数: char RecvData (void)
//  描述: I²C 读取一个字节数据函数.
//  参数: none.
//  返回: 读取数据.
//=============================================================
char RecvData()
{
        I2CMSCR = 0x04;                //发送 RECV 命令
        Wait();
        return I2CRXD;
}
//=============================================================
//  函数: void SendACK (void)
//  描述: I²C 发送 ACK 函数.
//  参数: none.
//  返回: none.
//=============================================================
void SendACK()
{
        I2CMSST = 0x00;                //设置 ACK 信号
        I2CMSCR = 0x05;                //发送 ACK 命令
        Wait();
}
//=============================================================
//  函数: void SendNAK (void)
//  描述: I²C 发送 NAK 函数.
//  参数: none.
//  返回: none.
//=============================================================
void SendNAK()
{
        I2CMSST = 0x01;                //设置 NAK 信号
```

```
            I2CMSCR = 0x05;                    //发送 ACK 命令
        Wait();
}
//==============================================================
// 函数: void Stop (void)
// 描述: I²C 总线停止函数
// 参数: none
// 返回: none
//==============================================================
void Stop()
{
        I2CMSCR = 0x06;                        //发送 STOP 命令
        Wait();
}
//==============================================================
// 函数: void    WriteNbyte(uint8_t hard_write_addr,uint8_t addr, uint8_t *p, uint8_t number)
// 描述: I²C 写入数据函数
// 参数: addr: 指定地址,    *p 写入数据存储位置,    number 写入数据个数
// 返回: none
//==============================================================
void WriteNbyte（uint8_t hard_write_addr, uint8_t addr,    uint8_t *p,    uint8_t number）
  {
        EAXSFR();
Start();                                      //发送起始命令
        SendData（hard_write_addr）;           //发送设备地址+写命令
        RecvACK();
        SendData（addr）;                       //发送存储地址
        RecvACK();
        do
        {
            SendData(*p++);
            RecvACK();
        }
        while(--number);
        Stop();                                //发送停止命令
        EAXRAM();
    }
//==============================================================
// 函数: void    ReadNbyte(uint8_t addr, uint8_t *p, uint8_t number)
```

```
// 描述: I²C 读取数据函数.
// 参数: addr: 指定地址,   *p 读取数据存储位置,   number 读取数据个数.
// 返回: none.
//==========================================================================
void ReadNbyte(uint8_t hard_write_addr,uint8_t addr, uint8_t *p, uint8_t number)
  {
      EAXSFR();
Start();                                        //发送起始命令
      SendData(hard_write_addr);                //发送设备地址+写命令
      RecvACK();
      SendData(addr);                            //发送存储地址
      RecvACK();
      Start();                                   //发送起始命令
      SendData(hard_write_addr + 1);            //发送设备地址+读命令
      RecvACK();
      do
      {
          *p = RecvData();
          p++;
          if(number != 1) SendACK();            //send ACK
      }
      while(--number);
      SendNAK();                                //send no ACK
      Stop();                                    //发送停止命令
      EAXRAM();
}
```

10.5 单片机 IO 模拟 I²C 驱动程序

相比于硬件 I²C 工作模式，用普通的 IO 端口来模拟 I²C 工作时序应用更加普遍。需要注意，I²C 工作模式对时间延迟有较高要求，需根据实际工作频率，调整延时。以下宏为单片机管脚和硬件地址宏定义，需根据实际情况进行调整。

```
#define    SCL              P15
#define    SDA              P14
#define    SLAW             0xA2
#define    SLAR             0xA3
#define    MAIN_Fosc        24000000 UL
void I2C_Delay(void)                          // 描述: I²C 延时函数
```

```c
{
    uint8_t    dly;
    dly = MAIN_Fosc / 2000000UL;          //按 2 μs 计算
    while(--dly);
}
void I2C_Start(void)                       // I²C 总线起始函数
{
    SDA = 1;
    I2C_Delay();
    SCL = 1;
    I2C_Delay();
    SDA = 0;
    I2C_Delay();
    SCL = 0;
    I2C_Delay();
}
void I2C_Stop(void)                        // I²C 总线结束函数
{
    SDA = 0;
    I2C_Delay();
    SCL = 1;
    I2C_Delay();
    SDA = 1;
    I2C_Delay();
}
void S_ACK(void)                           //发送 ACK
{
    SDA = 0;
    I2C_Delay();
    SCL = 1;
    I2C_Delay();
    SCL = 0;
    I2C_Delay();
}
void S_NoACK(void)                         //发送 No ACK
{
    SDA = 1;
    I2C_Delay();
    SCL = 1;
```

```c
        I2C_Delay();
        SCL = 0;
        I2C_Delay();
}
void I2C_Check_ACK(void)                        //检测 ACK, 如果 F0=0, ACK, 如果 F0=1, No ACK
{
        SDA = 1;
        I2C_Delay();
        SCL = 1;
        I2C_Delay();
        F0   = SDA;
        SCL = 0;
        I2C_Delay();
}
```

```
//================================================================
// 函数: void I2C_WriteAbyte(uint8_t dat)
// 描述: I²C 发送一个字节数据函数
// 参数: 发送的数据
// 返回: none
//================================================================
```

```c
void I2C_WriteAbyte(uint8_t dat)
{
        uint8_t i;
        i = 8;
        do
        {
            if(dat & 0x80)    SDA = 1;
            else              SDA = 0;
            dat <<= 1;
            I2C_Delay();
            SCL = 1;
            I2C_Delay();
            SCL = 0;
            I2C_Delay();
        }
        while(--i);
}
```

```
//================================================================
// 函数: uint8_t I2C_ReadAbyte(void)
```

```
// 描述: I²C 读取一个字节数据函数
// 参数: none
// 返回: 读取数据
//=================================================================
uint8_t I2C_ReadAbyte(void)
{
    uint8_t i, dat;
    i = 8;
    SDA = 1;
    do
    {
        SCL = 1;
        I2C_Delay();
        dat <<= 1;
        if(SDA)     dat++;
        SCL   = 0;
        I2C_Delay();
    }
    while(--i);
    return(dat);
}

//=================================================================
// 函数: void    SI2C_WriteNbyte(uint8_t addr, uint8_t *p, uint8_t number)
// 描述: I²C 写入数据函数
// 参数: addr: 指定地址, *p 写入数据存储位置, number 写入数据个数
// 返回: none
//=================================================================
void SI2C_WriteNbyte（uint8_t addr,   uint8_t *p,   uint8_t number）
{
    I2C_Start();
    I2C_WriteAbyte(SLAW);
    I2C_Check_ACK();
    if(!F0)
    {
        I²C_WriteAbyte(addr);
        I²C_Check_ACK();
        if(!F0)
        {
            do
```

```
                    {
                        I2C_WriteAbyte(*p); p++;
                        I2C_Check_ACK();
                        if(F0)    break;
                    }
                    while(--number);
                }
            }
        I2C_Stop();
    }
//=================================================================
// 函数: void    SI2C_ReadNbyte(uint8_t addr, uint8_t *p, uint8_t number)
// 描述: I²C 读取数据函数
// 参数: addr: 指定地址, *p 读取数据存储位置,    number 读取数据个数
// 返回: none
//=================================================================
void SI2C_ReadNbyte(uint8_t addr, uint8_t *p, uint8_t number)
{
    I2C_Start();
    I2C_WriteAbyte(SLAW);
    I2C_Check_ACK();
    if(!F0)
    {
        I2C_WriteAbyte(addr);
        I2C_Check_ACK();
        if(!F0)
        {
            I2C_Start();
            I2C_WriteAbyte(SLAR);
            I2C_Check_ACK();
            if(!F0)
            {
                do
                {
                    *p = I2C_ReadAbyte();    p++;
                    if(number != 1)    S_ACK();    //send ACK
                }
```

```
                    while(--number);
                    S_NoACK();                  //send no ACK
                }
            }
        }
        I2C_Stop();
}
```

10.6   时钟芯片 PCF8563 编程范例

PCF8563 是一种低功耗的时钟/日历芯片，采用 I^2C 总线接口，可广泛用于移动电话、便携式仪器、传真机等产品中。PC8563 的特点如下：

- I^2C 两线串行总线接口，传输速度可达 400 kbps；
- 内含上电复位电路、振荡与分频电路，外接 32.768 kHz 石英晶振；
- 工作电压范围宽，数据保持和时钟工作电压 1 ~ 5.5V，I^2C 总线工作电压 1.8 ~ 5.5V；
- 极低的后备电流，典型值为 0.25 μA（V_{DD}=3.0 V，T_{amb}=25 °C）；
- 有可编程时钟输出：32.768 kHz，1 024 Hz，32 Hz，1 Hz，可用于外部器件；
- 片内字节地址读写后自动加一；
- 有定时、闹钟和中断输出功能。

与同类器件相比，PCF8563 所需后备电流仅 0.25 μA，而同类器件最低为 1 μA，对电池供电产品更有利；具有比同类器件更灵活的可选时钟输出。此外 PCF8563 内部集成有电压低检测器，并在秒寄存器的最高位可作出指示，通过查询该位可知数据是否可靠，从而提醒及时校准时钟。

PCF8563 有 DIP8、SO8 和 TSSOP8 三种封装形式。其引脚功能如表 10.1 所示。

表 10.1   PCF8563 引脚功能

名称	引脚	功能
OSCI	1	振荡器输入
OSCO	2	振荡器输出
/INT	3	中断输出（低有效）
V_{SS}	4	地
SDA	5	串行数据线
SCL	6	串行时钟线
CLKOUT	7	可编程时钟输出
V_{DD}	8	电源

PF8563 内部包括 16 字节寄存器，现分述如下：

- 状态/控制寄存器

状态/控制寄存器有两个，主要控制芯片的工作模式与各种功能，其内容分别如表 10.2、表 10.3 所示。

表 10.2　状态/控制寄存器 1（地址 00H）

位	名称	功能
7	TEST1	0：正常模式；1：测试模式
5	STOP	0：计数；1：停止计数，分频器复位（时钟输出 32.768 kHz 仍正常）
3	TESTC	0：正常模式；1：跳过上电复位
6，4，2，1，0	应写为 0	

表 10.3　状态/控制寄存器 2（地址 01H）

位	名称	功能
7，6，5	应写为 0	
4	TI/TP	中断输出方式
3	AF	定闹时间到标志
2	TF	定时器到标志
1	AIE	闹钟中断使能 AIE=0；闹钟中断禁止； AIE=1；闹钟中断允许
0	TIE	定时器中断使能 TIE=0；定时器中断禁止； TIE=1；定时器中断允许

- 时钟/日历寄存器（地址 02H ~ 08H）

振荡电路输出 32.768 kHz 脉冲经分频器后产生 1 Hz 脉冲输入时钟/日历寄存器，除星期寄存器外所有计数器都以 BCD 码格式存储。如表 10.3 所示，秒寄存器的最高位被用作电压低标志。PCF8563 内部集成有电压低检测电路，当电源电压降至 VLow 以下时，VL 位（电压低）自动置"1"，表示当前的时钟/日历信息难以保证，该位必须软件清除。

- 可编程时钟输出频率控制寄存器（地址 ODH）

如表 10.4 所列，FE 位为 CLKOUT 输出使能位，该位为 1 时 CLKOUT 输出允许，在 CLKOUT 引脚输出一定频率的占空比为 50% 的脉冲；为 0 时 CLKOUT 输出禁止，引脚为高阻态。当 CLKOUT 输出允许时，其输出频率通过编程时钟输出频率寄存器的 FD1、FD0 位确定，具体为：FD1，FD0=00 时，f_{CLKOUT}=32.768 kHz；FD1，FD0=01 时，f_{CLKOUT}=1 024 Hz；FD1，FD0=10 时，f_{CLKOUT}=32 Hz；FD1，FD0=11 时，f_{CLKOUT}=1 Hz。这种可编程的时钟输出频率功能在测量和控制仪器中特别有用。

表 10.4 时钟/日历寄存器

地址	寄存器名	bit7	bit6	bit5	bit4	bit3	bit2	bit2,1,0
02H	秒	VL	秒（00～59）BCD 码					
03H	分	—	分（00～59）BCD 码					
04H	小时	—	—	小时（00～23）BCD 码				
05H	日期	—	—	日期（01～31）BCD 码				
06H	星期	—	—	—	—	—	星期（0～6）	
07H	月	C	—	—	月(1～12)BCD 码			
O8H	年	年（00～99）BCD 码						
O9H	定闹分	AE	定闹分（00～59）BCD 码					
OAH	闹钟小时	AE	—	定闹小时（00～23）BCD 码				
OBH	闹钟日期	AE	—	定闹日期（01～31）BCD 码				
OCH	闹钟星期	AE	—	—	—	—	定闹星期（0～6）	
ODH	时钟输出频率	FE	—	—	—	—	FDL	FDC
OEH	定时控制	TE	—	—	—	—	TD1	TDC
OFH	定时值	定时值 N						

- 闹钟寄存器（地址 09H～0CH）

如表 10.4 所示，通过给分、小时、日期和星期闹钟寄存器一个或多个加载有效的值，并将相应闹钟使能位（AE）设置为逻辑"0"，则启动闹钟，当闹钟寄存器的值与对应的时钟器值相同时，闹钟标志（AF）置为高。当闹钟中断允许有效时，输出 INT 引脚被拉低，直到复位或软件清除。

- 计数器模式

定时器寄存器是一个 8 位二进制逆计数器，由定时器使能位（TE）允许或禁止。其输入源时钟由定时器控制寄存器中的 TD1，TD0 位选择，具体为：TD1，TD0 = 00 时，f_{in} = 4096 Hz；TD1，TD0 = 01 时，f_{in} = 64 Hz；TD1，TD0 = 10 时，f_{in} = 1 Hz；TD1，TD0 = 11 时，f_{in} = 1/60 Hz。如表 10.4 所示，若允许计数报警，则当定时器寄存器减为 0 时，将发生一次计数报警。

- 中断输出 INT 端

中断输出是 N 沟道开漏极输出，输出条件由状态/控制寄存器 2 决定，这些条件包括时钟定闹、定时器到、定时溢出等信号。一个中断可由 AF 或 TF 标志引起，且在相应的中断允许时发生，所有的中断必须由软件复位相应的标志来清除。

- 振荡器和驱动

在 OSCI 和 OSCO 端可以连接一个 32.768kHz 的石英晶体，在 OSCI 和 V_{DD} 间接电容器以调整振荡频率，经内部分频后得到一个 1Hz 的信号用于时钟计数器。

- 初始化

当芯片上电后，状态寄存器和所有的计数器被复位，初始状态位：32.768 kHz 时钟，00 年，1 月 1 日，0:00:00，中断输出端发出 1 Hz 信号。

开发板上 PCF8563 接线如图 10.9 所示，从图中可知，时钟输出和中断关键等都没有使用，仅仅应用了 I²C 的引脚功能。

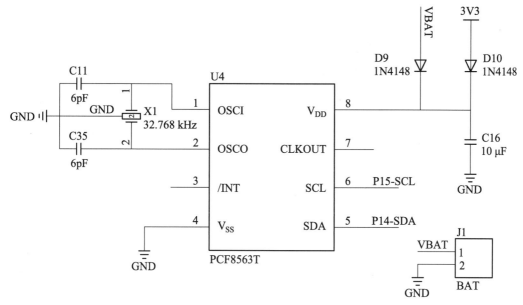

图 10.9　PCF8563 接线图

为了方便时间的设置和获取，定义如下的结构体。

```
typedef   struct
{
        uint8_t second;                 /* 对应寄存器地址 0x02 */
        uint8_t minute;                 /* 对应寄存器地址 0x03 */
        uint8_t hour;                   /* 对应寄存器地址 0x04 */
        uint8_t day;                    /* 对应寄存器地址 0x05 */
        uint8_t week;                   /* 对应寄存器地址 0x06 */
        uint8_t month;                  /* 对应寄存器地址 0x07 */
        uint8_t year;                   /* 对应寄存器地址 0x08 */
}PCF8563_Time_S,         *pPCF8563_Time_S;
```

PCF8563 的硬件地址宏定义如下：

```
#define   PCF8563_WRITE_ADDR       0xA2          /* 写地址 */
#define   PCF8563_READ_ADDR        0xA3          /* 读地址 */
```

由于 PCF8563 应用 I²C，所以，初始化管脚功能时候要调用前面章节介绍的 I²C 相关函数。这里采用单片机的硬件 I²C 功能。PCF8563 初始化包含管脚工作状态初始化，I²C 功能初始化和 PCF8563 结构体及其工作状态设置初始化，代码如下：

```
#define SET_I2C_SPEED(x)    ((MAIN_Fosc/2000/(x) – 4)/2)   //计算 I²C 速度，x=200，表示 200K
PCF8563_Time_S    g_sPCF8563Time;                        /* 时间结构体定义 */
void   PCF8563_Init(void)
{
```

```
            uint8_t    temp = 0;
            I2C_InitTypeDef          I2C_InitTypedStructure;                    // I²C 功能配置结构体
            P1_MODE_IO_PU(GPIO_Pin_4|GPIO_Pin_5);                              // P1.4，P1.5 准双向设置
            I2C_InitTypedStructure.I2C_Speed = SET_I2C_SPEED(200);             // 对应 200K
            I2C_InitTypedStructure.I2C_Enable= EANBLE;                          // I²C 功能使能
            I2C_InitTypedStructure.I2C_Mode = I2C_Mode_Master;                 // 主模式
            I2C_InitTypedStructure.I2C_MS_Interrupt = DISABLE;                 // 失能主机模式中断，
            I2C_InitTypedStructure.I2C_MS_WDTA = DISABLE;                      // 失能主机自动发送
            I2C_InitTypedStructure.I2C_IoUse = I2C_P14_P15;                    // I²C 管脚选择
            I2C_Init(&I2C_InitTypedStructure);                                 // I²C 功能 初始化
            g_sPCF8563Time.second  = 45;                       /* 2022.1.19，星期二，14:30:45 */
            g_sPCF8563Time.minute  = 30;
            g_sPCF8563Time.hour    = 14;
            g_sPCF8563Time.week    = 3;
            g_sPCF8563Time.day     = 19;
            g_sPCF8563Time.month   = 1;
            g_sPCF8563Time.year    = 22;
    temp = 0;addr = 0x00;
    WriteNbyte(PCF8563_WRITE_ADDR,addr, &temp, 1);        // 向状态/控制寄存器 1，写入数据 0x00
    temp = 0;addr = 0x01;
    WriteNbyte(PCF8563_WRITE_ADDR,addr, &temp, 1);        // 向状态/控制寄存器 2，写入数据 0x00;
    PCF8563_writeTimeRegister(&g_sPCF8563Time);           // 设置时间寄存器
    }
    /* 地址 addr 写入数据 dat */
    void PCF8563_writeByte(uint8_t addr,uint8_t dat)
    {
            uint8_t    temp = dat;
            WriteNbyte(PCF8563_WRITE_ADDR,addr, &temp, 1);                     // 调用 I²C 接口函数
    }
    void PCF8563_writeTimeRegister(PCF8563_Time_S * pTimeStruct)              // 更新时间信息
    {
        PCF8563_writeByte(0x02,DECtoBCD(pTimeStruct->second));                // 写秒寄存器
        PCF8563_writeByte(0x03,DECtoBCD(pTimeStruct->minute));                // 写分寄存器
        PCF8563_writeByte(0x04,DECtoBCD(pTimeStruct->hour));                  // 写小时寄存器
        PCF8563_writeByte(0x05,DECtoBCD(pTimeStruct->day));                   // 写日期寄存器
        PCF8563_writeByte(0x06,DECtoBCD(pTimeStruct->week));                  // 写星期寄存器
        PCF8563_writeByte(0x07,DECtoBCD(pTimeStruct->month));                 // 写月寄存器
        PCF8563_writeByte(0x08,DECtoBCD(pTimeStruct->year));                  // 写年寄存器

    }
```

这里的初始化随意给定了一个时间，接下来设定修改时间信息的接口。

```
void PCF8563_setTime(PCF8563_Time_S * pTimeStruct) /* 通过时间结构体更新时间 */
{
    g_sPCF8563Time.second =   pTimeStruct->second;
    g_sPCF8563Time.minute =   pTimeStruct->minute;
    g_sPCF8563Time.hour   =   pTimeStruct->hour;
    g_sPCF8563Time.day    =   pTimeStruct->day;
    g_sPCF8563Time.week   =   pTimeStruct->week;
    g_sPCF8563Time.month  =   pTimeStruct->month;
    g_sPCF8563Time.year   =   pTimeStruct->year;
    PCF8563_writeTimeRegister(&g_sPCF8563Time);         /* 设置时间寄存器 */
}
```

获取时间函数如下：

```
PCF8563_Time_S * PCF8563_getTime(void)                      /* 返回时间结构体指针 */
{
    uint8_t temp[7] = {0};                                 // 保存读到的数据
    ReadNbyte(PCF8563_WRITE_ADDR,0x02,&temp,7);            // 从 0x02 开始，连续读 7 个数据
    g_sPCF8563Time.second = BCDtoDEC(temp[0]&0x7F);
    g_sPCF8563Time.minute = BCDtoDEC(temp[1]&0x7F);
    g_sPCF8563Time.hour   = BCDtoDEC(temp[2]&0x3F);
    g_sPCF8563Time.day    = BCDtoDEC(temp[3]&0x3F);
    g_sPCF8563Time.week   = BCDtoDEC(temp[4]&0x07);
    g_sPCF8563Time.month  = BCDtoDEC(temp[5]&0x1F);
    g_sPCF8563Time.year   = BCDtoDEC(temp[6]&0xFF);
    return &g_sPCF8563Time;
}
```

【范例 1】 将时间设定为 2022.1.19，星期二，14:30:45，每 1 s 通过串口输出当前时间。
分析以上任务直到需要建立一个 1 s 的定时任务用来获取时间，并且通过串口输出。定时器
任务用前面介绍的定时器控件非常容易实现，关键代码如下：

```
Void   main(void)
{
    timer_init();                       /* 硬件定时器初始化 */
    bsp_InitTimer();                    /* 定时器控件初始化 */
    uart1_init();                       /* 调用了定时器控件 */
    EA = 1;
    PCF8563_Init();                     // PCF8563 初始化
pTimer1 = bsp_CreateTimer(1000,         /* 预装的计数 Tick 数目，默认 1ms*/
                ( void *)0,             /* 硬件定时器中断执行函数*/
                task1,                  /* 大循环中，定时执行函数*/
```

```
                        （void *)0,           /* 函数传递参数*/
                        ENABLE）;            /* 定时器开关*/

    while(1)
        {
            bsp_ExeTimer();
        }
}
void TIM0_ISR(void)       interrupt TIMER0_VECTOR
{
    bsp_SysTick_ISR();
}
void task1(void * param)                      //1 s 周期定时任务
{
    PCF8563_Time_S    pcf8563;                // 定义时间结构体
    param = param;
    PCF8563_getTime(&pcf8563);                // 获取时间
    printf（" 20%02bd.%02bd.%02bd,  星期 %bd,  %02bd:%02bd:%02bd\r\n", \
            pcf8563.year,  pcf8563.month,  pcf8563.day, pcf8563.week, \
            pcf8563.hour, pcf8563.minute, pcf8563.second）; // 格式化输出
}
```

图 10.10　PCF8563 时钟信息串口输出

从输出结果看出，成功地实现了预先设定的功能。

10.7　液晶 OLED12832 编程范例

OLED12832 液晶实物如图 10.11 所示，其由 128×32 个像素点构成。开发板上

OLED12832 液晶管脚接线如图 10.12 所示，其中复位引脚 RES 接高电平。

图 10.11　OLED12832 实物图

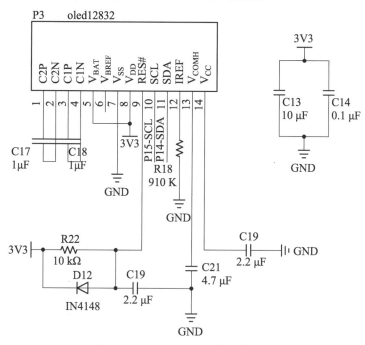

图 10.12　OLED12832 管脚接线图

OLED12832 液晶由 SSD1306 芯片操控。SSD1306 是一个单片 CMOS OLED/PLED 驱动芯片，可以驱动有机/聚合发光二极管点阵图形显示系统。图 10.13 是其内部功能图示，可以控制由 128 segments 和 64 Commons 组成的液晶。该芯片专为共阴极 OLED 面板设计。SSD1306 中嵌入了对比度控制器、显示 RAM 和晶振，并因此减少了外部器件和功耗。有 256 级亮度控制。数据/命令的发送有三种接口可选择：6800/8000 串口，I^2C 接口或 SP 接口。

　　开发板上的该液晶是 I^2C 接口驱动的。前面介绍过 I^2C 协议，各种满足 I^2C 协议的模块不同之处在于指令级的差异，即发送的数据，模块解析的时候含义会不同，底层时序传输都是一样的。譬如操控存储器类的模块，需要指定地址存储数据。对于 OLED 液晶，需要对液晶进行指令操作，如清屏、设置显示位置等，还要传递具体显示内容。故从逻辑上来说，单片机与液晶模块之间传递的信息，分成了数据和指令两种。把信息从单片机到液晶模块的传输方向称为"写"，把信息从液晶模块到单片机的传输方向称为"读"。考虑信息分成数据和指令两种，故总共有四种组合："写命令""写数据""读命令"和"读数据"。由于液晶是被动显示器件，故"读数据"很少提及，"读命令"一般称为"读状态"。

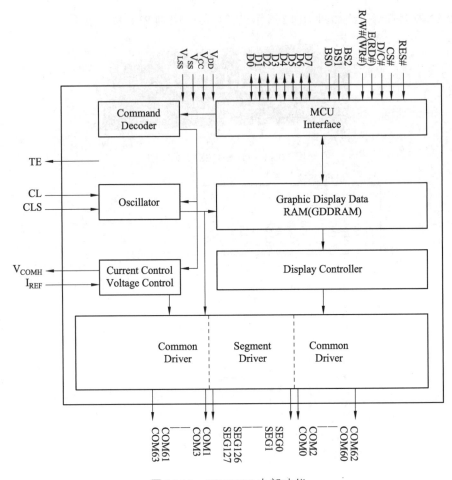

图 10.13 SSD1306 内部功能

　　图 10.14 是写模式下的数据传输示意图，如图 10.15 所示从机硬件地址由固定 011110+SA0 构成。其中 SA0 受屏幕的第 15 脚控制，该引脚默认是接地，即 SA0=0，这样从机的硬件写地址就是 0X78，硬件读地址是 0X79。

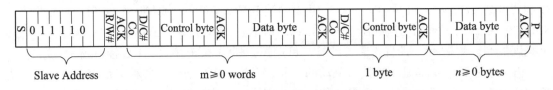

图 10.14　写模式下数据传输示意图

　　图 10.14 是写模式下数据传送格式，首先，主机发送开始信号，然后写入从机硬件地址，接着就可以写入若干数据，最后，主机发送停止信息。不同的 I²C 模块对写入的若干数据，解析不同。如 I²C 存储器 AT24C02 模块，页写入的时候，再发送完从机硬件地址之后，接着发送要写入数据的内存地址首地址，然后再写入若干数据。AT24C02 模块把这些写入的若干数据解析为要写入存储器的数据而不

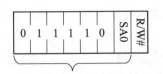

图 10.15　SSD1306 从机地址

是地址指令。单字节数据传输就是发送一个地址，再发送一个数据。SSD1306 对于传送数据的解析通过控制字节设定。

图 10.16 所示一个控制字节主要由 C_0 和 D/C 位后面再加上六个 0 组成的。如果 C_0 为 0，后面传输的信息就只包含数据字节，不会再有控制字和指令。C_0 为 1，表明接下来传递的数据，还是控制字和指令。D/C 位决定了紧跟控制字后面的数据字节是作为命令还是数据。D/C 为 0 时，下一个数据被视为命令，命令会被保存到命令寄存器中；D/C 为 1 时，下一个数据被视为显示数据。显示数据会被存储到

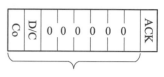

图 10.16　控制字节格式

GDDRAM 中，GDDRAM 列地址指针将会在每次数据写之后自动加 1。这里需要注意，D/C 表明的控制字后面接着传递的信息是数据还是指令，但是这个信息之后的信息，是由 C_0 来指定的。显然，C_0=0，就是为连续传递显示数据设定的，这样子可减少控制字和指令信息的传输开销。一般程序中，设定 C_0=0 这样既可以支持传递 1 个显示数据，也可以支持传递多个显示数据。

SSD1306 通过内部的 GDDRAM 来控制显示信息，把 GDDRAM 想象成 128 列 × 64 行的存储空间，只不过 OLED12832 由于屏幕物理尺寸的限制，只能够显示一半。为了方便指定这些空间的位置，128 列中每一列称为 segment，64 行中每一行称为 common。把 8 行整体称为一个 page。如果把 GDDRAM 想象成二维的平面存储空间的话，其与液晶的像素点正好可以一一对应起来。由于要指定显示内容在具体哪个位置显示，需要确定一个坐标原点。如图 10.17 所示，可以把液晶左上角定义成坐标系原点（SEG0，COM0）位置，这样往右和往下分别对应 SEG 和 COM 坐标增大的方向。也可以把液晶右下角定义为坐标系原点（SEG0，COM0）位置，这样往左和往上分别对应 SEG 和 COM 坐标增大的方向。当然也可以定义左下点和右上点为原点，这些设置能够让显示的方向具有多样性特征。

		Row re-mapping
PAGE0(COM0—COM7)	Page 0	PAGE0(COM63—COM56)
PAGEl(COM8—COM15)	Page 1	PAGE1(COM55—COM48)
PAGE2(COM16—COM23)	Page 2	PAGE2(COM47—COM40)
PAGE3(COM24—COM31)	Page 3	PAGE3(COM39—COM32)
PAGE4(COM32—COM39)	Page 4	PAGE4(COM31—COM24)
PAGE5(COM40—COM47)	Page 5	PAGE5(COM23—COM16)
PAGE6(COM48—COM55)	Page 6	PAGE6(COM15—COM8)
PAGE7(COM56—COM63)	Page 7	PAGE7(COM7—COM0)
	SEG0 ·· SEG127	
Column re-mapping	SEG127 ·· SEG0	

图 10.17　GDDRAM 分配图

如图 10.18 所示，当一个数据字节被写入 GDDRAM 时，当前同一页的列地址指针指向的整列（8 位）会被填充。数据位 D0 写入顶行，数据位 D7 写入下行，即数据位从小到大对应 COM 增大的方向。

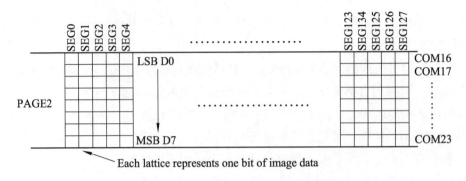

图 10.18　GDDRAM 数据填充示意图

三种 GDDRAM 寻址模式：水平寻址、垂直寻址、页寻址。

水平寻址模式可以通过指令"20H，00H"来设置。水平寻址模式下，每次向 GDDRAM 写入 1byte 数据后，列地址指针自动+1。列指针到达结束列之后会被重置到起始行，而页指针将会+1。页地址指针达到结束页之后，将会自动重置到起始页。水平寻址模式适用于大面积数据写入，例如一帧画面刷新。

	COL0	COL1	......	COL126	COL127
PAGE0					
PAGE1					
⋮					
PAGE6					
PAGE7					

图 10.19　水平寻址

垂直寻址模式可以通过指令"20H，01H"来设置。垂直寻址模式下，每次向 GDDRAM 写入 1byte 数据之后，页地址指针将会自动+1。页指针到达结束页之后会被重置到 0，而列指针将会+1。列地址指针达到结束页之后，将会自动重置到起始列。

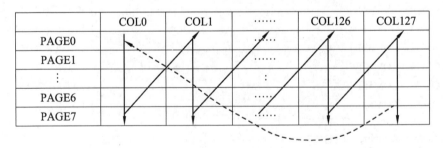

图 10.20　垂直寻址模式

页寻址模式是器件默认选择的 GDDRAM 寻址模式，通过"20H，02H"命令可以设置寻址模式为页寻址。页寻址模式下，寻址只在一页（PAGEn）内进行，地址指针不会跳到其他页。每次向 GDDRAM 写入 1byte 显示数据后，列指针会自动+1。当 128 列都寻址完之后，列指针会重新指向 SEG0 而页指针仍然保持不变。通过页寻址模式我们可以方便地对一个小区域内数据进行修改。

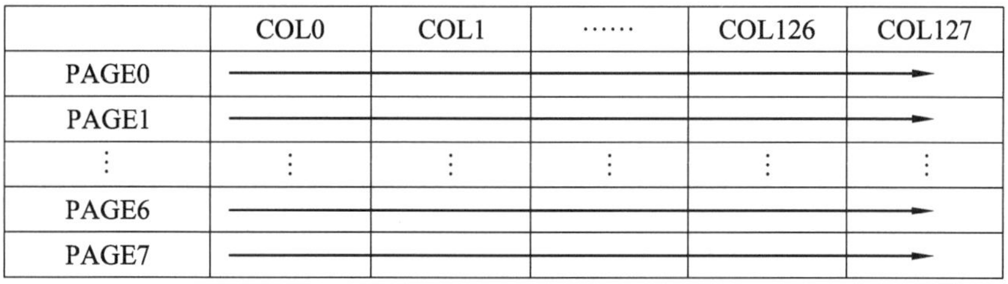

	COL0	COL1	……	COL126	COL127
PAGE0	→				
PAGE1	→				
⋮	⋮	⋮	⋮	⋮	⋮
PAGE6	→				
PAGE7	→				

图 10.21　页寻址模式

单片机通过给 SSD1306 发送指令字符来控制液晶的正常显示工作，下面列出一些常用指令。

1. 基础指令（见表 10.5）

表 10.5　基础指令

<table>
<tr><td colspan="5">基础命令表</td></tr>
<tr><td colspan="2">81H</td><td>设置对比度</td><td>无</td><td>一共 256 级对比度，对比度随下级指令值的增大而增大</td></tr>
<tr><td>*</td><td>A[7:0]</td><td>选择对比度</td><td>7FH</td><td>0x00-0xFF 设置 1-256 级对比度</td></tr>
<tr><td colspan="2">A4H/A5H</td><td>全屏亮屏开关</td><td>A4H</td><td>A5H：忽略 GDDRAM 中的数据点亮全屏。A4H：启用输出 GDORAM 中的数据</td></tr>
<tr><td colspan="2">A6H/A7H</td><td>设置正常/反转显示</td><td>A6H</td><td>A6H：设置屏幕正常显示（0 灭 1 亮）。A7H：设置洋幕反向显示（0 亮 1 灭）</td></tr>
<tr><td colspan="2">AEH/AFH</td><td>开关显示屏</td><td>AEH</td><td>AEH：关闭 OLED（进入睡眠模式）。AFH：打开 OLED</td></tr>
</table>

（1）设置对比度（81H+A[7:0]）

这是一条双字节指令，由第二条指令指定要设置的对比度级数。A[7:0]从 00H ~ FFH 分别指定对比度为 1 ~ 256 级。SEG（段）输出的电流大小随对比度级数的增加而增加。

（2）设置全屏全亮（A4H/A5H）

这是一条单字节指令，用于开关屏幕全亮模式。A4H 设置显示模式为正常模式，此时屏幕输出 GDDRAM 中的显示数据。A5H 设置显示模式为全亮模式，此时屏幕无视 GDDRAM 中的数据，并点亮全屏。通过 A5H 设置全屏点亮之后可以通过 A4H 来恢复正常显示。

（3）设置正常/反转显示（A6H/A7H）

这是一条单字节指令，用于设置屏幕显示。A6H 设置显示模式为 1 亮 0 灭，而 A7H 设置显示模式为 0 亮 1 灭。

（4）开关显示屏（AEH/AFH）

这是一条单字节指令。AEH 关闭屏幕，而 AFH 开启屏幕。屏幕关闭时，所有 SEG 和 COM 的输出被分别置为 V_{SS} 和高阻态。

2．地址指令（见表 10.6）

表 10.6　地址指令

20H		设置 GDDRAM 寻址模式	无	设置 GDDRAM 的寻址模式，由下级指令确定
*	A[1:0]	选择寻址模式	02H	00H—水平地址模式，01H—垂直地址模式，02H—页地址模式
21H		水平/垂直寻址模式下设置列起始和终止地址	无	水平/垂直寻址模式下，由 A[6:0]设置起始列地址，由 B[6:0]设置终止列地址
*	A[6:0]	设置起始列地址	00H	00H～7FH 设置 0～127 列作为起始列
	B[6:0]	设置终止列地址	7FH	00H～7FH 设置 0～127 列作为终止列
22H		水平/垂直寻址模式下设置页起始和终止地址	无	水平/垂直寻址模式下，由 A[2:0]设置起始页地址，由 B[2:0]设置终止页地址
*	A[2:0]	00	00H	00H～07H 设置 0～7 页作为起始页
	B[2:0]	设置终止页地址	07H	00H～07H 设置 0～7 页作为终止页
00H～0FH		页寻址模式下设置起始列地址低位	00H	页寻址模式下。设置列起始地址低位
10H～1FH		页寻址模式下设置起始列地址高位	00H	页寻址模式下。设置列起始地址高位
B0H～B7H		页地址模式下设置页起始地址	无	页寻址模式下。设置页起始地址

（1）设置 GDDRAM 寻址模式（20H+A[1:0]）

这是一条双字节指令，由 A[1:0]指定要设置的地址模式。A[1:0]=00b 时为水平地址模式；A[1:0]=01b 时为垂直地址模式；A[1:0]=10b 时为页地址模式；A[1:0]=11b 时为无效指令；由于第二条指令前 6 位值无规定，所以直接用 0 替代，得到：00H—水平；01H—垂直；02H 页

（2）设置起始/终止列地址（21H+A[6:0]+B[6:0]）

这是一条三字节指令，由 A[6:0]指定起始列地址，B[6:0]指定终止列地址。同样，由于前 1 位值无规定，所以：A[6:0] 和 B[6:0] 从 00H～7FH 的取值指定起始/终止列地址为 0～127。这条指仅在水平/垂直模式下有效，用来设置水平/垂直模式的初始列和结束列。

（3）设置起始/终止页地址（22H+A[2:0]+B[2:0]）

这是一条三字节指令，由 A[2:0]指定起始列地址，B[2:0]指定终止页地址。由于前 5 位值无规定，因此，A[2:0]和 B[2:0]从 00H～07H 的取值指定起始/终止页地址为 0～7。这条指仅在水平/垂直模式下有效，用来设置水平/垂直模式的初始页和结束页

（4）设置起始列地址低位（00H～0FH）

这是一条单字节指令。高 4 位恒定为 0H，低 4 位为要设置的起始列地址的低 4 位。这条指令仅用于页寻址模式。

（5）设置起始列地址高位（10H～1FH）

这是一条单字节指令。高 4 位恒定为 1H，低 4 位为要设置的起始列地址的高 4 位。这条指令仅用于页寻址模式。

（6）设置页地址（B0H～B7H）

这是一条单字节指令。高 4 位恒定为 BH，第 5 位规定为 0，低 3 位用于设置页地址，从 B0H～B7H 分别设置起始页为 0～7。这条指令仅用于页寻址模式。

表 10.7　硬件指令

硬件命令表			
40H～7FH	设置 GDDRAM 起始行	40H	若为 40H，则 GDDRAM 第 0 行映射至 COMO；若为 41H，则 GDDRAM 第 1 行映射到 COMO
A0H/A1H	设置 SEG 重映射（左右反置）	A0H	用于设置 GDDRAM 列地址和段（SEG）驱动器之间的映射关系 A0H：列地址 0 映射到 SEGO0；A1H：列地址 127 映射到 SEG0
C0H/C8H	设置 COM 扫描方向（上下反置）	C0H	C0H：从 COM0 扫描到 COM[N－1]；C8H：从 COM[N－1]扫描到 COMO
A8H	设置复用率	无	用于将默认的 64（63+1）复用率改为[16.64]内的任何值，复用率为 A[5:0]的值+1（复用率意即屏幕显示的结束行数）
* A[5:0]	指定复用率	3FH	0x0F～0x3F 设置复用率为 16～64，0～14 为无效值
D3H	设置显示偏移	无	设置 COM 输出偏移量，即屏幕向上移动的行数
* A[5:0]	确定偏移量	00H	00H～3FH 设置 COM 输出偏移量为 0～63 行
DAH	设置行引脚硬件配置	无	用于设置行引脚配置和列左右重映射
* A[5:4]	确定配置	12H	A[4]=0/A[4]=1：序列/备选 COM 引脚配置.A[5]=0/A[5]=1：禁止/允许 COM 左右重映射

（1）设置 GDDRAM 起始行（40H～7FH）

这是一条单字节指令。高 2 位规定为 01b，由低 6 位的取值来决定起始行。整体指令从 40H～7FH 分别设置起始行为 0～63。

（2）设置 SEG 映射关系（A0H/A1H）

这是一条单字节指令。A0H 设置 GDDRAM 的 COL0 映射到驱动器输出 SEG0。A1H 设置 COL127 映射到 SEG0。

（3）设置 COM 扫描方向（C0H/C8H）

这是一条单字节指令。C0H 设置从 COM0 扫描到 COM[N-1]，N 为复用率。C1H 设置从 COM[N-1]扫描到 COM0。

（4）设置复用率（A8H+A[5:0]）

这是一条双字节指令，由 A[5:0]指定要设置的复用率。复用率（MUX ratio）即选通的 COM 行数，不能低于 16，通过 A[5:0]来指定。A[5:0] 高两位无规定视为 0，所以第二条指令从 0FH～3FH 的取值设置复用率为 1～64（即 A[5:0]+1）。A[5:0]在 0～14 的取值都是无效的。

（5）设置垂直显示偏移（D3H+A[5:0]）

这是一条双字节指令，由 A[5:0]指定偏移量。垂直显示偏移即整个屏幕向上移动的行数，最顶部的行会移到最底行。A[5:0] 高两位无规定视为 0，所以第二条指令从 0FH～3FH 的取值设置垂直偏移为 0～63。

（6）设置 COM 硬件配置（DAH+A[5:4]）

这是一条双字节指令，由 A[5:4]进行设置。A[5]位设置 COM 左右反置，A[4]用来设置序列/备选引脚配置，其他位有规定，规定如图 10.22 所示。

0	DA	1	1	0	1	1	0	1	0	Set COM Pins Hardware
0	A[5:4]	0	0	A_5	A_4	0	0	1	0	Configuration

图 10.22　COM 硬件配置

SSD1306 的 COMn 引脚一共有左边 COM32～COM63 和右边 COM0～COM31 共 64 个（金手指面朝上方）。通过设置 A[5]可以让左右 COM 引脚的输出互换。A[5]=0 时禁止左右反置，A[5]=1 时启用左右反置。COM 引脚的排列有序列和奇偶间隔（备选）两种，通过 A[4]进行设置。A[4]=0 时使用序列 COM 引脚配置，A[4]=1 时使用奇偶间隔（备选）COM 引脚配置。

3．时序和驱动指令（见表 10.8）

表 10.8　时序和驱动指令

时钟和驱动命令表			
D5H	设置显示时钟分频数、振荡器频率	无	A[7:4]用以指定振荡频率，振荡频率=A[7:4]；A[3:0]用以指定分频数，分频数=A[3:0]+1
* A[7:0]	指定分频数和振荡频率	80H	振荡频率随 A[7:4]增加而增加，范围：OH～FH
D9H	设置预充电周期	无	用于设置预充电期间的持续时间，以 DCLK 的数量计算。复位值为 2DCLK
* A[7:0]	指定预充电周期	22H	
DBH	设置 V_{coMH} 输出	无	OOH—0.65xV_{CC}，10H—0.77xV_{CC}，30H—0.83xV_{CC}
* A[6:4]	确定 V_{COMH} 反压值	20H	根据 $A_0A_5A_4$ 来选择 V_{COUH} 的输出
E3H	空操作	无	无任何操作

（1）设置显示时钟分频数和 fosc（D5H+A[7:0]）。

（2）设置预充电周期（D9H+A[7:0]）。

（3）设置 V_{COMH} 输出的高电平（DBH+A[6:4]）。

（4）空操作（E3H）。

4．滚动指令（见表 10.9）

表 10.9　滚动指令

滚动命令表			
2EH	禁止水平滚动	无	停止由指令 26H/27H/29H/2AH 配置的滚动（通过 2EH 停止滚动后要重写 GDDRAM 中的内容）

滚动命令表			
2FH	启用水平滚动	无	启动由指令 26H/27H/29H/2AH 配置的滚动（后一个配置将会覆盖前面的配置） （正确的命令序列：配置命令→启动命令，如：2AH，2FH）
26H/27H	连续水平滚动设置	无	26H：水平右滚动；27H：水平左滚动（每次水平滚动 1 列）
* A[7:0]	空比特		A[7:0]为空比特，设为 00H
B[2:0]	设置滚动起始页地址		00H~07H 设置开始地址为 PAGE0~PAGE7（起始页必须＜结束页）
C[2:0]	设置滚动速度	无	00H~07H 选择滚动速度：（多少帧滚动一次） 00H-5 帧 / 01H-64 帧 / 02H-128 帧 / 03H-256 帧 / 04H-3 帧 / 05H-4 帧 / 06H-25 帧 / 07H-2 帧
D[2:0]	设置滚动结束页地址		00H~07H 设置结束地址为 PAGE0~PAGE7（结束页必须＞起始页）
E[7:0]	空比特		E[7:0]为空比特，设为 00H
F[7:0]	空比特		F[7:0]为空比特，设为 FFH
29H/2AH	连续水平和垂直滚动设置	无	29H：垂直和水平右滚动；2AH：垂直和水平左滚动（每次水平滚动 1 列）
* A[7:0]	空比特		A[7:0]为空比特，设为 00H
B[2:0]	设置滚动起始页地址		00H~07H 设置开始地址为 PAGE0~PAGE7（起始页必须＜结束页）
C[2:0]	设置滚动速度	无	00H~07H 选择滚动速度：（多少帧滚动一次） 00H-5 帧 / 01H-64 帧 / 02H-128 帧 / 03H-256 帧 / 04H-3 帧 / 05H-4 帧 / 06H-25 帧 / 07H-2 帧
D[2:0]	设置滚动结束页地址		00H~07H 设置结束地址为 PAGE0~PAGE7（结束页必须＞起始页）
E[5:0]	设置垂直偏移量		00H~3FH 设置垂直偏移量为 0~63 行（为 0 则无垂直滚动）
A3H	设置垂直滚动区域	无	通过 A[5:0]设置顶部固定区域行数（起始行）和滚动的行数来确定滚动区域
* A[5:0]	设置顶部固定区域行数	00H	用以设置顶部固定区域行数（A[5:0]+B[6:0]<MUX ratio/复用率）
B[6:0]	设置滚动区域行数	40H	用来设置滚动区域行数（垂直滚动偏移行数须＜滚动区域行数）

当复位引脚 RES 输入低电平时，芯片开始如下的初始化进程：关闭显示（AEH）、进入 128×64 显示模式、恢复到默认的 SEG 和 COM 映射关系（A0H，D3H~00H）、清除串行接口中移位寄存器内的数据、GDDRAM 显示开始行设为 0（40H）、列地址计数器重置为 0、恢复到默认的 COM 扫描方向（C0H）、对比度寄存器初始化为 7FH（81H~7FH）、正常显示模式（A4H）。

OLED12832 的初始化包含 I^2C 功能初始化即 SSD1306 寄存器的配置。

```
void    OLED12832_Init(void)
{
    I2C_InitTypeDef          I2C_InitTypedStructure;                    //I²C 功能配置结构体
    P1_MODE_IO_PU(GPIO_Pin_4|GPIO_Pin_5);                              // P1.4，P1.5 准双向设置
    I2C_InitTypedStructure.I2C_Speed      = SET_I2C_SPEED(200); // 对应 200K
    I2C_InitTypedStructure.I2C_Enable     = ENABLE;            //使能 I²C 功能使能
    I2C_InitTypedStructure.I2C_Mode       = I2C_Mode_Master;   // 主机模式
    I2C_InitTypedStructure.I2C_MS_Interrupt  = DISABLE;        // 失能主机模式中断
    I2C_InitTypedStructure.I2C_MS_WDTA    = DISABLE;           // 失能自动发送
    I2C_InitTypedStructure.I2C_IoUse      = I2C_P14_P15;       //I²C 管脚
    I2C_Init(&I2C_InitTypedStructure);                        //I²C 功能初始化
    oled_wr_byte(0xAE,OLED_CMD);          //关闭显示
    oled_wr_byte(0x40,OLED_CMD);          //GDDRAM 第 0 行映射至 COM0
    oled_wr_byte(0xda,OLED_CMD);          // 设置列重映射
    oled_wr_byte(0x02,OLED_CMD);
    oled_wr_byte(0xa1,OLED_CMD);          // 列地址 0 映射到 SEG0
    oled_wr_byte(0xa6,OLED_CMD);          // 反白显示
    oled_wr_byte(0x81,OLED_CMD);          //设置对比度
    oled_wr_byte(0xff,OLED_CMD);
    oled_wr_byte(0xa8,OLED_CMD);          //设置驱动路数
    oled_wr_byte(0x1f,OLED_CMD);
    oled_wr_byte(0x20,OLED_CMD);          // GDDRAM 寻址方式，
    oled_wr_byte(0x00,OLED_CMD);          // 水平多页寻址
    oled_wr_byte(0x8d,OLED_CMD);          // 启用电荷泵
    oled_wr_byte(0x14,OLED_CMD);          // 启用电荷泵
    oled_wr_byte(0xa4,OLED_CMD);          // 不全亮显示
    oled_wr_byte(0xC8,OLED_CMD);          // 从 COM63 – ->COM0
    oled_wr_byte(0xd3,OLED_CMD);          // 设置 COM 输出偏移量，即屏幕向上移动的行数
    oled_wr_byte(0x00,OLED_CMD);          // COM 输出偏移量为 0
    oled_wr_byte(0xd5,OLED_CMD);          // 刷新速度
    oled_wr_byte(0xf0,OLED_CMD);
    oled_wr_byte(0xd9,OLED_CMD);          // 预充电周期
    oled_wr_byte(0x22,OLED_CMD);
    oled_wr_byte(0xdb,OLED_CMD);
    oled_wr_byte(0x49,OLED_CMD);
    oled_wr_byte(0xaf,OLED_CMD);          // 开 OLED 显示
    oled_clear();                         // 清零显示缓冲区
}
```

1 s 定时中断函数任务中，刷新 OLED12832 显示信息并通过串口发送时间信息。

```c
void    task1(void * param)
{
    char timeStr1[20]={0};                    // 时间字符串
    char timeStr2[20]={0};                    // 时间字符串
    PCF8563_Time_S   pcf8563;                 // 定义时间结构体
    param = param;
    PCF8563_getTime(&pcf8563);                // 获取时间
    printf(" 20%02bd.%02bd.%02bd, 星期 %bd, %02bd:%02bd:%02bd\r\n", \
                    pcf8563.year, pcf8563.month, pcf8563.day,pcf8563.week, \
                    pcf8563.hour,pcf8563.minute,pcf8563.second);
    sprintf(timeStr1,"20%02bd.%02bd.%02bd",pcf8563.year, pcf8563.month, pcf8563.day);
    sprintf(timeStr2,"%02bd:%02bd:%02bd",pcf8563.hour,pcf8563.minute,pcf8563.second);
    oled_clear();
    oled_show_string(30,0,timeStr1);          // 显示年月日信息
    oled_show_string(40,15,timeStr2）;        // 显示时分秒信息
    oled_display();
}
void oled_display(void)
{
    uint16_t x, y, j=0;
    uint8_t temp[512];          // 缓冲区共 512 个字节
    for(y=0;y<4;y++)
    {
        for(x=0;x<128;x++)
        {
            temp[j++] = _oled_disbuffer[x][y];   // 缓冲区数据，变成一维数组
        }
    }
    oled_wr_byte (0x21,OLED_CMD);               //水平寻址模式下，设置列地址（0 ~ 127）
    oled_wr_byte (0,OLED_CMD);                  //水平寻址模式下，设置列地址 0
    oled_wr_byte (127,OLED_CMD);                //水平寻址模式下，设置列地址 127
    oled_wr_byte (0x22,OLED_CMD);               //水平寻址模式下，设置页地址（0 ~ 3）
    oled_wr_byte (0,OLED_CMD);                  //水平寻址模式下，设置页地址 0
    oled_wr_byte (3,OLED_CMD);                  //水平寻址模式下，设置页地址 3
    WriteNbyte(OLED_ADDR,0x40,&temp[0]，512);  // 一次刷新 512 个字节数据
}
```

以上显示中，首先设置了显示缓冲区数组，每次将要显示的内容更新到显示缓冲区，然后调用函数 oled_display() 将数据传入 SSD1306 的 GDDRAM 中并显示出来。由于前面设置水平寻址，每次传送数据之前，指定了页地址和列地址，然后一次性刷新 512 个数据。

第 11 章

SPI 通信

SPI 协议是由摩托罗拉公司曾提出的通信协议（Serial Peripheral Interface），即串行外围设备接口，是一种高速全双工的通信总线。它被广泛地使用在 ADC、LCD 等设备与 MCU 间，要求通信速率较高的场合。

11.1　SPI 物理层

SPI 通信设备之间的常用连接方式如图 11.1 所示。SPI 通信使用 3 条总线及片选线，3 条总线分别为 SCK、MOSI、MISO，片选线为 SS，它们的作用介绍如下：

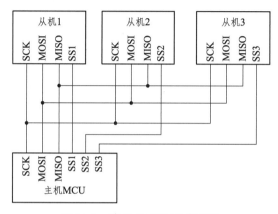

图 11.1　常见的 SPI 通信系统

（1）SS（Slave Select）：从设备选择信号线，常称为片选信号线，也称为 NSS、CS。当有多个 SPI 从设备与 SPI 主机相连时，设备的其他信号线 SCK、MOSI 及 MISO 同时并联到相同的 SPI 总线上，即无论有多少个从设备，都共同只使用这 3 条总线；而每个从设备都有独立的这一条 SS 信号线，本信号线独占主机的一个引脚，即有多少个从设备，就有多少条片选信号线。I^2C 协议中通过设备地址来寻址、选中总线上的某个设备并与其进行通信；而 SPI 协议中没有设备地址，它使用 SS 信号线来寻址，当主机要选择从设备时，把该从设备的 SS 信号线设置为低电平，该从设备即被选中，即片选有效，接着主机开始与被选中的从设备进行 SPI 通信。所以 SPI 通信以 SS 线置低电平为开始信号，以 SS 线被拉高作为结束信号。

（2）SCK（Serial Clock）：时钟信号线，用于通信数据同步。它由通信主机产生，决定了通信的速率，不同的设备支持的最高时钟频率不一样，两个设备之间通信时，通信速率受限于低速设备。

（3）MOSI（Master Output，Slave Input）：主设备输出/从设备输入引脚。主机的数据从这条信号线输出，从机由这条信号线读入主机发送的数据，即这条线上数据的方向为主机到从机。

（4）MISO（Master Input，Slave Output）：主设备输入/从设备输出引脚。主机从这条信号线读入数据，从机的数据由这条信号线输出到主机，即在这条线上数据的方向为从机到主机。

11.2　协议层

与 I^2C 的类似，SPI 协议定义了通信的起始和停止信号、数据有效性、时钟同步等环节。图 11.2 所示为 SPI 通信时序。

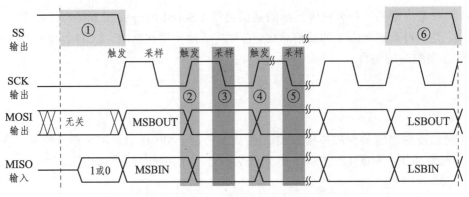

图 11.2 SPI 通信时序

SPI 通信时序是一个主机的通信时序。SS、SCK、MOSI 信号都由主机控制产生，而 MISO 的信号由从机产生，主机通过该信号线读取从机的数据。MOSI 与 MISO 的信号只在 SS 为低电平的时候才有效，在 SCK 的每个时钟周期 MOSI 和 MISO 传输一位数据。以上通信流程中包含的各个信号分解如下：

1. 通信的起始和停止信号

在图 11.2 所示 SPI 通信时序中的标号处，SS 信号线由高变低，是 SPI 通信的起始信号。SS 是每个从机各自独占的信号线，当从机在自己的 SS 线检测到起始信号后，就知道自己被主机选中了，开始准备与主机通信。在图中的标号处，SS 信号由低变高，是 SPI 通信的停止信号，表示本次通信结束，从机的选中状态被取消。

2. 数据有效性

SPI 使用 MOSI 及 MISO 信号线来传输数据，使用 SCK 信号线进行数据同步。MOSI 及 MISO 数据线在 SCK 的每个时钟周期传输一位数据，且数据输入输出是同时进行的。数据传输时，MSB 先行或 LSB 先行并没有作硬性规定，但要保证两个 SPI 通信设备之间使用同样的协定，一般都会采用图 SPI 通信时序中的 MSB 先行模式。观察图中的标号处，MOSI 及 MISO 的数据在 SCK 的上升沿期间变化输出，在 SCK 的下降沿时刻被采样。即在 SCK 的下降沿时刻，MOSI 及 MISO 的数据有效，高电平时表示数据为"1"，为低电平时表示数据为"0"。在其他时刻，数据无效，MOSI 及 MISO 为下一次表示数据做准备。SPI 每次数据传输可以 8 位或 16 位为单位，每次传输的单位数不受限制。

3. CPOL/CPHA 及通信模式

图 11.2 SPI 通信时序中的时序只是 SPI 中的其中一种通信模式，SPI 一共有 4 种通信模式，它们的主要区别是总线空闲时 SCK 的时钟状态以及数据采样时刻。为方便说明，在此引入"时钟极性 CPOL"和"时钟相位 CPHA"的概念。

时钟极性 CPOL 是指 SPI 通信设备处于空闲状态时，SCK 信号线的电平信号（即 SPI 通信开始前，SS 线为高电平时 SCK 的状态）。CPOL=0 时，SCK 在空闲状态时为低电平，CPOL=1 时，则相反。时钟相位 CPHA 是指数据的采样的时刻，当 CPHA=0 时，MOSI 或 MISO 数据线上的信号将会在 SCK 时钟线的"奇数边沿"被采样。当 CPHA=1 时，数据线在 SCK 的"偶数边沿"采样。

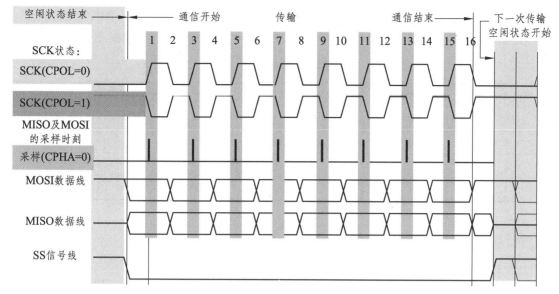

图 11.3　CPHA=0 时的 SPI 通信模式

我们来分析 CPHA=0 的时序图。首先，根据 SCK 在空闲状态时的电平，分为两种情况。SCK 信号线在空闲状态为低电平时，CPOL=0；空闲状态为高电平时，CPOL=1。无论 CPOL=0 还是 CPOL=1，因为我们配置的时钟相位 CPHA=0，在图中可以看到，采样时刻都是在 SCK 的奇数边沿。注意当 CPOL=0 的时候，时钟的奇数边沿是上升沿，而 CPOL=1 的时候，时钟的奇数边沿是下降沿。所以 SPI 的采样时刻不是由上升/下降沿决定的。MOSI 和 MISO 数据线的有效信号在 SCK 的奇数边沿保持不变，数据信号将在 SCK 奇数边沿时被采样，在非采样时刻，MOSI 和 MISO 的有效信号才发生切换。类似地，当 CPHA=1 时，不受 CPOL 的影响，数据信号在 SCK 的偶数边沿被采样，图 11.4 所示为 CPHA=1 时的 SPI 通信模式。

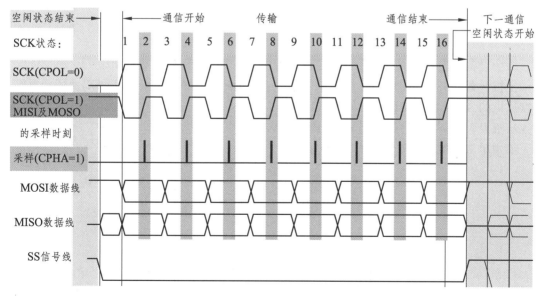

图 11.4　CPHA=1 时的 SPI 通信模式

根据 CPOL 及 CPHA 的不同状态，SPI 可分成四种模式，见表 11.1，主机与从机需要工作在相同的模式下才可以正常通信，实际中采用较多的是"模式 0"与"模式 3"。

表 11.1　SPI 模式列表

SPI 模式	CPOL	CPHA	空闲时 SCK 时钟	采样时刻
0	0	0	低电平	奇数边沿
1	0	1	低电平	偶数边沿
2	1	0	高电平	奇数边沿
3	1	1	高电平	偶数边沿

11.3　STC8 系列单片机的 SPI 总线

ST8H8K64U 系列单片机集成了高速同步串行通信接口，即 SPI 接口。SPI 接口是一种全双工、高速、同步的通信接口，有两种工作模式：主机模式和从机模式。SPI 接口工作在主机模式时支持高达 3 Mbits 的速率（工作率为 12 MHz），可以与具有 SPI 兼容接口的元器件（如存储器、AD 转换器、DA 转换器、LCD 驱动器等）进行同步通信。此外，SPI 接口还具有传输完成标志位和写冲突标志位保护功能。

SPI 接口由 MOSI（P13）、MISO（P1.4）、SCK（P1.5）和 SS（P1.2）4 根信号线构成，可通过设置 P_SW1 中的 SPI_S1、SPI_S0 将 MOSI、MISO、SCK 和 SS 功能脚切换到 P2.3、P2.4、P2.5、P2.2 或 P4.0、P4.1、P4.3、P5.4 或 P3.4、P3.3、P3.2、P3.5。

SPI 的通信方式通常有 3 种：单主单从（一个主机设备连接一个从机设备）、互为主从（两个设备连接，设备和互为主机和从机）、单主多从（一个主机设备连接多个从机设备）。

11.3.1　单主单从

两个设备相连，其中一个设备固定作为主机，另外一个固定作为从机。

主机设置：SSIG 设置为 1，MSTR 设置为 1，固定为主机模式。主机可以使用任意端口连接从机的 SS 管脚，拉低从机的 SS 管脚即可使能从机。

从机设置：SSIG 设置为 0，SS 管脚作为从机的片选信号。

单主单从连接配置图如图 11.5 所示。

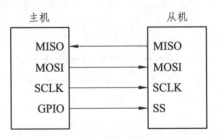

图 11.5　单主单从连接配置图

11.3.2　互为主从

两个设备相连，主机和从机不固定。

设置方法 1：两个设备初始化时，可将为 SSIG 设置为 0、MSTR 设置为 1，且将 SS 管脚设置为双向口模式输出高电平。此时两个设备都是不忽略 SS 的主机模式。当其中一个设备需要启动传输时，可将自己的 SS 管脚设置为输出模式并输出低电平，拉低对方的 SS 管脚，这样另一个设备就被强行设置为从机模式了。

设置方法 2：两个设备初始化时都将自己设置成忽略 SS 的从机模式，即将 SSIG 设置为 1，MSTR 设置为 0。当其中一个设备需要启动传输时，先检测 SS 管脚的电平，如果是高电平，就将自己设置成忽略 SS 的主模式，即可进行数据传输了。

互为主从连接配置图如图 11.6 所示。

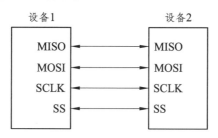

图 11.6　互为主从连接配置图

11.3.3　单主多从

多个设备相连，其中一个设备固定作为主机，其他设备固定作为从机。

主机设置：SSIG 设置为 1，MSTR 设置为 1，固定为主机模式。主机可以使用任意端口分别连接各个从机的 SS 管脚，拉低其中一个从机的 SS 管脚即可使能相应的从机设备。

从机设置：SSIG 设置为 0，SS 管脚作为从机的片选信号。

单主多从连接配置图如图 11.7 所示。

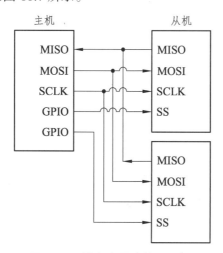

图 11.7　单主多从连接配置图

表 11.2　SPI 工作模式配置列表

控制位			通信端口				说明
SPEN	SSIG	MSTR	SS	MISO	MOSI	SCLK	
0	x	x	x	输入	输入	输入	关闭 SPI 功能,SS/MOSI/MISO/SCLK 均为普通 IQ
1	0	0	0	输出	输入	输入	从机模式,且被选中
1	0	0	1	高阻	输入	输入	从机模式,但未被选中
1	0	1→0	0	输出	输入	输入	从机模式,不忽略 SS 且 MSTR 为 1 的主机模式,当 SS 管脚被拉低时,MSTR 将被硬件自动清零,工作模式将被被动设置为从机模式
1	0	1	1	输入	高阻	高阻	主机模式,空闲状态
					输出	输出	主机模式,激活状态
1	1	0	x	输出	输入	输入	从机模式
1	1	1	x	输入	输出	输出	主机模式

11.4　SPI 相关的寄存器

11.4.1　SPI 控制寄存器(SPCTL)

符号	地址	B7	B6	B5	B4	B3	B2	B1	B0
SPCTL	CEH	SSIG	SPEN	DORD	MSTR	CPOL	CPHA	SPR[1:0]	

SSIG:SS 引脚功能控制位。0:SS 引脚确定器件是主机还是从机;1:忽略 SS 引脚功能,使用 MSTR 确定器件是主机还是从机。

SPEN:SPI 使能控制位。0:关闭 SPI 功能;1:使能 SPI 功能。

DORD:SPI 数据位发送/接收的顺序。0:先发送/接收数据的高位(MSB);1:先发送/接收数据的低位(LSB)。

MSTR:器件主/从模式选择位。

设置主机模式:若 SSIG = 0,则 SS 管脚必须为高电平且设置 MSTR 为 1。若 SSIG = 1,则只需要设置 MSTR 为 1(忽略 SS 管脚的电平)。

设置从机模式:若 SSIG = 0,则 SS 管脚必须为低电平(与 MSTR 位无关)。若 SSIG = 1,则只需要设置 MSTR 为 0(忽略 SS 管脚的电平)。

CPOL:SPI 时钟极性控制。0:SCLK 空闲时为低电平,SCLK 的前时钟沿为上升沿,后时钟沿为下降沿;1:SCLK 空闲时为高电平,SCLK 的前时钟沿为下降沿,后时钟沿为上升沿。

CPHA:SPI 时钟相位控制。0:数据 SS 管脚为低电平驱动第一位数据并在 SCLK 的后时钟沿改变数据,前时钟沿采样数据(必须 SSIG = 0);1:数据在 SCLK 的前时钟沿驱动,后时钟沿采样。

SPR[1:0]:SPI 时钟频率选择。SCLK 频率=SYSclk/(4*2^(SPR[1:0]))。

11.4.2　SPI 状态寄存器（SPSTAT）

符号	地址	B7	B6	B5	B4	B3	B2	B`	B0
SPSTAT	CDH	SPIF	WCOL	—	—	—	—	—	—

　　SPIF：SPI 中断标志位。当发送/接收完成 1 字节的数据后，硬件自动将此位置 1，并向 CPU 提出中断请求。当 SSIG 位被设置为 0 时，由于 SS 管脚电平的变化而使得设备的主/从模式发生改变时，此标志位也会被硬件自动置 1，以标志设备模式发生变化。注意：此标志位必须用户通过软件方式向此位写 1 进行清零。

　　WCOL：SPI 写冲突标志位。当 SPI 在进行数据传输的过程中写 SPDAT 寄存器时，硬件将此位置 1。注意：此标志位必须用户通过软件方式向此位写 1 进行清零。

11.4.3　SPI 数据寄存器（SPDAT）

符号	地址	B7	B6	B5	B4	B3	B2	B1	B0
SPDAT	CFH								

　　SPI 发送/接收数据缓冲器。由于发送和接收是同时的，可理解为同一地址，但是对应不同的存储空间，跟串口的 SBUF 类似理解。

11.5　SPI 驱动实现

　　为了方便寄存器的配置，定义如下的结构体：

```
typedef    struct
{
    uint8_t    SPI_Module;          //ENABLE, DISABLE
    uint8_t    SPI_SSIG;            //ENABLE, DISABLE
    uint8_t    SPI_FirstBit;        //SPI_MSB, SPI_LSB
    uint8_t    SPI_Mode;            //SPI_Mode_Master, SPI_Mode_Slave
    uint8_t    SPI_CPOL;            //SPI_CPOL_High, SPI_CPOL_Low
    uint8_t    SPI_CPHA;            //SPI_CPHA_1Edge, SPI_CPHA_2Edge
    uint8_t    SPI_Speed;           //SPI_Speed_4, SPI_Speed_16, SPI_Speed_64, SPI_Speed_128
    uint8_t    SPI_IoUse;           //SPI_P12_P13_P14_P15,  SPI_P22_P23_P24_P25,
                                    //SPI_P54_P40_P41_P43, SPI_P35_P34_P33_P32
} SPI_InitTypeDef;
SPI 的初始化函数如下：
#define    SPI_Mode_Master       1
#define    SPI_Mode_Slave        0
#define    SPI_CPOL_High         1
```

```c
#define    SPI_CPOL_Low              0
#define    SPI_CPHA_1Edge            1
#define    SPI_CPHA_2Edge            0
#define    SPI_Speed_4               0
#define    SPI_Speed_16              1
#define    SPI_Speed_64              2
#define    SPI_Speed_128             3
#define    SPI_MSB                   0
#define    SPI_LSB                   1
#define    SPI_P12_P13_P14_P15      (0<<2)
#define    SPI_P22_P23_P24_P25      (1<<2)
#define    SPI_P54_P40_P41_P43      (2<<2)
#define    SPI_P35_P34_P33_P32      (3<<2)
void   SPI_Init(SPI_InitTypeDef *SPIx)
{
    if(SPIx->SPI_SSIG == ENABLE)      SPCTL &= ~(1<<7);
                                      // 不忽略 SS，通过 SS 管脚确定主从模式
    else     SPCTL |=  (1<<7);        //忽略 SS，通过 MSTR 确定主从模式
    if(SPIx->SPI_Module == ENABLE)    SPCTL |=  (1<<6);      //SPI 使能
    else                              SPCTL &=  ~ (1<<6);    //SPI 失能
    if(SPIx->SPI_FirstBit == SPI_LSB) SPCTL |=  ~ (1<<5);    //LSB first
    else                              SPCTL &=  ~ (1<<5);    //MSB first
    if(SPIx->SPI_Mode == SPI_Mode_Slave) SPCTL &=  ~ (1<<4); //从机模式
    else                              SPCTL |=  (1<<4);      //主机模式
    if(SPIx->SPI_CPOL == SPI_CPOL_High)SPCTL |=  (1<<3);     //SCLK 空闲高电平
    else                              SPCTL &=  ~ （1<<3）; //SCLK 空闲低电平
    if(SPIx->SPI_CPHA == SPI_CPHA_2Edge)   SPCTL |=  (1<<2); //偶数沿采样
    else                              SPCTL &=  ~ (1<<2);    //奇数沿采样
    SPCTL = (SPCTL & ~3) | (SPIx->SPI_Speed & 3);            // 速度设定
    P_SW1 = (P_SW1 & ~(3<<2)) | SPIx->SPI_IoUse;             // SPI 管脚选择
    switch(SPIx->SPI_IoUse)
    {
        case SPI_P12_P13_P14_P15:
        P1_MODE_IO_PU(GPIO_Pin_2|GPIO_Pin_3|GPIO_Pin_4|GPIO_Pin_5); //设置为准双向口
        break;
        case SPI_P22_P23_P24_P25:
        P2_MODE_IO_PU(GPIO_Pin_2|GPIO_Pin_3|GPIO_Pin_4|GPIO_Pin_5); // 设置为准双向口
        break;
        case SPI_P54_P40_P41_P43:
```

```
P4_MODE_IO_PU(GPIO_Pin_0|GPIO_Pin_1|GPIO_Pin_3);        // 设置为准双向口
P5_MODE_IO_PU(GPIO_Pin_4);                              // 设置为准双向口
break;
case SPI_P35_P34_P33_P32:
P3_MODE_IO_PU(GPIO_Pin_2|GPIO_Pin_3|GPIO_Pin_4|GPIO_Pin_5); //设置为准双向口
break;
default:break;
    }
}
```

发送一个字节函数后，等待发送完成中断标志位置 1，然后清零返回。

```
void   SPI_WriteByte(uint8_t dat)        //SPI 发送一个字节数据
{
    SPDAT = dat;
    while((SPSTAT & SPIF) == 0);         //等待传输完成
    SPSTAT = SPIF + WCOL;                //写 1 清 0，中断标志位 SPIF 和冲突标志位 WCOL
}
```

由于发送和接收数据是同时的，故要接收一个字节数据，需要发送一个冗余数据，这里发送 0xFF。接收一个字节函数如下：

```
uint8_t    SPI_ReadByte(void)
{
    SPDAT = 0xFF;                        //传送一个 DUMMY 字节
    while((SPSTAT & SPIF) == 0);         //等待传输完成
    SPSTAT = SPIF + WCOL;                //写 1 清 0，中断标志位 SPIF 和冲突标志位 WCOL
    return SPDAT;
}
```

传送开始时，作为主机模式的单片机应将 SS 管脚拉低，考虑到可能会有单主多从的情况，会有多个 SS 管脚，故定义回调函数来灵活地切换 SS 管脚操作函数。

```
typedef   void (funNSS) (uint8_t);       // 指定芯片 SS 管脚操作的函数类型
funNSS     * pNSS = (void *)0;           // 定义函数指针
/* 注册 SS 管脚设置函数 */
void    SPI_Register_NSS_Pin(funNSS   *pFun)
{
    pNSS = pFun;
    pNSS(1);                 // 初始化高电平
}
```

通过观察指令表，发现经常在发送完指令后，还要发送多个数据，然后再接收多个数据的操作，将该功能封装成一个通用函数。

```
void    SPI_Write_N_Read_N_Byte(uint8_t cmd, uint8_t * writeData, uint8_t write_num,
    uint8_t * readData, uint8_t read_num)
```

```
{
    uint8_t    i=0;
    pNSS(0);                                    // 拉低 SS 管脚
    SPI_WriteByte(cmd);                         // 发送指令
    for(i=0;i<write_num;i++)
    {
        SPI_WriteByte(*(writeData+i));          // 发送数据
    }
    for(i=0;i<read_num;i++)
    {
        *(readData+i) = SPI_ReadByte();         // 发送数据
    }
    pNSS(1);
}
```

11.6   W25Q32 芯片编程范例

FLSAH 存储器又称闪存，它与 EEPROM 都是掉电后数据不丢失的存储器，但 FLASH 存储器容量普遍大于 EEPROM，现在基本取代了它的地位。生活中常用的 U 盘、SD 卡、SSD 固态硬盘等存储设备，都是 FLASH 类型的存储器。在存储控制上，最主要的区别是 FLASH 芯片只能一大片一大片地擦写，而 EEPROM 可以单个字节擦写。

开发板上的 FLASH 芯片（型号：W25Q32）是一种使用 SPI 通信协议的 NOR FLASH 存储器。如图 11.8 所示，它的 CS/CLK/DIO/DO 引脚分别连接到了 STC8H8K64U 单片机对应的 SPI 引脚 P22_SS/P25_SCLK_2/P23_MOSI_2/P23_MISO_2 上。

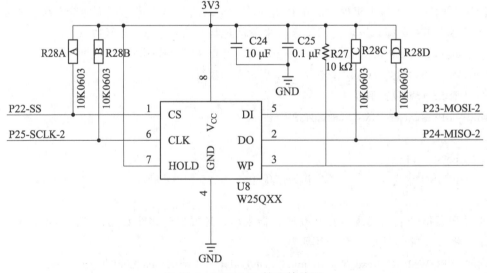

图 11.8   W25Q32 管脚接线图

FLASH 芯片中还有 WP 和 HOLD 引脚。WP 引脚可控制写保护功能，当该引脚为低电平时，禁止写入数据。直接接电源，不使用写保护功能。HOLD 引脚可用于暂停通信，该引脚为低电平时，通信暂停，数据输出引脚输出高阻抗状态，时钟和数据输入引脚无效。直接接电源，不使用通信暂停功能。

对于 W25Q32，容量为 4MB（2 的 22 次方个字节），一般通过页、扇区和块来描述大小。1 个页有 256B，该芯片一共有 16 384（2 的 14 次方）个页。1 个扇区有 16 页，即 4kB，该芯片一共有 1024（2 的 10 次方）个扇区。1 个块有 16 个扇区，即 64kB，该芯片一共有 64（2 的 6 次方）个块。

W25Q32 芯片自定义了很多指令，我们通过控制单片机利用 SPI 总线向 W25Q32 芯片发送指令，W25Q32 芯片收到后就会执行相应的操作。而这些指令，对主机端来说，只是它遵守最基本的 SPI 通信协议发送出的数据，但在设备端（W25Q32 芯片）把这些数据解释成不同的意义，所以才成为指令。表 11.3 是 W25Q32 芯片常用指令表。

表 11.3　指令列表

Data input Output	Byte 1	Byte 2	Byte 3	Byte 4	Byte 5	Byte 6	Byte7
Number of Clock(1-1-1)	8	8	8	8	8	8	8
Write Enable	06h						
Volatile SR Write Enable	50h						
Write Disable	04h						
Release Power-down/ID	ABh	Dummy	Dummy	Dummy	(ID7 ~ ID0)[2]		
Manufacturer/Device ID	90h	Dummy	Dummy	00h	(MF7 ~ MF0)	(ID7 ~ ID0)	
JEDECID	9Fh	(MF7 ~ MF0)	(ID15 ~ ID8)	(ID7 ~ ID0)			
Read Unique ID	4Bh	Dummy	Dummy	Dummy	Dummy	(UID63 ~ 0)	
Read Data	03h	A23 ~ A16	A15 ~ A8	A7 ~ A0	(D7 ~ D0)		
Fast Read	0Bh	A23 ~ A16	A15 ~ A8	A7 ~ A0	Dummy	(D7 ~ D0)	
Page Program	02h	A23 ~ A16	A15 ~ A8	A7 ~ A0	D7 ~ D0	D7 ~ D0	
Sector Erase(4kB)	20h	A23 ~ A16	A15 ~ A8	A7 ~ A0			
Block Erase(32kB)	52h	A23 ~ A16	A15 ~ A8	A7 ~ A0			
Block Erase(64kB)	D8h	A23 ~ A16	A15 ~ A8	A7 ~ A0			
Chip Erase	C7h/60h						
Read Status Register-1	05h	(S7 ~ S0)[2]					
Write Status Register-1	01h	(S7 ~ S0)[4]					
Read Status Register-2	35h	(S15 ~ S8)[2]					
Write Status Register-2	31h	(S15 ~ S8)					
Read Status Register-3	15h	(S23 ~ S16)[2]					
Write Status Register-3	11h	(S23 ~ S16)					

Data input Output	Byte 1	Byte 2	Byte 3	Byte 4	Byte 5	Byte 6	Byte7
Read SFDP Register	5Ah	A23 ~ A16	A15 ~ A8	A7 ~ A0	dummy	(D7 ~ 0)	
Erase SecurityRegister	44h	A23 ~ A16	A15 ~ A8	A7 ~ A0			
Program Security Register	42h	A23 ~ A16	A15 ~ A8	A7 ~ A0	D7 ~ D0	D7 ~ D0	
Read Security Register	48h	A23 ~ A16	A15 ~ A8	A7 ~ A0	Dummy	(D7 ~ D0)	
Global Block Lock	7Eh						
Global Block Unlock	98h						
Read Block Lock	3Dh	A23 ~ A16	A15 ~ A8	A7 ~ A0	(L7 ~ L0)		
Individual Block Lok	36h	A23 ~ A16	A15 ~ A8	A7 ~ A0			
Individual Block Unlock	39h	A23 ~ A16	A15 ~ A8	A7 ~ A0			
Erase/Program Suspend	75h						
Erase/Program Resume	7Ah						
Power-down	B9h						
Enable Reset	66h						
Reset Device	99h						

表 11.3 中的第一列为指令名,第二列为指令编码,第三至第 N 列的具体内容根据指令的不同而有不同的含义。其中带括号的字节参数,方向为 W25Q32 向主机传输,即命令响应,不带括号的则为主机向 W25Q32 传输。表中"A0 ~ A23"指 W25Q32 芯片内部存储器组织的地址;"M0 ~ M7"为厂商号(Manufacturerid);"ID0 ~ ID15"为 FLASH 芯片的 ID;"dummy"指该处可为任意数据;"D0 ~ D7"为 FLASH 内部存储矩阵的内容。在 FLSAH 芯片内部,存储有固定的厂商编号(M7 ~ M0)和不同类型 FLASH 芯片独有的编号(ID15 ~ ID0),通过指令表中的读 ID 指令"JEDEC ID"可以获取这两个编号,该指令编码为"9Fh",其中"9Fh"是指 16 进制数"9F"(相当于 C 语言中的 0x9F)。紧跟指令编码的三个字节分别为 FLASH 芯片输出的"(M7 ~ M0)""(ID15 ~ ID8)"及"(ID7 ~ ID0)",如 W25Q32 芯片对应的编号)0XEF4016。

1. 读取芯片 ID

图 11.9 所示为读 ID 指令 JEDEC_ID 的时序。主机首先通过 MOSI 线向 W25Q32 芯片发送第一个字节数据为"9Fh",当 W25Q32 芯片收到该数据后,它会解读成主机向它发送了"JEDEC 指令",然后它就作出该命令的响应:通过 MISO 线把它的厂商 ID(M7 ~ M0)及芯片类型(ID15 ~ 0)发送给主机,主机接收到指令响应后可进行校验。常见的应用是主机端通过读取设备 ID 来测试硬件是否连接正常,或用于识别设备。对于 W25Q32 芯片的其他指令,都是类似的,只是有的指令包含多个字节,或者响应包含更多的数据。

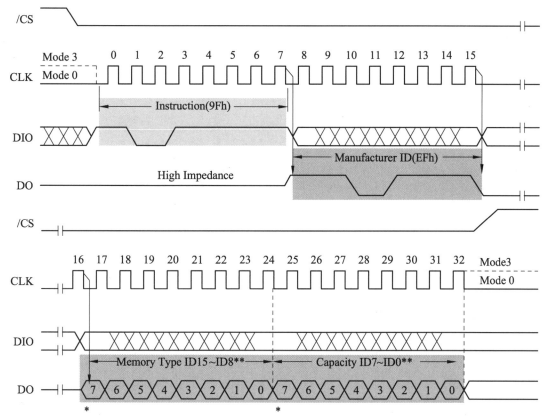

图 11.9　读 ID 指令 JEDEC_ID 的时序

为了方便使用，我们可将 W25Q32 芯片的常用指令编码使用宏来封装起来，后面需要发送指令编码的时候我们直接使用这些宏即可。

```
#define    W25QXX_WRITE_ENABLE              0x06
#define    W25QXX_WRITE_DISABLE             0x04
#define    W25QXX_READ_STATUS_REG           0x05
#define    W25QXX_WRITE_STATUS_REG          0x01
#define    W25QXX_READ_DATA                 0x03
#define    W25QXX_FAST_READ_DATA            0x0B
#define    W25QXX_FAST_READ_DUAL            0x3B
#define    W25QXX_PAGE_PROGRAM              0x02
#define    W25QXX_BLOCK_ERASE               0xD8
#define    W25QXX_SECTOR_ERASE              0x20
#define    W25QXX_CHIP_ERASE                0xC7
#define    W25QXX_POWER_DOWN                0xB9
#define    W25QXX_RELEASE_POWER_DOWN        0xAB
#define    W25QXX_DEVICE_ID                 0xAB
#define    W25QXX_MANUFACT_DEVICE_ID        0x90
#define    W25QXX_JEDEC_DEVICE_ID           0x9F
```

W25Q32 芯片的片选引脚是 P22，故初始化函数如下：

```
static void W25Qxx_NSS_set(uint8_t dat)
{
    P22 = dat;              // 对应 SS 管脚操作
}
void W25Qxx_Init(void)
{
    SPI_InitTypeDef    SPI_InitTypeStruct;
    SPI_InitTypeStruct.SPI_Module = ENABLE;           //ENABLE,DISABLE
    SPI_InitTypeStruct.SPI_SSIG   = ENABLE;           //ENABLE, DISABLE
    SPI_InitTypeStruct.SPI_FirstBit = SPI_MSB;        //SPI_MSB, SPI_LSB
    SPI_InitTypeStruct.SPI_Mode    = SPI_Mode_Master; //SPI_Mode_Master, SPI_Mode_Slave
    SPI_InitTypeStruct.SPI_CPOL   = SPI_CPOL_Low;     //SPI_CPOL_High, SPI_CPOL_Low
    SPI_InitTypeStruct.SPI_CPHA   = SPI_CPHA_1Edge;   //SPI_CPHA_1Edge, SPI_CPHA_2Edge
    SPI_InitTypeStruct.SPI_Speed =SPI_Speed_16;
    SPI_InitTypeStruct.SPI_IoUse = SPI_P22_P23_P24_P25;
    SPI_Init(&SPI_InitTypeStruct);
    SPI_Register_NSS_Pin(W25Qxx_NSS_set);             // 注册 SS 管脚设置函数
}
```

根据"JEDEC"指令的时序，把读取 FLASH ID 的过程编写成一个函数。

```
uint32_t  W25Qxx_Read_ID(void) /* 读芯片的 ID */
{
    uint16_t   temp = 0;
    uint32_t   result = 0;
    uint8_t writeData[]={0x00,0x00,0x00};
    uint8_t readData[]={0x00,0x00,0x00};
    SPI_Write_N_Read_N_Byte(W25QXX_JEDEC_DEVICE_ID,writeData,0,readData,sizeof(readData));
    temp = (readData[0]<<8)|(readData[1]);
    result = temp;
    return (result<<8)|(readData[2]);
}
```

【范例 1】 读出芯片 ID 信息，并将读出的结果通过串口打印出来。

```
void   test11(void)
{
    uint32_t temp = 0;
    W25Qxx_Init();
    temp = W25Qxx_Read_ID();
    printf("W25Qxx_Read_ID = 0X%lX\r\n",temp);
}
```

图 11.10 所示为串口输出结果，正确地输出了 W25Q32 对应的 ID 信息，说明 SPI 的驱动和 W25Q32 的驱动程序均正确。

图 11.10　串口输出芯片 ID 信息

2．写使能以及读取当前状态

在向 W25Q32 芯片存储矩阵写入数据前，首先要使能写操作，通过"Write Enable"命令即可写使能。

```
void W25Qxx_writeEnable(void)
{
    SPI_Write_N_Read_N_Byte(W25QXX_WRITE_ENABLE,(void *)0,0,(void *)0,0);
                                                    // 仅仅发送命令
}
```

与 EEPROM 一样，由于 W25Q32 芯片向内部存储矩阵写入数据需要消耗一定的时间，并不是在总线通信结束的一瞬间完成的，所以在写操作后，需要确定 W25Q32 芯片"空闲"时才能进行再次写入。为了表示自己的工作状态，W25Q32 芯片定义了一个状态寄存器，如图 11.11 所示。

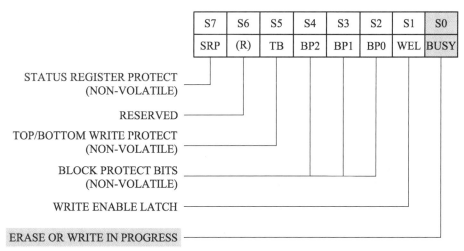

图 11.11　W25Q32 芯片状态寄存器

前面我们只关注这个状态寄存器的第 0 位"BUSY"，当这个位为"1"时，表明 W25Q32 芯片处于忙碌状态，它可能正在对内部的存储矩阵进行"擦除"或"数据写入"的操作。利用指令表中的"Read Status Register"指令可以获取 W25Q32 芯片状态寄存器的内容，其时序如图 11.12 所示。读取状态寄存器的时序。

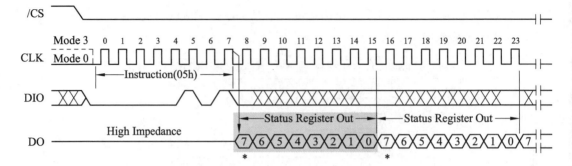

图 11.12　读取状态寄存器的时序

只要向 W25Q32 芯片发送了读状态寄存器的指令，W25Q32 芯片就会持续向主机返回最新的状态寄存器内容，直到收到 SPI 通信的停止信号。据此编写如下具有等待 W25Q32 芯片写入结束功能的函数。

```
void SPI_wait_write_end(uint8_t cmd , uint8_t bitx, uint8_t busyFlag)
{
    uint8_t FLASH_Status = 0;
    pNSS(0);                                    // 拉低 SS 管脚
    SPI_WriteByte(cmd);                         // 发送指令
    do{
        FLASH_Status = SPI_ReadByte();          // 一直读取忙标志
    }while((FLASH_Status & bitx)==busyFlag);    // 忙则一致等待
    pNSS(1);
}
void W25Qxx_wait_busy(void)
{
    SPI_wait_write_end(W25QXX_READ_STATUS_REG,0x01,0x01);
}
```

这段代码发送读状态寄存器的指令编码"W25X_ReadStatusReg"后，在 while 循环里持续获取寄存器的内容并检验它的 BUSY 位，一直等待到该标志表示写入结束时才退出本函数，以便继续后面与 W25Q32 芯片的数据通信。

3. 扇区擦除

由于 FLASH 存储器的特性决定了它只能把原来为"1"的数据位改写成"0"，而原来为"0"的数据位不能直接改写为"1"。所以这里涉及数据"擦除"的概念，在写入前，必须要对目标存储矩阵进行擦除操作，把矩阵中的数据位擦除为"1"，在数据写入的时候，如果要存储数据"1"，那就不修改存储矩阵，在要存储数据"0"时，才更改该位。

通常，对存储矩阵擦除的基本操作单位都是多个字节进行，如 W25Q32 芯片支持"扇区擦除""块擦除"以及"整片擦除"，见表 11.4 所示。

表 11.4　W25Q32 芯片擦除单位

擦除单位	大小
扇区擦除 Sector Erase	4kB
块擦除 Block Erase	64kB
整片擦除 Chip Erase	整个芯片完全擦除

W25Q32 芯片的最小擦除单位为扇区（Sector），而一个块（Block）包含 16 个扇区，其内部存储矩阵分布如图 11.13 所示。

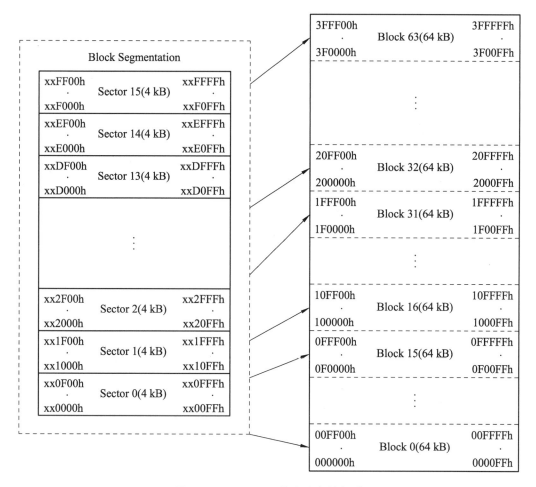

图 11.13　W25Q32 芯片的存储矩阵

使用扇区擦除指令 "Sector Erase" 可控制 W25Q32 芯片开始擦写，其指令时序如图 11.14 所示扇区擦除时序。

扇区擦除指令的第一个字节为指令编码，紧接着发送的 3 个字节用于表示要擦除的存储矩阵地址。要注意的是在扇区擦除指令前，还需要先发送 "写使能" 指令，发送扇区擦除指令后，通过读取寄存器状态等待扇区擦除操作完毕，代码如下：

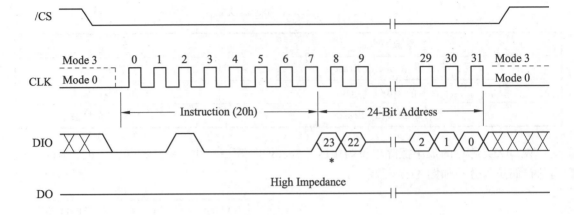

注：*=MSB

图 11.14　扇区擦除时序

```
void    W25Qxx_erase_sector(uint32_t addr)
{
    uint8_t    writeData[]={0x00,0x00,0x00};
    uint32_t  Dst_addr = addr * 4096;
    W25Qxx_writeEnable();
    W25Qxx_wait_busy();
    writeData[0] = (uint8_t)((Dst_addr>>16)&0xFF);
    writeData[1] = (uint8_t)((Dst_addr>>8)&0xFF);
    writeData[2] = (uint8_t)(Dst_addr&0xFF);
    SPI_Write_N_Read_N_Byte(W25QXX_SECTOR_ERASE,&writeData,sizeof(writeData),(void *)0,0);
    W25Qxx_wait_busy();
}
```

这段代码调用的函数在前面都已介绍，只要注意发送擦除地址时高位在前即可。调用扇区擦除指令时注意输入的地址是扇区地址。

4．页写入

目标扇区被擦除完毕后，就可以向它写入数据了。与 EEPROM 类似，W25Q32 芯片也有页写入命令，使用页写入命令最多可以一次向 W25Q32 传输 256 个字节的数据。图 11.15 所示为 W25Q32 芯片页写入的时序图。

从时序图可知，第 1 个字节为"页写入指令"编码，2～4 字节为要写入的"地址 A"，接着是要写入的内容，最多个可以发送 256 字节数据，这些数据将会从"地址 A"开始，按顺序写入到 W25Q32 的存储矩阵。若发送的数据超出 256 个，则会覆盖前面发送的数据。

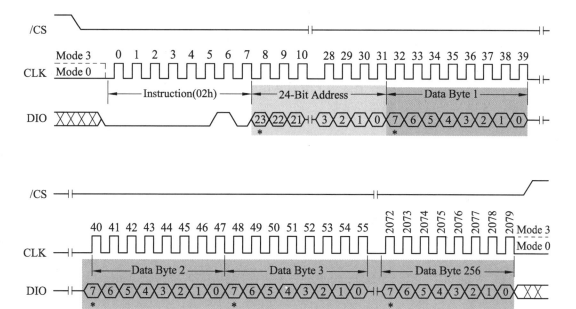

图 11.15　W25Q32 芯片页写入时序图

与擦除指令不一样，页写入指令的地址并不要求按 256 字节对齐，只要确认目标存储单元是擦除状态即可（即被擦除后没有被写入过）。所以，若对"地址 x"执行页写入指令后，发送了 200 个字节数据后终止通信，下一次再执行页写入指令，从"地址（x+200）"开始写入 200 个字节也是没有问题的(小于 256 均可)。只是在实际应用中由于基本擦除单元是 4kB，一般都以扇区为单位进行读写，把页写入时序封装成函数。

```
void   SPI_Write_N_Bytes(uint8_t cmd,uint32_t addr, uint8_t * writeData,uint16_t write_num)
{
    Uint16_t i=0;
    pNSS(0);                                    // 拉低 SS 管脚
    SPI_WriteByte(cmd);                         // 发送指令
    SPI_WriteByte((uint8_t)((addr>>16)&0xFF));  // 发送指令
    SPI_WriteByte((uint8_t)((addr>>8)&0xFF));   // 发送指令
    SPI_WriteByte((uint8_t)((addr>>0)&0xFF));   // 发送指令
    for(i=0;i<write_num;i++)
    {
        SPI_WriteByte(*(writeData+i));          // 发送数据
    }
    pNSS(1);
}
void W25Qxx_write_page(uint32_t addr, uint8_t *writeData, uint16_t writeNum)
{
    W25Qxx_writeEnable();
    SPI_Write_N_Bytes(W25QXX_PAGE_PROGRAM,addr,writeData,writeNum);
```

```
    W25Qxx_wait_busy();
}
```

这段代码的内容为：先发送"写使能"命令，接着才开始页写入时序，然后发送指令编码、地址，再把要写入的数据一个接一个地发送出去，发送完后结束通信，检查 FLASH 状态寄存器，等待 W25Q32 内部写入结束。

5．不定量数据写入

应用的时候我们常常要写入不定量的数据，直接调用"页写入"函数并不是特别方便，所以我们在它的基础上编写了"不定量数据写入"的函数。

```
#define     W25QXX_FLASH_PAGE_SIZE          256          // 1 页有 256 个字节
//===============================================================================
// 描述: 在指定地址开始写入不定长度数据.
// 参数: WriteAddr——写入首地址; pBuffer——写入数据的指针; NumByteToWrite——写入数据个数
// 返回: none.
// 说明: 调用本函数写入前，需要先擦除扇区
//===============================================================================
void   W25Qxx_write_n_byte(uint32_t WriteAddr, uint8_t *pBuffer, uint16_t NumByteToWrite)
{
    uint8_t NumOfPage = 0,   NumOfSingle = 0,   Addr = 0,   count = 0,   temp = 0;
    Addr   = WriteAddr % W25QXX_FLASH_PAGE_SIZE;  // 余数为 0，表明写入地址是扇区首地址
    count  = W25QXX_FLASH_PAGE_SIZE - Addr;        // 差多少个字节，刚好对齐首地址
    NumOfPage = NumByteToWrite / W25QXX_FLASH_PAGE_SIZE;     //写入数据占多少页
    NumOfSingle = NumByteToWrite % W25QXX_FLASH_PAGE_SIZE;   //剩余不足 1 页数据个数
    if(Addr==0)                          // 页地址对齐，先整页写入，再写剩余数据
    {
        if(NumOfPage==0)                 // 要写入数据不足 1 页
        {
            W25Qxx_write_page(WriteAddr,pBuffer,NumOfSingle);   //把不足 1 页的剩余数据写入
        }
        else
        {
            while(NumOfPage--)
            {
                W25Qxx_write_page(WriteAddr,pBuffer,W25QXX_FLASH_PAGE_SIZE);
                                                            //整页写入
                WriteAddr += W25QXX_FLASH_PAGE_SIZE;         //地址后移 1 页
                pBuffer   += W25QXX_FLASH_PAGE_SIZE;         //数据指针后移 1 页个字节
            }
```

```
                W25Qxx_write_page(WriteAddr,pBuffer,NumOfSingle);   //把不足 1 页的剩余数据写入
        }
    }
    else    //页地址不对齐，先写若干数据，使得页地址对齐，再整页写入，再写剩余若干数据
    {
        if(NumOfPage==0)              // 要写入数据不足 1 页
        {
            if(NumOfSingle > count) // 当前页剩余 count 个位置不够，需要跨页写入数据
            {
                W25Qxx_write_page(WriteAddr,pBuffer,count);     // 写满当前页
                WriteAddr += count;                             // 地址往后移 count 个
                pBuffer   += count;                             // 数据指针往后移 count 个
                temp = NumOfSingle  -  count;                   // 剩余字节数量
                W25Qxx_write_page(WriteAddr,pBuffer,temp);      // 剩余数据写完
            }
            else            // 当前页剩余 count 个位置够，不需要跨页写入数据
            {
                W25Qxx_write_page(WriteAddr,pBuffer,NumOfSingle);   // 剩余数据写完
            }
        }
        else
        {
            W25Qxx_write_page(WriteAddr,pBuffer,count);// 先写 count 个数据，对齐页地址
            WriteAddr += count;                        // 地址往后移 count 个
            pBuffer   += count;                        // 数据指针往后移 count 个
            NumByteToWrite  - = count;                 // 更新接下来要写入的数据个数
            NumOfPage = NumByteToWrite / W25QXX_FLASH_PAGE_SIZE; //写入数据占多
                                                                        少页
            NumOfSingle = NumByteToWrite % W25QXX_FLASH_PAGE_SIZE;
                                                        // 剩余不足 1 页数据数
            while(NumOfPage - - )
            {
                W25Qxx_write_page(WriteAddr,pBuffer,W25QXX_FLASH_PAGE_SIZE);
                                                        //整页写入
                WriteAddr += W25QXX_FLASH_PAGE_SIZE;    //地址后移 1 页
                pBuffer   += W25QXX_FLASH_PAGE_SIZE;    //数据指针后移 1 页个字节
            }
            if(NumOfSingle != 0)                        // 若有多余的不满 1 页的数据，把它写完
            {
```

```
                W25Qxx_write_page(WriteAddr,pBuffer,NumOfSingle);
            }
        }
    }
}
```

在实际调用这个"不定量数据写入"函数时，还要注意确保目标扇区处于擦除状态。

6．从 W25Q32 读取数据

相对于写入，W25Q32 芯片的数据读取要简单得多，使用读取指令"Read Data"即可，其指令时序如图 11.16 所示。

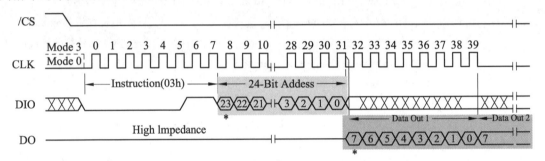

图 11.16　W25Q32 读取数据时序图

```
void W25Qxx_read_n_byte(uint32_t addr, uint8_t *readData, uint16_t readNum)
{
    uint8_t    writeData[]={0x00,0x00,0x00};
    W25Qxx_writeEnable();
    writeData[0] = (uint8_t)((addr>>16)&0xFF);
    writeData[1] = (uint8_t)((addr>>8)&0xFF);
    writeData[2] = (uint8_t)(addr&0xFF);
    SPI_Write_N_Read_N_Byte(W25QXX_READ_DATA,writeData,sizeof(writeData),readData,readNum);
}
```

由于读取的数据量没有限制，所以发送读命令后一直接收 readNum 个数据到结束即可。

【范例 2】　擦除第 1 扇区，然后写入 256 个数据，并读出写入的 256 个数据，通过串口将数据打印出来。

```
void test11_new(void)
{
    uint8_t write[256]={0},read[256]={0};
    uint16_t i=0;
    W25Qxx_Init();
    for(i=0;i<256;i++)
    {
        write[i]=i;                        // 初始化写入数据
```

```
        }
        W25Qxx_erase_sector(1);                    // 擦除第 1 扇区
        W25Qxx_write_page(4096,&write[0],256);      // 第 1 扇区首地址 4096，写入 256 个数据
        W25Qxx_read_n_byte(4096,&read[0],256);      // 第 1 扇区首地址 4096，读出 256 个数据
        for（i=0;i<256;i++）
        {
            printf("read[%u] = %bu \r\n",i,read[i]);
        }
    }
```

需要注意每个扇区的大小为 4kB，第 0 扇区的地址为 0 ~ 4095，第 1 扇区首地址为 4096。另外一次性写入 256 个数据，8 位数据最大数是 255，所以，函数参数应该 uint16_t，函数内部循环也应该 uint16_t，可避免 256 大于 8 位数最大值而导致的数据错误。

图 11.17 所示为输出结果，结果输出正确，验证了程序的正确性。

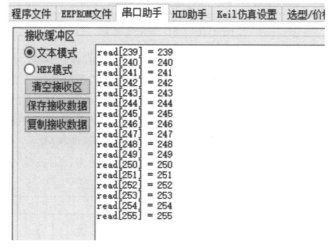

图 11.17　输出结果

11.7　TF 卡编程范例

Transflash 卡，也称 T-Flash 卡，TF 或 T 卡，最早由 SanDisk 推出。T 卡仅有 11 mm × 15 mm × 1 mm 大小，仅相当于标准 SD 卡的 1/4，比 Mini SD 卡还要小巧，如图 11.18 所示。TF 卡与标准 SD 卡功能是兼容的，将 TF 卡插入特定的转接卡中，可以当作标准 SD 卡或 Mini SD 卡来使用。2005 年 7 月，SDA 协会正式发布了 Micro SD 标准，该标准与 TransFlash 卡完全兼容，市场上的 TransFlash 卡和 Micro SD 卡可以不加区分地使用。

图 11.18　TF 卡外观图

SD 卡和 Micro SD 卡区别在于大小和引脚不一样，它们的操作其实是一样的，所以诸多 SD 卡读写代码可以直接引用。Micro SD 卡只有 8 个引脚是因为比

SD 卡少了一个 Vss。Micro SD 卡有 SD 模式和 SPI 模式（通过 SDIO 通信），本节主要讲述 SPI 的操作模式，并且后续为了方便称呼，直接称呼 SD 卡。

SD 卡内部主要由两部分构成 SD 卡主控芯片与 Flash 存储器。单片机与 SD 卡中的主控芯片通过 SPI 进行通信，间接对存储器进行读/写擦除等操作。SD 卡的基本操作与 24 系列存储器芯片比较类似，只不过 24 系列芯片可以按字节操作，也可以按页操作。SD 卡的最小操作单位是一个扇区（512 字节），本节介绍的 SD 卡驱动程序主要功能包括：① 初始化；② 写扇区；③ 读扇区；④ 扇区擦除；⑤ 获取扇区容量等。要完成这些不同的功能，就得向 SD 卡发送不同的命令，SD 卡接收到命令后一般也有一个或若干字节的简单应答信号输出。SD 卡的命令虽然比较多，但常用的只有几个，并且所有命令在发送格式上是统一的，都包含 6 个字节，如图 11.9 所示，传输时最高位（MSB）先传输。

		Byte 1		Bytes 2~5		Byte6	
7	6	5	0	31	0	7	0
0	1	command		Command Argument		CRC	1

图 11.19　SD 卡命令格式

SD 卡的 command（命令）占 6 bit，一般叫 CMDx 或 ACMDx，比如 CMD1 就是 1，CMD13 就是 13，ACMD41 就是 41，依此类推。Command Argument（命令参数）占 4 byte，并不是所有命令都有参数，没有参数的情况该位一般就用置 0，比如复位、初始化命令是没有参数的。读扇区、写扇区命令是有参数的，中间 4 个字节参数表示扇区地址信息。最后一个字节由 7 bit CRC 校验位和 1 bit 停止位组成。在 SD 驱动模式下，CRC 校验是必需的，而在 SPI 模式下，CRC 校验是被忽略的，可以都置 1 或置 0。因此除 CMD0（对应的 CRC 为 0x95）和 CMD8（对应的 CRC 为 0x87）的 CRC 必须正确外（一般大家都把发送 CMD8 省略了），其余命令与数据中的 CRC 字节无需计算，直接填写 0x00 即可。

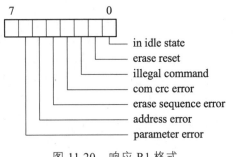

图 11.20　响应 R1 格式

每次发送完一次命令后，SD 卡都会有回应。SD 卡的回应有多种格式，如 1 字节的 R1、2 字节的 R2 等，不过一般在 SPI 模式中我们只用到如图 11.20 所示的 R1 格式。如果 R1=0x01，表明 SD 卡进入空闲状态。

11.7.1　复位时序及初始化

如图 11.21 所示，向 SD 卡发送至少 74 个时钟与写 CMD0 命令就构成了 SD 卡的复位时序，CMD0 命令的正确返回值为 01H，表示 SD 卡已经处于空闲状态。

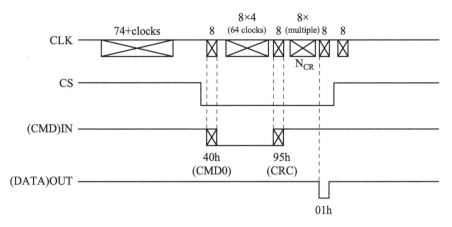

图 11.21　复位时序

　　上电后首先将 CS 片选信号置高电平，当 CS 为高电平时，在 CLK 时钟线上产生至少 74 个时钟信号用于唤醒 SD 卡的 SPI 通信。因为在 SD 卡上电初期，电压的上升过程据 SD 卡组织的计算约合 64 个周期才到达 SD 卡的正常工作电压，其后的 10 个 CLK 是为了与 SD 卡同步，之后开始 CMD0 的操作，使复位命令成功响应。然后将 CS 片选信号置为低电平，接着在数据线上给出命令 CMD0:0x40、0x00、0x00、0x00、0x00、0x95，向 SD 卡写入 CMD0 之后，就开始对 SD 卡的数据输出端不断地进行检测。如果在一段时间之后能够读到 01H 就说明对 SD 卡的复位操作是成功的，如果一直读到的都是 FFH，说明复位操作失败。复位操作成功后将 CS 拉高，然后再在时钟线产生 8 个 CLK 信号，这 8 个时钟信号可让程序工作更加稳定，保证各个厂家生产的卡都能正常操作。CMD0 写入成功之后，SD 卡随即切换为 SPI 工作模式，不再进行 CRC 校验。发送命令函数如下：

```
uint8_t   send_cmd55(uint8_t cmd,uint32_t arg)
{
    uint8_t n, res;
    set_nss_out(0);
    SPI_WriteByte(cmd);                      /* Start + Command index */
    SPI_WriteByte((uint8_t)(arg >> 24));     /* Argument[31..24] */
    SPI_WriteByte((uint8_t)(arg >> 16));     /* Argument[23..16] */
    SPI_WriteByte((uint8_t)(arg >> 8));      /* Argument[15..8] */
    SPI_WriteByte((uint8_t)arg);             /* Argument[7..0] */
    n = 0x01;                                /* Dummy CRC + Stop */
    if (cmd == CMD0) n = 0x95;               /* Valid CRC for CMD0(0) */
    if (cmd == CMD8) n = 0x87;               /* Valid CRC for CMD8(0x1AA) */
    SPI_WriteByte(n);                        // CRC 校验
    n = 10;                                  // 最多检测 10 次
    do {
```

```
        res = SPI_ReadByte();                      // 返回响应
    } while ((res & 0x80) && --n);
    return res;
}
uint8_t   send_cmd(uint8_t cmd,uint32_t arg)
{
    uint8_t n,   res;
    if (cmd & 0x80)            // 如果命令是 ACMD<n>，则先发送 CMD55 命令
    {
        cmd &= 0x7F;  // ACMD<n>宏最高位定义为 1，用来区别命令类型，普通命令最高位为 0
        res = send_cmd55(CMD55, 0); // 发送 CMD55 命令，告知下次为 ACMD<n>命令
        if (res > 1) return res;          // 失败退出，否则，接着发送 ACMD<n>命令
    }
    set_nss_out(1);                   // 结束上次 CMD 命令
    SPI_WriteByte(0xFF);              // 空闲时钟
    set_nss_out(0);
    SPI_WriteByte(cmd);                        /* Start + Command index */
    SPI_WriteByte((uint8_t)(arg >> 24));       /* Argument[31..24] */
    SPI_WriteByte((uint8_t)(arg >> 16));       /* Argument[23..16] */
    SPI_WriteByte((uint8_t)(arg >> 8));        /* Argument[15..8] */
    SPI_WriteByte((uint8_t)arg);               /* Argument[7..0] */
    n = 0x01;                                  /* Dummy CRC + Stop */
    if (cmd == CMD0) n = 0x95;                 /* Valid CRC for CMD0(0) */
    if (cmd == CMD8) n = 0x87;                 /* Valid CRC for CMD8(0x1AA) */
    SPI_WriteByte(n);                          // CRC 校验
    n = 10;                                    // 最多检测十次
    do {
        res = SPI_ReadByte();                  // 读状态
    } while ((res & 0x80) && --n);
    return res;
}
```

注意上述函数中，函数结束时，片选 CS 信号没有置高电平。初始化阶段 SPI 的时钟频率通常使用几千赫兹到几十千赫兹，最高不应超过 400 kHz。

SD 卡分为多个版本：MMC、SD1.0 与 SD2.0，其中 SD2.0 又包括普通 SD 与 SDHC。不同种类的 SD 卡初始化方法不尽相同，而且命令集也不一样，比如 SD1.0 没有 CMD58，而 SDHC 却有，所以，正确鉴别 SD 卡的版本是成功进行初始化的前提。SD 卡初始化流程如图 11.22 所示。初始化函数如下：

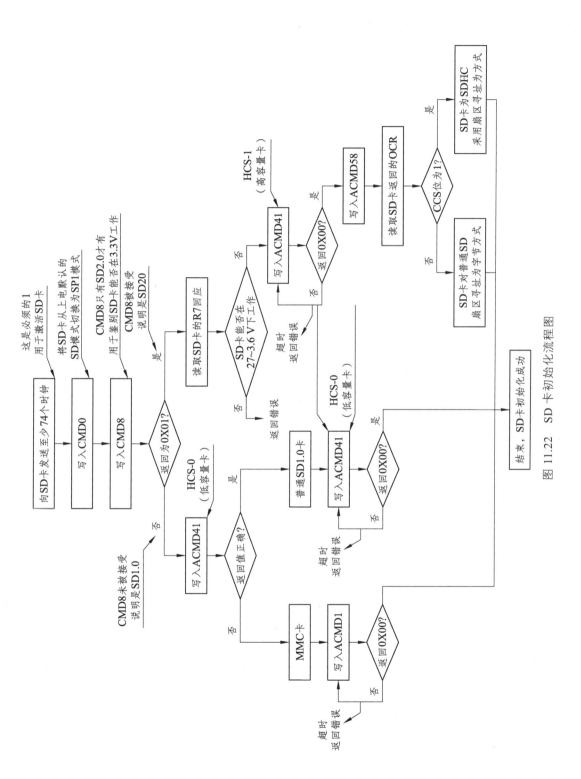

图 11.22 SD 卡初始化流程图

```
void    SDcard_Init(void)
{
    uint8_t    i=0,r1,cmd,ty,ocr[4];
    uint16_t  tmr=0;
    SPI_InitTypeDef    SPI_InitTypeStruct;
    P2_MODE_OUT_PP(GPIO_Pin_6);                        // P26 片选管脚推挽输出
    SPI_InitTypeStruct.SPI_Module  = ENABLE;
    SPI_InitTypeStruct.SPI_SSIG    =DISABLE;
    SPI_InitTypeStruct.SPI_FirstBit = SPI_MSB; //SPI_MSB, SPI_LSB
    SPI_InitTypeStruct.SPI_Mode    = SPI_Mode_Master;    //SPI_Mode_Master, SPI_Mode_Slave
    SPI_InitTypeStruct.SPI_CPOL    = SPI_CPOL_Low;
    SPI_InitTypeStruct.SPI_CPHA    = SPI_CPHA_1Edge;
    SPI_InitTypeStruct.SPI_Speed   = SPI_Speed_16;
    SPI_InitTypeStruct.SPI_IoUse   = SPI_P22_P23_P24_P25;
    SPI_Init(&SPI_InitTypeStruct);
    SPI_Register_NSS_Pin(SDcard_NSS_set);               // 注册 SS 管脚设置函数
    set_nss_out(1);              // NSS 管脚高电平
    for(i=0;i<10;i++)
    {
        SPI_WriteByte(0xFF);    // 发送至少 74 个脉冲, 等待 SD 卡内部供电电压上升时间
    }
    r1 = send_cmd(CMD0,0);                  // 发送 CMD0 命令
    ty = 0;
    if(send_cmd(CMD8,0x1AA)==0x01)          // SD2.0
    {
        for(i=0;i<4;i++)
        {
            ocr[i] = SPI_ReadByte();        // 读取 R7 响应
        }
        if(ocr[2]==0x01 && ocr[3]==0xAA) // SD 卡能在 2.7 ~ 3.6V 电压下工作
        {
            for(tmr=10000;tmr&&send_cmd(ACMD41,1UL<<30);tmr - - )
            {
                delay100us();
            }
            if(tmr && send_cmd(CMD58,0)==0x00)  // 检测 OCR 中的 CCS 位
            {
                for(i=0;i<4;i++)
                {
```

```
                ocr[i] = SPI_ReadByte();              // 读取 R7 响应
            }
            ty = (ocr[0]&0x40)? CT_SD2 | CT_BLOCK:CT_SD2;       // HC 或者 SC
        }
    }
    else                                             // SD1.0
    {
        if(send_cmd(ACMD41,0)<=1)
        {
            ty = CT_SD1;cmd = ACMD41;                // 普通 SD1.0 卡
        }
        else
        {
            ty = CT_MMC;cmd = CMD1;                   // MMCv3 卡
        }
        for(tmr=10000;tmr&&send_cmd(cmd,0);tmr--)     // 等待离开空闲模式
        {
            delay100us();                             // 阻塞延时
        }
        if((!tmr)||(send_cmd(CMD16,512)!=0))          // 超时或者设置读写长度为 512 字节失败
        {
            ty = 0;                  // 失败
        }
    }
    CardType = ty;
    set_nss_out(1);                    // NSS 管脚高电平
    SPI_WriteByte(0xFF);               // 空闲时钟
    return ty?0:STA_NOINIT;
}
```

11.7.2　单扇区读/写时序

单扇区读使用命令 CMD17，时序如图 11.23 所示。将 CS 片选信号置低电平，在 CS 为低电平区间，在数据线上写入 CMD17：0x51、xxxx xxxx（高位地址）、xxxx xxxx、xxxx xxx0、0x00（低位地址）、0xFF。中间 4 字节是地址信息，CRC 可以是任意值，这里是 0xFF。将 CMD17 写入后、开始对 SD 卡的数据输出端进行读取，如果能够读到 0x00，说明 CMD17 写入成功。如果一直读到的都是 0xFF，说明 CMD17 写入失败。CMD17 被写入成功后开始对数据线进行读取，如果读到的数据是 0xFE（开始字节）则说明 SD 卡开始向外输出数据了，

后面紧接着 512 字节的数据，然后输出 2 字节 CRC 校验码，将 CS 片选恢复高电平，最后向 SD 卡补充 8 个时钟脉冲。

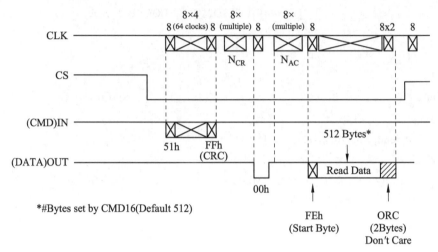

图 11.23 读扇区时序

单扇区读函数如下：

```
uint8_t SDcard_read_sector(uint32_t sector_addr, uint8_t * buffer)
{
    uint32_t  addr = sector_addr * 512;         // 字节地址
    uint8_t    r1,res;
    uint16_t   n,i;
    r1 = send_cmd(CMD17,addr);                  // 发送 CMD17 命令
    if(r1==0)                                    // 发送命令成功
    {
        n = 100;                                 /* 最多读 n 次 */
        do {
            res = SPI_ReadByte();                // 读状态
        } while ((res != 0xfe) && – – n);         // 读到 0xfe，或者 n=0，则跳出等待
        if(n==0)
        {return 1;}                              // 超时失败退出
        else
        {
            for(i=0;i<512;i++)                    // 读取 512 个数据到缓冲区
            {
                buffer[i] = SPI_ReadByte();
            }
            SPI_ReadByte();                       // 读第 1 个 CRC
            SPI_ReadByte();                       // 读第 2 个 CRC
        }
```

```
    }
    else
    {
        return 1;                          // 失败退出
    }
    set_nss_out(1);                        // 取消片选
    SPI_WriteByte(0xFF);                   // 空闲时钟
    return 0;                              // 返回成功标志
}
```

单扇区写使用命令 CMD24，时序如图 11.24 所示。

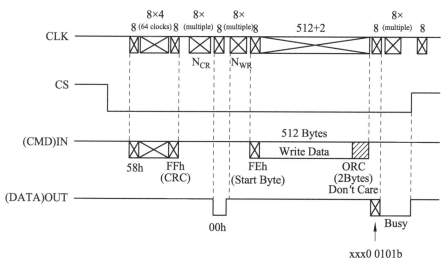

图 11.24　单扇区写时序

　　将 CS 片选信号置低电平，在 CS 为低电平区间，在数据线上写入 CMD24：0x58、xxxx xxxx（高位地址）、xxxx xxxx、xxxx xxx0、0x00（低位地址）、0xFF。中间 4 字节是地址信息，CRC可以是任意值，这里是 0xFF。将 CMD24 写入后、开始对 SD 卡的数据输出端进行读取，如果能够读到 0x00，说明 CMD24 写入成功。如果一直读到的都是 0xFF，说明 CMD24 写入失败。随后，向 SD 卡发送若干个时钟信号，这里的时钟信号没有具体数量限制，通常来说，给出 100个时钟信号就可以了。100 个时钟信号后，数据线写入 0xFE，即"开始字节"，"开始字节"用来告诉 SD 卡要进行数据的传输了，在 0xFE 后紧接着 512 字节的数据，接着写入 2 字节 CRC校验码，这里写入 2 个 0xFF 就可以了。然后，对 SD 卡数据输出端进行读取，如果读到的字节为"xxx00101"则说明写入的 512 字节被 SD 卡接收了，SD 卡接收了 512 字节后就开始将这些数据写入到 Flash 存储模块中的相应扇区中，写入过程是需要一定时间的，在写入过程中，SD 卡将呈现忙的状态，此时读取到 SD 卡数据输出端的数据将是 0x00，当读到的数据是 0xFF时，说明写入完成了，然后将 CS 片选恢复高电平，最后向 SD 卡补充 8 个时钟脉冲。

　　单扇区写函数如下：

```
uint8_t  SDcard_write_sector(uint32_t sector_addr, uint8_t * buffer, uint16_t num)
{
```

```
    uint32_t  addr = sector_addr * 512;          // 字节地址
    uint8_t    r1,res;
    uint16_t  n,i;
    r1 = send_cmd(CMD24,addr);                    // 发送 CMD24 命令
    if(r1==0)                                      // 发送命令成功
    {
        for(i=0;i<15;i++)
        {
            SPI_WriteByte(0xFF);                  // 给出至少 100 个空闲时钟
        }
        SPI_WriteByte(0xFE);                      // 数据头 0xFE
        for(i=0;i<512;i++)                        // 读取 512 个数据到缓冲区
        {
            if(i<num)
            {
                SPI_WriteByte(*(buffer+i));
            }
            else
            {
                SPI_WriteByte(0xFF);              // 数组大小不足 512，则补 0xFF
            }
        }
        SPI_WriteByte(0xFF);                      // 发第 1 个 CRC
        SPI_WriteByte(0xFF);                      // 发第 2 个 CRC
        n = 1000;                                  /* 最多读 n 次 */
        do {
            res = SPI_ReadByte();                 // 读状态
        } while (((res&0x1F) != 0x05) &&  -- n);  // 读到 0x05，或者 n=0，则跳出等待
        if(n==0) return 1;                        // 失败退出
        n = 1000;                                  /* 最多读 n 次，此处转换时间稍长点 */
        do {
            res = SPI_ReadByte();                 // 读状态
        } while ((res != 0xFF) &&  -- n);         // 读到 0xFF，或者 n=0，则跳出等待
        if(n==0) return 1;                        // 失败退出
    }
    else
    {
        return 1;                                  // 失败退出
    }
```

```c
        set_nss_out（1）;                        // 取消片选
        SPI_WriteByte（0xFF）;                    // 空闲时钟
        return 0;                                // 返回成功标志
    }
```

　　在成功完成初始化操作之后，应该把 SPI 的速度尽可能地提高，当然也不可能超过 SD 卡硬件最高允许范围，这要依 SD 卡的速度等级而定，通常在 SD 卡的表面标签上会有形如 "②" "④" 等的图样，它表明了 SD 卡能够达到多高的速度。比如 "④" 代表 2MB/s。对于没有速度标识的卡，其速度都是低于 2MB/s 的。

　　获取卡的容量函数如下：

```c
uint8_t SDcard_get_capacity(uint32_t * capacity)
{
    uint8_t        csd[16];
    uint8_t    r1,res;
    uint16_t   n,i;
    uint32_t   temp=0;
    r1 = send_cmd(CMD9,0x00);    // 发送 CMD17 命令
    if(r1 == 0)
    {
        n = 100;                                /* 最多读 n 次 */
        do {
            res = SPI_ReadByte();               // 读状态
        } while ((res != 0xfe) &&  -- n);       // 读到 0xfe，或者 n=0，则跳出等待
        if(n==0)
        {return 1;}                             // 超时失败退出
        else
        {
            for(i=0;i<16;i++)                   // 读取 512 个数据到缓冲区
            {
                csd[i] = SPI_ReadByte();
            }
            SPI_ReadByte();                     // 读第 1 个 CRC
            SPI_ReadByte();                     // 读第 2 个 CRC
        }
    }
    else
    {
        return 1;                               // 失败返回
    }
    set_nss_out(1);                             // 取消片选
```

```c
        SPI_WriteByte(0xFF);                        // 空闲时钟
/************ 以下为计算容量 ********************/
    if((csd[0]&0xC0)==0x40)                        // CSD 寄存器 bit126 ==1，对应 V2.0 卡
    {
        temp = 0;
            temp =   csd[8]<<8;
        temp += csd[9]+1;
        temp =   (*capacity)*1024;                //得到扇区数
        temp *=   512;                            //得到字节数
        *capacity = temp;
    }
    else                                          // CSD 寄存器 bit126 ==0，对应 V1.0 卡
    {
        i = 0;
        i = csd[6]&0x03;
        i<<=8;
        i += csd[7];
        i<<=2;
        i += ((csd[8]&0xc0)>>6);
        r1 = csd[9]&0x03;
        r1<<=1;
        r1 += ((csd[10]&0x80)>>7);
        r1+=2;
        temp = 1;
        while(r1)
        {
            temp*=2;
            r1 -- ;
        }
        *capacity = (i+1)*temp;
        i = csd[5]&0x0f;
    temp = 1;
        while(i)
        {
            temp*=2;
            i -- ;
        }
        *capacity *= temp;        //字节为单位
    }
return 0;                                          // 返回成功标志
}
```

【范例】 读取开发板上 TF 卡的容量信息，写入整个扇区数据，并读取出整个扇区数据，通过串口输出以上信息。程序如下：

```c
void    test12(void)
{
    uint16_t i;
    uint8_t write[512], read[512];
    uint8_t res;
    uint32_t capacity;
    for(i=0;i<512;i++)
    {
        write[i] = i;
    }
    SDcard_Init();                                          // TF 卡初始化
    SDcard_get_capacity(&capacity);                         // TF 卡容量信息
    printf("TF capacity = %ld B = %ld MB\r\n",capacity,capacity/1024/1024);
    res = SDcard_write_sector(0,write,sizeof(write));       // TF 卡写入数据
    res =     SDcard_read_sector(0,read);                   //TF 卡读出数据
    for(i=0;i<512;i++)
    {
        printf("read[%u] = %bu \r\n",i,read[i]);
    }
}
```

串口输出结果如图 11.25 所示，扇区写入和读出结果正确。图 11.26 所示为 winhex 软件输出 TF 卡信息，通过对比，可以确定串口输出 TF 卡容量信息是正确的。

图 11.25　串口输出信息

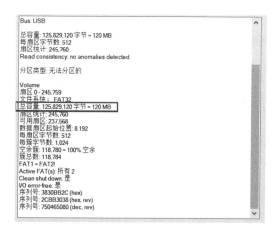

图 11.26　winhex 软件输出 TF 卡容量信息

第 12 章

单总线通信

单总线 OneWire 协议是 DALLAS 公司研制开发的一种通信协议，它由一个总线主节点、或多个从节点组成系统，通过根信号线对从芯片进行数据的读取。每一个符合 OneWire 协议的从芯片都有一个唯一的地址，包括 48 位的序列号、8 位的家族代码和 8 位的 CRC 代码。主芯片对各个从芯片的寻址依据这 64 位的不同来进行。单总线利用一根线实现双向通信。因此其协议对时序的要求较严格，如应答等时序都有明确的时间要求。基本的时序包括复位及应答时序、写一位时序、读一位时序。在复位及应答时序中，主器件发出复位信号后，要求从器件在规定的时间内送回应答信号；在位读和位写时序中，主器件要在规定的时间内读入或写出数据。

单总线适用于单主机系统，能够控制一个或多个从机设备。主机可以是微控制器，从机可以是单总线器件，它们之间的数据交换只通过一条信号线。当只有一个从机设备时，系统可按单节点系统操作;当有多个从设备时，系统则按多节点系统操作。

12.1　单总线工作原理

下面以满足单总线协议的 DS18B20 芯片来介绍相关原理。单总线器件内部设置有寄生供电电路。当单总线处于高电平时，一方面通过二极管 VD 向芯片供电，另一方面对内部电容 C（约 800pF）充电；当单总线处于低电平时，二极管截止，内部电容 C 向芯片供电。由于电容 C 的容量有限，因此要求单总线能间隔地提供高电平以能不断地向内部电容 C 充电以维持器件的正常工作，这就是通过网络线路"窃取"电能的"寄生电源"的工作原理。要注意的是，为了确保总线上的某些器件在工作时（如温度传感器进行温度转换、E2PROM 写入数据时）有足够的电流供给，除了上拉电阻之外，还需要在总线上使用 MOSFET（场效应晶体管）提供强上拉供电，如图 12.1 所示。

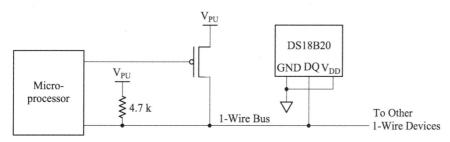

图 12.1　寄生供电示意图

实践中，为了保证供电稳定性，经常采用如图 12.2 所示的外部供电方式。

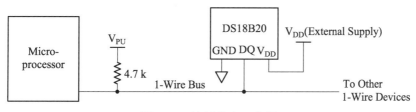

图 12.2　外部供电示意图

单总线要求外接一个约 5 kΩ 的上拉电阻。这样，单总线的闲置状态为高电平。不管什么原因，如果传输过程需要暂时挂起，且要求传输过程还能够继续的话，则总线必须处于空闲状态。位传输之间的恢复时间没有限制，只要总线在恢复期间处于空闲状态（高电平）。如果总线保持低电平超过 480 μs，总线上的所有器件将复位。

单总线的数据传输速率一般为 16.3 kB/s，最大可达 142 kB/s，通常情况下采用 100 kB/s 以下的速率传输数据。主设备 I/O 口可直接驱动 200 m 范围内的从设备，经过扩展后可达 1 km 范围。

12.2　DS18B20 简介

图 12.3 所示为各种封装的 DS18B20，该器件是由 DALLAS 半导体公司推出的一种"一线总线"接口的温度传感器。与传统的热敏电阻等测温元件相比，它有如下优点：

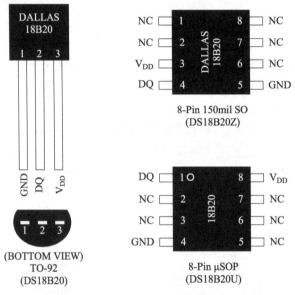

图 12.3　DS18B20 封装示意图

- 采用单总线的接口方式与微处理器连接时仅需要一条口线即可实现微处理器与 DS18B20 的双向通信。单总线具有经济性好，抗干扰能力强，适合于恶劣环境的现场温度测量。
- 测量温度范围宽，测量精度高 DS18B20 的测量范围为 – 55 ~ +125 ℃；在 – 10 ~ +85 ℃ 范围内，精度为 ± 0.5 ℃。
- 在使用中不需要任何外围元件。持多点组网功能多个 DS18B20 可以并联在唯一的单线上，实现多点测温。
- 供电方式灵活 DS18B20 可以通过内部寄生电路从数据线上获取电源。因此，当数据线上的时序满足一定的要求时，可以不接外部电源，从而使系统结构更趋简单，可靠性更高。
- 测量参数可配置 DS18B20 的测量分辨率可通过程序设定 9 ~ 12 位。
- 负压特性电源极性接反时，温度计不会因发热而烧毁，但不能正常工作。掉电保护功能 DS18B20 内部含有 EEPROM，在系统掉电以后，它仍可保存分辨率及报警温度的设定值。

如图 12.4 所示，DS18B20 内部主要包括，64 位 ROM、2 字节温度输出寄存器、1 字节上下警报寄存器（TH 和 TL）和 1 字节配置寄存器。ROM 中的 64 位序列号是出厂前被光刻好的，它可以看作是该 DS18B20 的地址序列码，每个 DS18B20 的 64 位序列号均不相同，这样就可以实现一根总线挂接多个 DS18B20 的目的。配置寄存器允许用户将温度到数字转换的分辨率设置为 9、10、11 或 12 位。DS18B20 控制引脚需要一个上拉电阻，并通过开漏模式连接到总线。DS18B20 无需外部电源也可运行，当总线为高电平时，通过 DQ 引脚提高电源，并将电存储在 Cpp 电容中，在总线处于低电平时为器件供电，这种方法称为"寄生电源"。另外 DS18B20 也可通过 V_{DD} 供电。

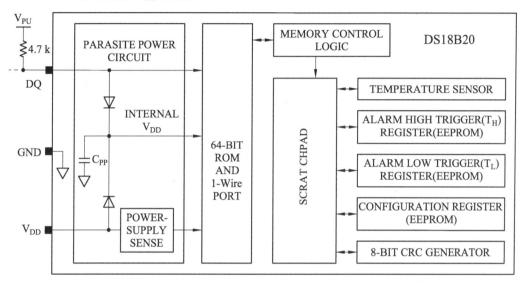

图 12.4 DS18B20 内部结构图

1. 高速暂存存储器结构

如图 12.5 所示，高速暂存存储器由 9 个字节组成，分为温度的低 8 位数据 0、温度的高 8 位数据 1、高温阈值 2、低温阈值 3、配置寄存器 4、保留 5、保留 6、保留 7 和 CRC 校验 8。器件断电时，EEPROM 寄存器中的数据保留，上电后，EEPROM 数据被重新加载到相应的寄存器位置，也可以使用命令随时将数据从 EEPROM 重新加载到暂存器中。

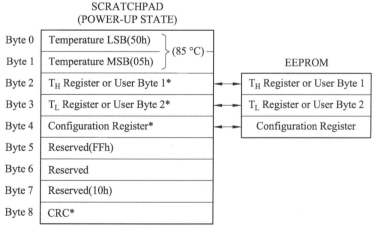

图 12.5 高速暂存存储器结构

2．温度寄存器

如图 12.6 所示，DS18B20 中的温度传感器数据用 16 位二进制形式提供，其中 S 为符号位（正数 S=0，负数 S=1）。温度传感器的分辨率可由用户配置为 9、10、11 或 12 位，分别对应 0.5 °C、0.25 °C、0.125 °C 和 0.062 5 °C 的增量。开机时的默认分辨率是 12 位。如果 DS18B20 配置为 12 位分辨率，那么温度寄存器中的所有位都将包含有效数据。对于 11 位分辨率，0 位没有定义。对于 10 位分辨率，位 1 和位 0 没有定义，对于 9 位分辨率，位 2、位 1 和位 0 没有定义。

	BIT 7	BIT 6	BIT 5	BIT 4	BIT 3	BIT 2	BIT 1	BIT 0
LS BYTE	2^3	2^2	2^1	2^0	2^{-1}	2^{-2}	2^{-3}	2^{-4}

	BIT 15	BIT 14	BIT 13	BIT 12	BIT 11	BIT 10	BIT 9	BIT 8
MS BYTE	S	S	S	S	S	2^6	2^5	2^4

注：S=SIGN

图 12.6　温度寄存器数据格式

图 12.7 显示了在默认 12 位分辨率情况下，温度寄存器数值与实际温度的对应计算。可以看到二进制是以补码的形式存储的。如果是正温度，如+125 °C，读取的二进制数据为 07D0h，由于正数的原码与反码一样，故原码对应数值也为 0x7D0 = 2 000，分辨率为 0.062 5，则实际温度等于 2 000 × 0.062 5=125。如果是负温度，如 − 10.125 °C，读取的二进制数据为 1111 1111 0101 1110，取反加 1 求出原码为 0000 0000 1010 0010b=0xA2=162，则温度绝对值大小等于 162 × 0.062 5=10.12 5。若分辨率是 11 位，则先求原码过程不用考虑 bit0 位，然后再把原码 bit0 清 0，最后乘以 0.0625 便可以求出温度大小。其余分辨率情况，类似处理。

TEMPERATURE	DIGITAL OUTPUT (Binary)	DIGITAL OUTPUT (Hex)
+125 °C	0000 0111 1101 0000	07D0h
+85 °C	0000 0101 0101 0000	0550h*
+25.0625 °C	0000 0001 1001 0001	0191h
+10.125 °C	0000 0000 1010 0010	00A2h
+0.5 °C	0000 0000 0000 1000	0008h
0 °C	0000 0000 0000 0000	0000h
−0.5 °C	1111 1111 1111 1000	FFF8h
−10.125 °C	1111 1111 0101 1110	FF5Eh
−25.0625 °C	1111 1110 0110 1111	FF6Fh
−55 °C	1111 1100 1001 0000	FC90h

图 12.7　温度与温度寄存器数值对应关系

3．TH 和 TL 报警寄存器

如图 12.8 所示，TH 和 TL 寄存器存储温度报警触发值，符号位 S 表示值是正还是负，对于正数，S=0；对于负数，S=1。DS18B20 执行温度转换后，将温度值与用户定义的两个报警触发值进行比较，由于 TH 和 TL 是 8 位寄存器，因此在比较 TH 和 TL 时只使用温度寄存器的第 11 位到第 4 位，如果被测温度低于或等于 TL 值，或高于或等于 TH 值，则在 DS18B20 内部存在报警条件，并设置报警标志。主设备可以通过发出一个 0xEC 命令来检查总线上所有 DS18B20 的报警标志状态。TH 和 TL 寄存器是非易失性的（EEPROM），当设备断电时，它们将保留数据。可以通过内存部分暂存器的字节 2 和字节 3 访问 TH 和 TL。

BIT 7	BIT 6	BIT 5	BIT 4	BIT 3	BIT 2	BIT 1	BIT 0
S	2^6	2^5	2^4	2^3	2^2	2^1	2^0

图 12.8　TH 和 TL 报警寄存器格式

4．配置寄存器

如图 12.9 所示，在配置寄存器中，用户可以通过 R0 和 R1 设置 DS18B20 的转换分辨率，DS18B20 在上电后默认 R0=1 和 R1=1（12 分辨率），寄存器中的第 7 位和第 0 位到 4 位保留给设备内部使用。如图 12.10 所示，R0 和 R1 取不同值的时候，分辨率及转换时间要求。

BIT 7	BIT 6	BIT 5	BIT 4	BIT 3	BIT 2	BIT 1	BIT 0
0	R1	R0	1	1	1	1	1

图 12.9　配置寄存器格式

R1	R0	RESOLUTION (BITS)	MAX CONVERSION TIME	
0	0	9	93.75ms	$(t_{CONV}/8)$
0	1	10	187.5ms	$(t_{CONV}/4)$
1	0	11	375ms	$(t_{CONV}/2)$
1	1	12	750ms	(t_{CONV})

图 12.10　分辨率配置图

12.3　命令流程

对 DS18B20 的单总线命令流程如下：
第 1 步：初始化；
第 2 步：ROM 命令（跟随需要交换的数据）；
第 3 步：功能命令（跟随需要交换的数据）。
每次访问单总线器件，必须严格遵守这个命令流程，如果出现顺序混乱，则单总线器件不会响应主机。但是，这个准则对于搜索 ROM 命令和报警搜索命令例外，在执行两者中任何一条命令之后，主机不能执行其后的功能命令，必须返回至第 1 步。

12.3.1　初始化

基于单总线上的所有传输过程都是以初始化开始的，初始化过程由主机发出的复位脉冲

和从机响应的应答脉冲组成。应答脉冲使主机知道,总线上有从机设备,且准备就绪。图 12.11
所示为初始化时序图。

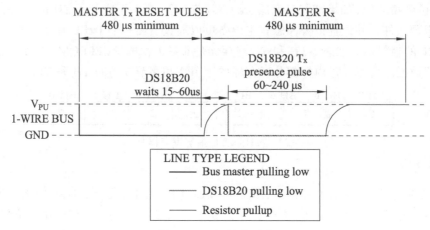

图 12.11 初始化时序

主机首先发出一个最少 480 μs 的低电平脉冲,然后释放总线变为高电平,并在随后的
480 μs 时间内对总线进行检测,如果有低电平出现说明总线上有器件已做出应答。若无低电
平出现一直都是高电平说明总线上无器件应答。

作为从器件的 DS18B20 在一上电后就一直在检测总线上是否有至少 480 μs 的低电平出
现,如果有,在总线转为高电平后等待 15 ~ 60 μs 后将总线电平拉低 60 ~ 240 μs 作出响应存
在脉冲,告诉主机本器件已做好准备。若没有检测到就一直在等待检测。

```c
#define          DS18B20_delay1us()      delay1us()       // 外部提供 delay1us（）软件延时
#define          DS18B20_DQ              P47              // 数据管脚
static void DS18B20_delayus(uint16_t      delay)
{
    while(delay -- )
    {
        DS18B20_delay1us();
    }
}
uint8_t   DS18B20_start(void)
{
    uint8_t res = 1;
    DS18B20_DQ = 1;              // 冗余置高
    DS18B20_DQ = 0;
    DS18B20_delayus(720);        // 720 μs 480 ~ 960 μs 低电平
    DS18B20_DQ = 1;              // 释放总线
    DS18B20_delayus(40);         // 30 μs, 等待 15 ~ 240 μs
    DS18B20_delayus(180);        // 延时 180us,   60 ~ 240 μs 内检测回应
```

```
    res = DS18B20_DQ;           //  读取数据线上电平状态
    DS18B20_delayus(260);       //  前面延时 220 μs，还要满足最低 480 μs 要求
    return res;
}
```

由于该时序对时间要求比较严格，这里调用了 DS18B20_delay1us（ ）函数，该函数由工程师们根据不同的主频来编写，更改相关宏即可修改与调用，管脚的初始化在这里省略了。

12.3.2　ROM 命令

在主机检测到应答脉冲后，就可以发出 ROM 命令。这些命令与各个从机设备的唯一 64 位 ROM 代码相关，允许主机在单总线上连接多个从机设备时，指定操作某个从机设备。这些命令还允许主机能够检测到总线上有多少个从机设备以及其设备类型，或者有没有设备处于报警状态。如表 12.1 所示，从机设备可能支持 5 种 ROM 命令（实际情况与具体型号有关），每种命令长度为 8 位。主机在发出功能命令之前，必须送出合适的 ROM 命令。

表 12.1　ROM 命令集合

指令名称	指令代码	指令功能
读 ROM	33H	读 DS18B20ROM 中的编码（即读 64 位地址）
ROM 匹配（符合 ROM）	55H	发出此命令之后，接着发出 64 位 ROM 编码，访问单总线上与编码相对应 DS18B20 使之作出响应，为下一步对该 DS18 日 20 的读写作准备
搜索 ROM	0F0H	用于确定挂接在同一总线上 DS18 日 20 的个数和识别 64 位 ROM 地址，为操作各器件做好准备
跳过 ROM	0CCH	忽略 64 位 ROM 地址，直接向 DS18B20 发温度变换命令，适用于单片机工作
警报搜索	0ECH	该指令执行后，只有温度超过设定值上限或下限的片子才作出响应

读 ROM[33h]（仅适合于单节点）：该命令允许总线主机读取 DS18B20 的 8 位 C 产品家族码，唯一的 48 位序列号和 8 位 CRC。只有在总线上有一个 DS18B20 时才能使用此命令。如果总线上存在多个从机，当所有从机同时尝试往主机发送时，将发生数据冲突时（会产生线与结果）。

ROM 中的 64 位序列号是出厂前固化好的，可以看作是 DS18B20 的地址序列码，每个 DS18B20 的 64 位序列号均不相同。如图 12.12 所示，64 位 ROM 的排列是：前 8 位是产品家族码，接着 48 位是 DS18B20 的序列号，最后 8 位是前面 56 位的循环冗余校验码 CRC（$X8+X5+X4+1$）。ROM 作用是使每一个 DS18B20 都各不相同，这样就可以实现一根总线上挂接多个 DS18B20。

8-BIT CRC CODE	48-BIT SERIAL NUMBER	8-BIT FAMILY CODE（28h）
MSB　　　　　LSB	MSB　　　　　LSB	MSB　　　　　LSB

图 12.12　DS18B20 的 ROM 数据格式

匹配 ROM[55h]：匹配 ROM 命令后跟 64 位 ROM 地址，允许总线主机在多点总线上寻址特定的 DS18B20。只有与 64 位 ROM 地址完全匹配的 DS18B20 才响应总线主机的命令。所有与 64 位 ROM 序列不匹配的从器件将等待复位脉冲。此命令可用于总线上的单个或多个从机。

跳过 ROM[CCh]（仅适合于单节点）：该命令允许总线主机可以不提供 64 位 ROM 序列也能访问存储器，从而可以节省单个总线系统中的时间。如果总线上存在多个从机并且主机在发出 Skip ROM 命令之后发出读命令，则当多个从机同时发送时，总线上将发生数据冲突（会产生线与结果）。

搜索 ROM [F0h]：当系统初始上电时，主机必须找出总线上所有从机设备的 ROM 代码，这样主机就能够判断出从机的数目和类型。主机通过重复执行搜索 ROM 循环，以找出总线上所有的从机设备。如果总线只有一个从机设备，则可以采用读 ROM 命令来替代搜索 ROM 命令。在每次执行完搜索 ROM 循环后，主机必须返回至命令流程的第一步（初始化）。

ROM 搜索过程只是一个简单的三步循环程序：读一位、读该位的补码、写入一个期望的数据位。总线主机在 ROM 的每一位上都重复这样的三步循环程序。当完成某个器件后，主机就能够知晓该器件的 ROM 信息。剩下的设备数量及其 ROM 代码通过相同的过程即可获得。

下面的 ROM 搜索过程实例假设四个不同的器件被连接至同一条总线上，它们的 ROM 代码为：ROM1 00110101...、ROM2 10101010...、ROM3 11110101...、ROM4 00010001...。

具体搜索过程如下：

（1）主机发出复位脉冲，启动初始化序列。从机设备发出响应的应答脉冲。

（2）接着主机在总线上发出 ROM 搜索命令。

（3）主机从总线上准备读入一个数据位，这时，每个响应设备分别将 ROM 代码的第一位输出到单总线上。ROM1 和 ROM4 输出 0 至总线，而 ROM2 和 ROM3 输出 1 至总线。线上的输出结果将是所有器件的逻辑"与"，所以，主机从总线上读到的将是 0。接着，主机开始读另一位，即每个器件分别输出 ROM 代码中第一位的补码，此时，ROM1 和 ROM4 输出 1 至总线，而 ROM2 和 ROM3 输出 0 至总线。这样，主机读到的该位补码还是 0。主机由此判定，总线上有些器件的 ROM 代码第一位为 0，有些则为 1。

两次读到的数据位具有以下含义：00 在该位处存在设备冲突；01 在该位处所有器件为 0；10 在该位处所有器件为 1；11 单总线不存在任何设备；

（4）主机写入 0，从而禁止了 ROM2 和 ROM3 响应余下的搜索命令，仅在总线上留下了 ROM1 和 ROM4。

（5）主机再执行两次读操作，依次收到 0 和 1，这表明 ROM1 和 ROM4 在 ROM 代码的第二位都是 0。

（6）接着主机写入 0，在总线上继续保持 ROM1 和 ROM4。

（7）主机又执行两次读操作，收到两个 0，表明所连接的设备的 ROM 代码在第三位既有 0，也有 1。

（8）主机再次写入 0，从而禁止了 ROM1 响应余下的搜索命令，仅在总线上留下了 ROM2。

（9）主机读完 ROM4 余下的 ROM 数据位。这样就完成了第一次搜索，并找到了位于总线上的第一个设备。

（10）重复执行第 1 至第 7 步，开始新一轮的 ROM 搜索命令。

（11）主机写入 1，使 ROM4 离线，仅在总线上留下 ROM1。

（12）主机读完 ROM1 余下的 ROM 数据，这样就完成了第二次的 ROM 搜索，找到了第二个 ROM 代码。

（13）重复执行第 1 至第 3 步开始新一轮的 ROM 搜索命令。

（14）主机写入 1，这次禁止了 ROM1 和 ROM4 响应余下的搜索命令，仅在总线上留下了 ROM2 和 ROM3。

（15）主机又执行两次读操作时则读到两个 0。

（16）主机写入 0，这样禁止了 ROM3，而留下了 ROM2。

（17）主机读完 ROM2 余下的 ROM 数据，这样就完成了第三次的 ROM 搜索，找到了第三个 ROM 代码。

（18）重复执行第 13 至第 15 步，开始新一轮的 ROM 搜索命令。

（19）主机写入 1 这次禁止了 ROM2 而留下了 ROM3。

（20）主机读完 ROM3 余下的 ROM 数据，这样就完成了第四次的 ROM 搜索，找到了第四个 ROM 代码。

每次搜索 ROM 操作，主机只能找到某一个单总线器件的 ROM 代码，所需要的最短时间为：960 μs+（8+3×64）×61 μs=13.16 ms；所以主机能够在 1 s 之内读出 75 个单总线的 ROM 代码。

警报搜索[ECh]：除那些设置了报警标志的从机响应外，该命令的工作方式完全等同于搜索 ROM 命令。该命令允许主机设备判断那些从机设备发生了报警（如最近的测量温度过高或过低等）。同搜索 ROM 命令一样，在完成报警搜索循环后，主机必须返回至命令序列的第一步。

12.3.3 功能命令

在主机发出 ROM 命令，以访问某个指定的 DS18B20，接着就可以发出 DS18B20 支持的某个功能命令。这些命令允许主机写入或读出 DS18B20 暂存器，启动温度转换以及判断从机的供电方式。常用的 DS18B20 的功能命令总结于表 12.2 中。

表 12.2　功能命令集合

指令名称	指令代码	指令功能
温度变换	44H	启动 DS18B20 进行温度转换，转换时间最长为 500 ms（典型为 200 ms），结果存入内部 9 字节 RAM 中
读暂存器	0BEH	读内部 RAM 中 9 字节的内容
写暂存器	4EH	发出向内部 RAM 的第 3,4 字节写上，下限温度数据命令，紧跟该命令之后，是传送两字节的数据
复制暂存器	48H	将 RAM 中第 3,4 字节的内容复制到 EEPROM 中
重调 EEPROM	0B8H	EEPROM 中的内容恢复到 RAM 中的第 3,4 字节
读供电方式	0B4H	读 DS18B20 的供电模式，寄生供电时 DS18B20 发送 "0"，外接电源供电 DS18B20 发送 "1"

12.4 工作时序

所有的单总线器件要求采用严格的通信协议，以保证数据的完整性。该协议定义了几种信号类型：复位脉冲、应答脉冲、写 0、写 1、读 0 和读 1。所有这些信号，除了应答脉冲以外，都由主机发出同步信号。并且发送所有的命令和数据都是字节的低位在前，这一点与多数串行通信格式不同（多数为字节的高位在前）。复位脉冲和应答脉冲前面已经介绍过，这里不再赘述。

12.4.1 写时序

如图 12.13 所示，写时序包含了两种写时序：写 0 时序和写 1 时序。所有写时序至少需要 60 μs，且每个写时序之间至少需要 1 μs 的恢复时间。

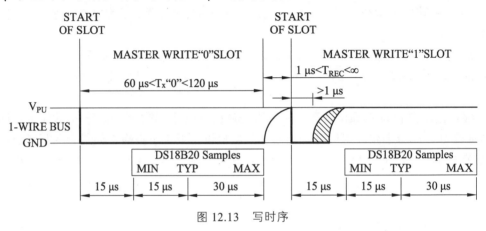

图 12.13 写时序

主机产生 0 时序：数据线 DQ 拉低，延时至少 60 μs，然后释放总线为高电平，延时 2 μs。

主机长生 1 时序：数据线 DQ 拉低，延时至少 2 μs，然后释放总线为高电平，延时 60 μs。

作为从机的 DS18B20 则在检测到总线被拉底后等待 15 μs，然后在接下来的 45 μs 以内开始对总线采样，在采样期内总线为高电平则为 1，若采样期内总线为低电平则为 0。具体代码如下：

```
void  DS18B20_write_byte(uint8_t dat)
{
    uint8_t i = 0;
    DS18B20_DQ = 1;
    for(i=0;i<8;i++)
    {
        DS18B20_DQ = 0;                // 开始传输
        if(0x01==(dat>>i)&0x01)        // 数值为 1
        {
            DS18B20_delayus(2);        // 延时 2 μs，释放总线
            DS18B20_DQ = 1;
```

```
        }
        else                            // 数值为 0
        {
            DS18B20_delayus(2);          // 延时 2 μs，释放总线
            DS18B20_DQ = 0;              // 冗余写 0
        }
        DS18B20_delayus(60);             // 满足最低 60 μs
        DS18B20_DQ = 1;                  // 准备写下一位
        DS18B20_delayus(2);              // 位数据之间留 2 μs
    }
}
```

12.4.2　读时序

单总线期间仅在主机发出读时序时，从机才向主机传输数据。所以，在主机发出读数据命令后，必须马上产生读时序，以便从机能够传输数据。

如图 12.14 所示，对于读数据时序也分为读 0 时序和读 1 时序。所有读时序至少需要 60 μs才能完成，且 2 次独立的读时序之间至少需要 1 μs 的恢复时间。每个读时序都由主机发起，至少在拉低总线 1 μs 之后，主机必须释放总线，并且在时序起始后的 15 μs 之内采样总线数据。

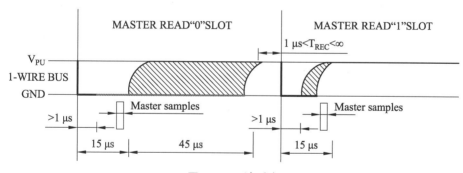

图 12.14　读时序

典型的读时序过程为：主机输出低电平延时 2 μs，接着主机让数据线 DQ 为高电平，释放总线。然后主机延时 10 μs 后开始读取单总线当前的电平，然后延时 60 μs。具体代码如下：

```
uint8_t   DS18B20_read_byte(void)
{
    uint8_t i = 0,res = 0,temp=0;
    DS18B20_DQ = 1;
    for(i=0;i<8;i++)
    {
        DS18B20_DQ = 0;                 // 开始接收
        DS18B20_delayus(2);
        DS18B20_DQ = 1;                 // 主机释放总线
```

```
        DS18B20_delayus(10);
        temp = DS18B20_DQ;                    // 读入总线电平状态
        res |= ((temp&0x01)<<i);              // 读入数据融合进结果
        DS18B20_delayus(60);                  // 满足 60 μs 要求，从机有时间释放总线
    }
}
```

12.5 应用层驱动

前面封装了 DS18B20 的读和写 1 个字节的基本函数功能，接下来就可以根据 ROM 命令和功能命令控制 DS18B20 实现特定功能。读取 ROM 的 64 位地址信息代码函数如下：

```
void  DS18B20_get_64_ROM(uint8_t * buff)
{
    uint8_t i = 0,result=1;
    result = DS18B20_start();                         // 复位应答
    if(result==0)                                     // 复位成功
    {
        DS18B20_write_byte(DS18B20_ROM_READ);         // 发送读 ROM 信息
        for(i=0;i<8;i++)
        {
            *(buff+i) = DS18B20_read_byte();          // 读 64 位的 ROM 数据
        }
    }
}
```

【范例 1】　读出 DS18B20 的 64 位 ROM 信息，并通过串口打印输出。

```
void   test12_new(void)
{
    uint8_t ROM[8],i;
    DS18B20_Init();                                   // DS18B20 管脚初始化
    DS18B20_get_64_ROM(ROM);                          // 读取 64 位 ROM 信息
    for(i=0;i<8;i++)
    {
        if(i==0)printf("family code     = 0x%bx\r\n",ROM[i]);
        if(i==1)printf("serial number = ");
        if((i<7)&&(i>0))printf("0x%02bx ",ROM[i]);
        if(i==6)printf("\r\n");
        if(i==7)printf("crc code        = 0x%02bx\r\n",ROM[i]);
    }
}
```

输出结果如图 12.15 所示，家族代码 0x28 正确。

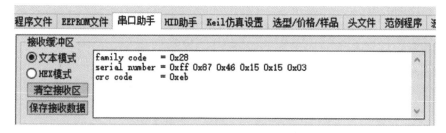

图 12.15　DS18B20 的 ROM 信息

【范例 2】　设置 DS18B20 的精度为 10 位，通过 ROM 匹配方式，读取 DS18B20 的温度信息并通过串口输出。

由于常见情况是单个 DS18B20 且用默认的 12 位精度，故本例特意更改了这种场景需求，更加有工程实践价值。单个 DS18B20 的操作，常见流程为：复位初始化，忽略 ROM，温度转换，延时 750 ms 以上时间，复位初始化，忽略 ROM，读暂存器获取 9 字节信息，计算出温度结果。匹配 ROM 获取温度基本流程：复位初始化，匹配 ROM，发送 64 位 ROM 信息，温度转换，延时 750 ms 以上时间，复位初始化，匹配 ROM，发送 64 位 ROM 信息，读暂存器获取 9 字节信息，计算出温度结果。

设置 DS18B20 精度的函数如下：

```
void DS18B20_setResolution(uint8_t resolution,uint8_t TH,uint8_t TL)
{
    DS18B20_start();
    DS18B20_write_byte(DS18B20_ROM_SKIP);        // skip ROM
    DS18B20_write_byte(DS18B20_REG_WRITE);       // 写暂存器
    DS18B20_write_byte(TH);                      // TH 温度
    DS18B20_write_byte(TL);                      // TL 温度
    DS18B20_write_byte(resolution);             // 精度信息
    current_resolution = resolution;            // 更新当前精度
}
```

精度设置函数中，需要同时设置高低温报警温度限值 TH 和 TL。写入数据的顺序不能够改变，对应暂存器数据 9 个字节中的字节 2 ~ 字节 4。

获取 DS18B20 温度的函数如下：

```
#define         DS18B20_12bit_RESOLUTION    0x7F    // 12 位精度，分辨率 0.0625 ℃
#define         DS18B20_11bit_RESOLUTION    0x5F    // 11 位精度，分辨率 0.125 ℃
#define         DS18B20_10bit_RESOLUTION    0x3F    // 10 位精度，分辨率 0.25 ℃
#define         DS18B20_9bit_RESOLUTION     0x1F    // 9 位精度，分辨率 0.5 ℃
#define GET_BIT(x,bitn)  ((x&(1u<<bitn))>>bitn)     // 获取 x 的 bitn 位
static   uint8_t current_resolution = DS18B20_12bit_RESOLUTION;    // 默认为 12 位精度
float DS18B20_getTemperature(uint8_t * ROM_ID)
{
```

```c
uint8_t i=0, temp[9], res;
uint16_t MSB;
uint16_t resolution = 0xFFFF;          // 精度控制
float temperature;
if(current_resolution == DS18B20_11bit_RESOLUTION)
{
    resolution = 0xFFFE;          // bit0 = 0
}
else if(current_resolution == DS18B20_10bit_RESOLUTION)
{
    resolution = 0xFFFC;          // bit0 = bit1 = 0;
}
else if(current_resolution == DS18B20_9bit_RESOLUTION)
{
    resolution = 0xFFF8;          // bit0 = bit1 = bit 2 = 0;
}
else
{
    resolution = 0xFFFF;
}
res = DS18B20_start();              //初始化复位
if(res == 0)                       // 从机响应
{
    if( ROM_ID )                   // 有 ROM_ID 则匹配，否则 sikp ROM
    {
        DS18B20_write_byte(DS18B20_ROM_MATCH);        // 匹配 ROM
        for(i=0;i<8;i++)
        {
            DS18B20_write_byte(*(ROM_ID+i)); // 发送 64 位 ROM 信息,先发 family code
        }
    }
    else
    {
        DS18B20_write_byte(DS18B20_ROM_SKIP);
    }
    DS18B20_write_byte(DS18B20_REG_CONVERT); // 温度转换
    for(i=0;i<13;i++)
    {
        DS18B20_delayus(60000);                  // 780ms，等待转换完成
```

```
        }
res = DS18B20_start();                          //初始化复位
    if（res==0）
    {
        if( ROM_ID)                             // 有 ROM_ID 则匹配，否则 sikp ROM
        {
            DS18B20_write_byte(DS18B20_ROM_MATCH);
            for(i=0;i<8;i++)
            {
                DS18B20_write_byte(*(ROM_ID+i)); //发送 64 位 ROM 信息，先发 family code
            }
        }
        else
        {
            DS18B20_write_byte(DS18B20_ROM_SKIP);
        }
        DS18B20_write_byte(DS18B20_REG_READ); // 读暂存器 9 个字节
        for(i=0;i<9;i++)
        {
            temp[i] = DS18B20_read_byte();    // LSB,MSB,TH,TL,CR,0xFF,Reserved,0x10,CRC
            printf("temp[%bx]=0x%02bx\r\n",i,temp[i]);
        }
        MSB = (temp[1]<<8)|(temp[0]);
        if(GET_BIT(MSB,15)||(GET_BIT(MSB,14))||GET_BIT(MSB,13)||GET_BIT(MSB,12))
                                                        //符号位判断
        {
            MSB = ((~MSB) + 1)&0x7FF;
        }
        else                                    // 正温度
        {
            MSB = MSB&0x7FF;
        }
        temperature = (float)(MSB&resolution) * 0.0625;
        return temperature;        // 返回温度信息
    }
    else
    {
        return 0;
    }
```

```
    }
    else
    {return 0;}
}
```

模块级的全局变量 resolution 用来记录当前精度信息，便于后期温度数据的计算。若获取信息函数传入参数为 0，则忽略 ROM 进行温度获取，否则，按照匹配 ROM 进行温度获取。

有了上述函数之后，首先初始化 DS18B20。

```
DS18B20_Init();                                              // DS18B20 管脚初始化
DS18B20_setResolution(DS18B20_10bit_RESOLUTION,0x7F,0x00);   // 精度设置
```

然后在 1 s 的定时器中断中，调用温度获取并通过串口输出结果。DS18B20 的 ROM 信息是通过【范例 1】程序获取。主要程序语句如下：

```
uint8_t ROM_ID[]={0x28，0xff，0x87，0x46，0x15，0x15，0x02，0xeb};
float  temp = 0;
temp = DS18B20_getTemperature(ROM_ID);      // 匹配 ROM_ID
printf("temp = %f\r\n",temp);
```

输出截图如图 12.16 所示，除了输出最终的温度信息之外，还输出了从暂存器读出的 9 个字节的信息，从字节 2 ~ 字节 4 可以看出，正是写入的高低温报警阈值以及分辨率数值，说明信息是正确写入了。10 位分辨率对应 0.25 ℃，从温度的有效数字来看，对应小数点后面两位，并且是 0.25 ℃ 的整数倍。

图 12.16　输出温度信息

## 第 13 章

红外通信

红外通信是利用近红外波段的红外线作为传递信息的媒体，即通信信道。发送端将基带二进制信号调制为一系列的脉冲串信号，通过红外发射管发射红外信号。接收端将接收到的光脉转换成电信号，再经过放大、滤波等处理后送给解调电路进行解调，还原为二进制数字信号后输出。

最原始的二进制信号称为基带信号。调制信号一般为 38 kHz（35 ~ 42 kHz 都可用）的 PWM 信号。利用载波的主要目的是提高发射效率，减少发射部分电源功耗。常见的红外线遥控是利用波长为 0.76 ~ 1.5 μm 的红外线来传送控制信号的。图 13.1 是红外发射二极管外形图，一般有透明和淡蓝两种颜色。图 13.2 所示为红外接收二极管，其外观一般是黑色。红外接收二极管用于简单红外信号的接收处理，当其受到红外线照射时反向导通，导通程度与红外线强度有关。

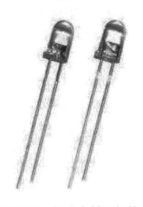 

图 13.1　红外发射二极管　　　　　图 13.2　红外接收二极管

用于红外调制信号解调的一体化红外接收头如图 13.3 所示，与普通红外接收头不同的是它有三个管脚。有的外面套着屏蔽金属罩子，增强抗干扰能力，有的没有屏蔽金属罩。

图 13.3　一体化红外接收管

一体化接收头型号不同，解调原理相同。一体化接收头的 OUT 管脚输出的是已解调的低频原始二进制信号。由于一体化红外接收头内部放大器的增益很大，容易引起干扰，因此在接收头供电引脚上加上滤波电容，一般使用 0.1 ~ 10 μF 即可。

13.1 红外接收解码

13.1.1 发送角度理解 NEC 协议

当使用红外一体化接收头时,需要清楚接收头的输出信号电平规则。接收头没有接收到 38 kHz 的已调信号时,输出的是高电平。收到合格的一串 38 kHz 已调信号时,输出低电平。要让单片机正常解析红外遥控器发射的红外信号,就必须知道遥控器的数据输出格式,即通信协议。最常用的 NEC 协议(遥控器输出 38 kHz 信号)传输格式如图 13.4 所示。支持 NEC 协议的遥控器芯片的典型型号 HT6121/6122。

图 13.4 中密集阴影部分是 38 kHz 载波信号,电平不变部分并不是指低电平,高电平也可以。实际中需要根据具体的电路特点,来确定发射信号时候,不发送 38 kHz 载波信号时,输出高电平还是输出低电平,可以根据功耗的角度来进行选择。

图 13.4 NEC 协议传输格式

从红外信号输出的角度理解 NEC 协议,NEC 协议中,首次是 9 ms 的 38 kHz 脉冲信号,其后是 4.5 ms 的固定电平,接下来就是 8 bit 的地址码(从低有效位开始发),而后是 8 bit 的地址码的反码(主要是用于校验是否出错)。然后是 8 bit 的命令码(也是从低有效位开始发),而后也是 8 bit 的命令码的反码。

如图 13.5 所示,NEC 协议中逻辑 1 为 2.25 ms,脉冲时间 560 μs。逻辑 0 为 1.12 ms,脉冲时间 560 μs。推荐 38 kHz 的载波占空比为 1/4 ~ 1/3。

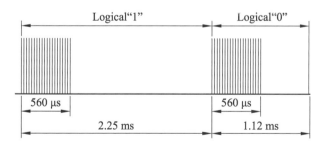

图 13.5 NEC 协议中逻辑 1 和逻辑 0

若长时间按住遥控按钮,在这种情况下,使用 NEC 协议的红外遥控器将会发射一个以 110 ms 为周期的重复码。也就是说,每一次用户按下遥控器按钮,遥控器在发送一次指令码后,就不会再发送指令码了,而是发送一段重复码,如图 13.5 所示。

图 13.6 所示,当发射一条指令码后,若按着不动,从指令码开始计算时间,110 ms 后就开始发送重复码。若假设发送的地址和命令是 0xFF,则该条指令占用时间约为 9+4.5+2 × 8 ×

$2.25+2 \times 8 \times 1.12=67.42$ ms，该指令发送结束后 $110-67.42=42.58$ ms 便会发送重复码，然后每 110 ms 发送重复码一次。

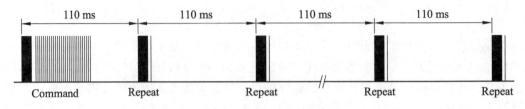

图 13.6　NEC 协议重复传送格式

如图 13.7 所示，重复码由 9 ms 脉冲和 2.25 ms 的固定电平以及 0.56 ms 的脉冲组成。这里需要注意，当发送完一个指令后，有 0.560 ms 的脉冲信号表示结束，跟重复码后的 0.56 ms 脉冲信号含义一致。

图 13.7　NEC 协议中的重复码

13.1.2　接收角度理解 NEC 协议

一体化接收管接收到 38 kHz 信号后输出低电平，接收到固定电平信号输出高电平。从接收者角度看到引导码、数据位和长按波形如图 13.7 所示。引导码低电平持续时间（即载波时间）为 9 ms，高电平持续时间为 4.5 ms，单片机只有检测到引导码出现时才确认开始接收后面的数据，这样用于保证接收数据的正确性，地址码高 8 位与低 8 位可以是相同的，也可以是互为反码或者高低 8 位构成 16 位的用户码，具体由生产商决定。地址码用于区分不同的电气设备，防止不同机种遥控器互相干扰，引导码后面的数字信息是通过一个高低电平持续时间来表示，数据"1"的持续时间是 0.56 ms 低电平+1.69 ms 高电平，数据"0"的持续时间是 0.56 ms 低电平+0.56 ms 高电平。地址码后面的命令码是用户真正需要的编码，按下不同的键产生不同的命令码，接收端收到命令码后根据其具体数值执行不同的操作。命令码的反码在接收端接收到后再按位取反，取反后的值与命令码进行比较，不等则认为是数据传输错误，为无效数据，从而提高了数据传输的准确性。命令码的反码结束后实际还有一位结束位，即对应前面介绍的 0.56 ms 的结束脉冲。另外，发送端输出的原始二进制数据的每个字都是低位在前，高位在后，即使遥控上的按键一直按着，一个指令也只发送一次，如果键按下的时间超过 110 ms 仍未松开、接下来发送重复码。

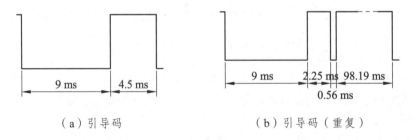

（a）引导码　　　　　　　　　（b）引导码（重复）

（c）数据"0" （d）数据"1"

图 13.8 引导码数据位与长按波形

现在计算一帧指令数据总宽度,16 位地址码的最短宽度(输出全为 0):1.12 ms × 16=18 ms,16 位地址码的最长宽度（输出全为 1）,2.25 ms × 16=36 ms,8 位命令码与其 8 位反码的宽度和不变,（1.12 ms+2.25 ms）× 8=27 ms,所以 32 位指令数据宽度为（18 ms+27 ms）~（36 ms+27 ms）,即 45 ~ 63 ms,加上引导码 13.5 ms,一帧指令数据总宽度为 58.5 ~ 76.5 ms。

熟悉了遥控器输出信息后,则将遥控器输出的地址码与命令码信息提取出来的过程称为解码,解码的关键是如何识别数据"0"和数据"1",从位的定义可以发现数据"0"、数据"1"均以 0.56 ms 的低电平开始,不同的是高电平的宽度不同,数据"0"高电平为 0.56 ms,数据"1"高电平为 1.69 ms,所以必须根据高电平的宽度区别"0"和"1"。如果从 0.56 ms 低电平后开始延时,那么 0.56ms 以后,若读到的电平为低,说明该位为数据"0",反之则为数据"1",为了可靠起见,延时必须比 0.56 ms 长些,但又不能超过 1.12 ms,因此取 0.56 ms+（1.12 ms – 0.56 ms）/2=0.84 ms 左右即可。

13.1.3 外部中断加定时器解码

开发板上一体化红外接收管接线如图 13.9 所示。数据管脚接了单片机的 P36 管脚,该管脚对应外部中断 2,前面介绍过外部中断 2 只有下降沿触发方式。图 13.10 是用逻辑分析仪抓取的一体化接收管脚接收到的脉冲图形,跟前面所述知识一致,接收到 38 kHz 脉冲时输出低电平,否则,输出高电平。通过测量下降沿之间的时间间隔,便可以解析红外数据。

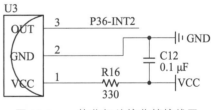

图 13.9 一体化红外接收管接线图

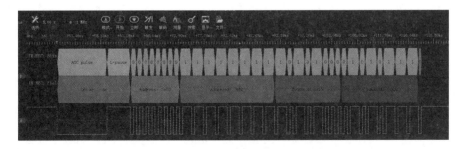

图 13.10 一体化接收管数据管脚接收脉冲

为了让红外接收程序更加通用,采用了跟前面按键处理相同的方式,增加了环形队列,将解析的红外线数据列入队列，在大循环中再进行处理。这里不再重复介绍队列等函数的编写，可以参考按键章节。

```c
#define IR_KEY_FIFO_NUM        20              // 红外按键队列中最大 10 个
struct IR_KEY_INFORMATION_S
{
    uint16_t  ir_address;                /* 地址码 */
    uint8_t   ir_cmd;                    /* 命令码*/
};
typedef  struct      IR_KEY_INFORMATION_S  IR_KEY_INFORMATION_S;   // 红外按键
typedef   void (*pIrKeyFun)(void *);                            // 红外按键回调函数
typedef  struct
{
    IR_KEY_INFORMATION_S   KEY_EVNET_FIFO[IR_KEY_FIFO_NUM];  //红外按键 FIFO
    uint8_t          KEY_In_Index;              //待压入位置
    uint8_t          KEY_Out_Index;             //待输出位置
    uint8_t          keyFifoNum;                /*按键事件个数*/
    pIrKeyFun        pIrKeyCallBack;            // 按键回调函数
}IR_KEY_FIFO_S, *ptrIrKeyFIFO_S;
IR_KEY_FIFO_S    s_tIrKeyEventData;            // 结构体实例
```

初始化函数如下：

```c
void IRdecode_Init_exit(void)
{
    TIM_InitTypeDef    TIM_InitStructure;
    P3_MODE_IO_PU(GPIO_Pin_6);          // P36--INT2 管脚初始化
/***************** 定时器 T2 的配置 ****************/
    TIM_InitStructure.TIM_Mode = TIM_16BitAutoReload;
    TIM_InitStructure.TIM_ClkSource =TIM_CLOCK_1T;
TIM_InitStructure.TIM_ClkOut = DISABLE;
    TIM_InitStructure.TIM_Value = 0;                /* 装载初值 */
    TIM_InitStructure.TIM_Run = DISABLE;            /* 是否运行，ENABLE，DISABLE */
    Timer_Inilize(Timer2, &TIM_InitStructure);      // 初始化 T2
    NVIC_Timer2_Init(ENABLE,Polity_3);              // T2 开中断
/***************** 外部中断的配置 ****************/
    NVIC_INT2_Init(ENABLE, NULL);// 打开外部中断 2，下降沿触发
    bsp_InitIrKeyVar();                 // 结构体变量初始化
}
static void bsp_InitIrKeyVar(void)
{
    uint8_t i=0;
```

```
        for(i=0;i<IR_KEY_FIFO_NUM;i++)
        {
            s_tIrKeyEventData.KEY_EVNET_FIFO[i].ir_address     = 0x0000;
            s_tIrKeyEventData.KEY_EVNET_FIFO[i].ir_cmd         = 0x00;
        }
        s_tIrKeyEventData.KEY_In_Index       = 0;
        s_tIrKeyEventData.KEY_Out_Index      = 0;
        s_tIrKeyEventData.keyFifoNum         = 0;
        s_tIrKeyEventData.pIrKeyCallBack = (void*)0;
}
```

注意定时器 T2 初始化中，初始值为 0，是为了每次能够计最多的数，且初始化的时候关闭其运行。定时器 T2 的中断函数如下：

```
void    TIM2_ISR(void) interrupt TIMER2_VECTOR        // 定时器 T2 中断处理函数
{
    ir_timer_cnt++;                                   // 多少个 65536
}
```

当定时器 T2 启动计数后，溢出一次，全局变量 ir_timer_cnt 就增加 1。两次下降沿之间时间的计算函数如下：

```
float  IRdecode_getFallingEdgeTime(void)
{
    float    fallingEdge_time = 0;
    fallingEdge_time = (float)(TH2*256 + TL2 + ir_timer_cnt * 65536)/(MAIN_Fosc/1000);   // ms
    TH2=0;
    TL2=0;
    ir_timer_cnt = 0;
    return    fallingEdge_time;                       // 返回时间
}
```

MAIN_Fosc 是系统时钟频率，上述公式计算原理，就是将定时器 T2 的计的总次数乘上每一次计数的时间，从而计算出总的时间。

外部中断中，检测下降沿时间，以及判定当前数据状态，具体程序如下：

```
#define    Timer2_Run(n)    AUXR = (AUXR & ~0x10) | (n << 4)        /* 定时器 2 计数使能 */
#define    Timer2_Stop()    AUXR &= ~ (1<<4)                        /* 禁止定时器 2 计数 */
void INT2_ISR(void)interrupt INT2_VECTOR                            // 外部中断 2 的处理函数
{
    static   uint8_t ir_current_decode_bit=0;  // 当前解码位，0 ~ 31
    float       tmr = 0;
    Timer2_Stop();                             // 停止 T2 计时
    if(ir_head_ok == 0)
    {
```

```c
        tmr = IRdecode_getFallingEdgeTime();
        if((tmr>12.0)&&(tmr<14.5))
        {
            ir_head_ok = 1;                    // 接下来解码
            ir_data = 0;                       // 清零，开始修改数据
        }
        else
        {
            ir_head_ok = 0;                    // 接下来解码
            ir_current_decode_bit = 0;
        }
    }
    else
    {
        tmr = IRdecode_getFallingEdgeTime();
        if(tmr<= 0.56)
        {
            ir_head_ok = 0;
            ir_current_decode_bit = 0;
        }
        else if((tmr>0.56)&&(tmr<1.5))
        {
            ir_current_decode_bit++;
        }
        else if((tmr>=1.5)&&(tmr<2.35))
        {
            ir_data |= (1uL<<ir_current_decode_bit);
            ir_current_decode_bit++;
        }
        else
        {
            ir_head_ok = 0;
            ir_current_decode_bit = 0;
        }
        if(ir_current_decode_bit==32)
        {
            ir_current_decode_bit = 0;
            bsp_PutIrKey((uint16_t)(ir_data&0xFFFF),(uint8_t)((ir_data>>16)&0xFF));
                                                                    //数据压入队列
        }
```

```
    }
    Timer2_Run(1);              // 启动 T2 计时
}
```

压入堆栈、回调函数注册等函数与矩阵键盘部分类似，不再赘述。

【范例 1】 通过串口将红外按键的地址码和命令码输出。

首先进行初始化和回调函数注册。

```
void ir_key_task(void      * param)
{
    IR_KEY_INFORMATION_S * pIrKey = (IR_KEY_INFORMATION_S *)param;
    printf("ir_address = 0x%X   ",pIrKey->ir_address);
    printf("ir_cmd = 0x%02bX\r\n",pIrKey->ir_cmd);
}
void   test13(void)
{
    IRdecode_Init_exit();
    bsp_IrKeyRegister(ir_key_task);            // 绑定红外按键处理函数
}
```

然后，在大循环中调用红外按键队列处理函数。

```
bsp_ExeIrKeyEvent();            // 红外按键事件处理
```

图 13.11 所示为串口输出红外按键解析结果，通过对比红外按键编码数据，确定输出结果是正确的，说明前面的程序也是正确的。

图 13.11　串口输出红外按键解析结果

采用外部中断配合定时器解码红外数据的程序，应用中需要占用外部中断资源，且解码主要在外部中断的中断处理函数里面，若程序中有更高级的中断使用，高级中断程序在占用时间较长情况下，可能会干扰数据的正常接收解码。

13.1.4　普通 IO 加定时器解码

除了采用上节的外部中断检测下降沿，也可以采用普通的 IO 管脚不断查询电平状态来检测下降沿时刻。设置定时器 125 μs（允许范围 60 ~ 250 μs）定时检测一次红外输入口电平。若某一次采样值为高电平并且紧接着的一次采样值为低电平，说明出现下降沿，清零一个计数器变量 IR_SampleCnt,退出程序继续 125 μs 的定时检测,并且不断地对检测次数进行累加,累加值放到变量 IR_SampleCnt 中，在下一次出现下降沿时，变量 IR_SampleCnt 中的值就代表了两次下降沿之间的脉冲周期（IR_SampleCnt*125 μs），根据每一次的脉冲周期即可解析出红外数据。

```
uint8_t    IR_SampleCnt = 0;        // 采样次数计数器
uint8_t    IR_BitCnt = 0;           // 记录位数
uint8_t    IR_UserH = 0;            // 地址码高 8 位
uint8_t    IR_UserL = 0;            // 地址码低 8 位
uint8_t    IR_CodeData = 0;         // 命令码
uint8_t    IR_DataShit = 0;         // 命令反码，临时存储解析的 8 位数据
uint8_t    Ir_Pin_temp = 0;         // 记录红外引脚电平的临时变量
uint8_t    IR_Sync = 0;             // 同步标志，0—没收到，1—收到
```

初始化函数如下，跟上节不同的是定时器初值不同，并且让定时器运行，不再打开外部中断。

```
#define   COMPUTE_TIMER_VALUE_16bit_1T(x) (65536- ((x) * (MAIN_Fosc/1000000)))
#define   COMPUTE_TIMER_VALUE_16bit_12T(x)    (65536- ((x) * (MAIN_Fosc/1000000/12)))
void IRdecode_Init_gpio(void)       // GPIO 方法初始化
{
    TIM_InitTypeDef        TIM_InitStructure;
    P3_MODE_IO_PU(GPIO_Pin_6);
    TIM_InitStructure.TIM_Mode = TIM_16BitAutoReload;
    TIM_InitStructure.TIM_ClkSource = TIM_CLOCK_1T;
    TIM_CLOCK_1T,TIM_CLOCK_12T,TIM_CLOCK_Ext */
    TIM_InitStructure.TIM_ClkOut = DISABLE;
    if(TIM_InitStructure.TIM_ClkSource == TIM_CLOCK_1T)
    {
    TIM_InitStructure.TIM_Value=COMPUTE_TIMER_VALUE_16bit_1T(TIMER_TIME);
                                                              //125us 定时
    }
    else
    {
        TIM_InitStructure.TIM_Value = COMPUTE_TIMER_VALUE_16bit_12T(TIMER_TIME);
    }
    TIM_InitStructure.TIM_Run = ENABLE;
Timer_Inilize(Timer2, &TIM_InitStructure);                  // 初始化 T2
    NVIC_Timer2_Init(ENABLE,Polity_3);                      // T2 开中断
    bsp_InitIrKeyVar();                                     // 结构体变量初始化
}
```

125 μs 定时器中断函数中，调用解析函数：

```
void    TIM2_ISR(void) interrupt TIMER2_VECTOR        // 配合 GPIO 方法定时器处理
{
        IR_decode_systick();                          // 调用 GPIO 解析法中，解析函数
}
```

其中 IR_decode_systick()函数代码如下：

```
#define IR_SYNC_MAX (15000/IR_sample) // SYNC 最大时间 15ms（标准值 9 ms+4.5 ms=13.5 ms）
#define IR_SYNC_MIN (9700/IR_sample) // SYNC 最小时间 9.7ms（连发信号标准值
                                            9 ms+2.25 ms=11.25 ms）
#define IR_SYNC_DIVIDE (12375/IR_sample) // 区分同步信号与连发信号，
                                            11.25+(13.5 – 11.25)/2 = 12.375ms
#define IR_DATA_MAX (3000/IR_sample)    //数据最大时间 3ms（标准值 2.25 ms）
#define IR_DATA_MIN (600/IR_sample)     // 数据最小时间 0.6ms（标准值 1.12 ms）
#define IR_DATA_DIVIDE (1687/IR_sample) //区分数据 0 与 1，1.12 ms+(2.25 ms –
                                            1.12ms)/= 1.685ms
#define IR_BIT_NUMBER   32              // 32 位数据
void  IR_decode_systick(void)
{
        static     uint8_t   repeatCnt = 0;
                   uint8_t    SampleTime = 0;         // 下降沿之间时间
                   uint8_t    previousPinState = 0;   // 记录上一时刻，管脚电平状态
        IR_SampleCnt++;                               // 定时器中断次数
        previousPinState = Ir_Pin_temp;              // 保存上一次扫描到的管脚电平状态
        Ir_Pin_temp = IR_GPIO_PIN;                   // 读取当前管脚电平状态
        if(previousPinState&&(!Ir_Pin_temp))         // 下降沿检测
        {
            SampleTime   = IR_SampleCnt;
            IR_SampleCnt = 0;                         // 出现下降沿则清零计数器
    /******************* 接收同步信号 **********************************/
            if(SampleTime > IR_SYNC_MAX)  IR_Sync = 0; // 超出最大同步时间，信息错误
            else if (SampleTime >= IR_SYNC_MIN)      // SYNC
            {
                if(SampleTime >= IR_SYNC_DIVIDE) //区分 13.5ms 同步信号与 11.25 ms 连发信号
                {
                    IR_Sync = 1;                      // 收到同步信号 SYNC
                    IR_BitCnt = IR_BIT_NUMBER;        // 赋值 32（32 位有用信号）
                    repeatCnt = 0;        // 考虑上次 repeatCnt<IR_REPEAT_DELAY，故清零
                }
                else
                {
```

```
                repeatCnt++;
                if(repeatCnt==IR_REPEAT_DELAY)          // 避免速度太快
                { repeatCnt = 0;
                bsp_PutIrKey((uint16_t)IR_UserH<<8|IR_UserL,IR_CodeData);    // 连发重复信号
                }
            }
        }
        else if (IR_Sync)                                    // 已收到同步信号 SYNC
        {
            if ((SampleTime > IR_DATA_MAX)||(SampleTime < IR_DATA_MIN))
            {IR_Sync = 0;}                                   // 数据周期过长或者过短,错误
            else
            {
                IR_DataShit >>= 1;   // 命令码反码右移 1 位（发送端 LSB 在前，MSB 在后格式）
                if(SampleTime > IR_DATA_DIVIDE)        IR_DataShit |= 0x80;
                                                       // 区别数据 0，还是数据 1
                if(--IR_BitCnt == 0)                         // 32 位数据接收完毕
                {
                    IR_Sync = 0;                             // 清除同步标志位
                    if( ~ IR_DataShit == IR_CodeData)        // 判断数据正确性
                    {
                        bsp_PutIrKey((uint16_t)IR_UserH<<8|IR_UserL,IR_CodeData);
                    }
                }
                else if((IR_BitCnt&7)==0)// 每解析成功一个字节，就轮换保存一次
                {
                    IR_UserL = IR_UserH;
                    IR_UserH = IR_CodeData;
                    IR_CodeData   = IR_DataShit;
                }
            }
        }
    }
}
```

【范例 2】   通过串口将红外按键的地址码和命令码输出。

结果如图 13.12 所示，该程序不仅实现了单个红外按键解码，也实现了按键按住不动时候的重复码解析，通用性更好。

图 13.12　串口输出结果

13.2　红外发射编码

红外发射电路比较多,有一种典型电路是两个 PNP 的晶体管串联,一个晶体管的基极注入 38 kHz 的载波信号,另外一个晶体管基极负责整个通路的导通与关断。本节介绍的红外线发射电路如图 13.13 所示,该电路仅仅需要占用一个单片机的 IO 口。

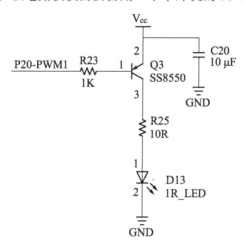

图 13.13　红外线发射电路

13.2.1　软件模拟 PWM 实现载波发射

当不发射 38 kHz 载波信号时候,单片机管脚 P20 输出为高电平,这样子晶体管不会导通。载波 38 kHz 的 PWM 信号对应周期为 26.3 μs,一个周期中输出低电平时间占整个周期的 1/3,即 8.7 μs,剩余时间 17.6 μs 输出为高电平。

由于软件延时不是很准确,需要借助示波器或者逻辑分析仪对延时进行精确调试,经过调试后的程序如下:

```
void    Delay8_77us()              //@24.000MHz , 11us
{
```

```
        unsigned char i;
        _nop_();
        _nop_();
        i = 63;
        while (--i);
}
```

发送脉冲和固定电平的函数如下：

```
#define          IR_SEND_PIN          P20                          // 发射控制引脚，0—导通，1—截至
#define          IR_SEND_ON()     IR_SEND_PIN = 0          // 发射
#define          IR_SEND_OFF()    IR_SEND_PIN = 1          // 不发射
void    IR_sendPulse(uint16_t    pulse)      // 发射脉冲，传入脉冲串的个数
{
        while(pulse--)
        {
                IR_SEND_ON();                            /* 发光时间占据 1/3 周期 */
                Delay8_77us();
                IR_SEND_OFF();                           /* 不发光 */
                Delay8_77us();
                Delay8_77us();
        }
}
void IR_sendSpace(uint16_t     space)    // 发射固定电平，传入包含脉冲串的个数
{
        while(space--)
        {
                IR_SEND_OFF();
                Delay8_77us();
                Delay8_77us();
                Delay8_77us();
        }
}
```

发送一个字节的函数如下：

```
void    IR_sendByte(uint8_t     dat)    /* 红外发送数据 dat */
{
        uint8_t i=0;
        for(i = 0;i<8;i++)
        {
                if(((dat>>i)&0x01)==0)          // LSB 传送,0
                {
```

```
                IR_sendPulse(21);              /* 0.56ms / 26.3us = 21, 1.685ms/26.3us=64*/
                IR_sendSpace(21);
            }
        else
            {
                IR_sendPulse(21);
                IR_sendSpace(64);
            }
        }
    }
```

有了传递一个字节的函数，很容易写出发送一帧数据的函数如下：

```
/* 发送一帧数据，address—地址码, cmd—命令码 */
void IR_sendFrame(uint16_t    address, uint8_t    cmd)
{

    IR_sendPulse(342);        /* 9ms    脉冲，9000 / 26.3 = 342*/
    IR_sendSpace(171);        /* 4.5ms 无脉冲，4500 / 26.3 = 171*/
    IR_sendByte(address&0xFF);
    IR_sendByte((address>>8)&0xFF);
    IR_sendByte(cmd);
    IR_sendByte( ~ cmd);
    IR_sendPulse(21);         /* 0.56 ms 脉冲，0.56 ms 无脉冲，  结束码 '0'  */
    IR_sendSpace(21);

}
```

【范例 3】   每秒通过红外发送地址码 0x5050，命令码为 0x38 的红外信号，解码后通过串口输出解码信息。

首先，对红外发送相关管脚进行初始化。

```
void  BSP_IR_initSend_gpio(void)
{
    P2_MODE_OUT_PP(GPIO_Pin_0);           // P20 推挽输出
    IR_SEND_OFF();                        // 默认不发射
}
```

然后在定时器回调函数中调用发送函数，软件定时器初始化相关代码省略，可以参考前面相关章节。

```
void    task1(void * param)
{

    param = param;
    IR_sendFrame(0x5050,0x38);

}
```

输出结果如图 13.14 所示。

从图 13.14 输出结果可以看到，输出结果跟要求一致，验证了程序的正确性。用 GPIO 加软件延时来实现红外发射，原理比较清晰，实现比较简单。由于软件延时的不精确性，实际应用时候，需要进行调试。另外，如果在红外线发射的过程中，被其他耗时中断打断，可能会导致发送信息错误。

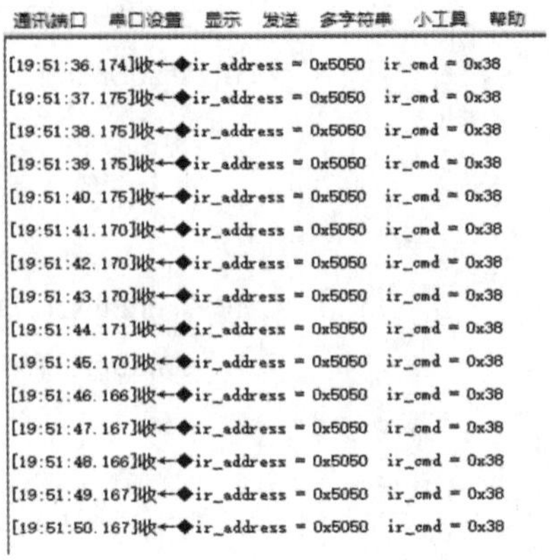

图 13.14　串口输出结果

13.2.2　硬件 PWM 实现载波发射

由于软件模拟 PWM 过程中采用软件延时，精度无法保证。且程序是串行的，需要在发送红外数据之后，才能够进行其他任务。STC8H8K64U 上具有硬件 PWM 模块。发送管脚 P20 对应 PWM1P 通道。可以把硬件 PWM 配置为输出 38 kHz 的 PWM 信号，占空比 1/3，输出极性为 0，使得 OCx 输出与 OCiRef 电平状态一致。采用 PWM2 输出模式，先输出低电平，再输出高电平。由于每一个溢出中断对应的时间都是 26.3 μs，所以，当要发送脉冲时候，仅仅需要使能 PWM 输出，且让记录溢出中断的次数递减，减到 0 之后，强制改变输出模式为固定电平。

红外发射初始化函数如下，调用了前面章节的驱动程序。

```
void  BSP_IR_initSend(void)
{
        PWMx_InitDefine          PWMx_InitStructure;
        P2_MODE_OUT_PP(GPIO_Pin_0);                      // P20 推挽输出
        PWMx_InitStructure.PWM1_Mode      =    CCMRn_PWM_MODE2;
        PWMx_InitStructure.PWM_pscr       = 2 – 1;        // 分频系数
        PWMx_InitStructure.PWM_freq       = 38000;        //周期时间，0 ~ 65535
        PWMx_InitStructure.PWM1_Duty      = 3000;         //PWM1 占空比 30%
        PWMx_InitStructure.PWM_EnoSelect  = ENO1P;        //输出通道选择，
        PWMx_InitStructure.PWM_PS_SW      = PWM1_SW_P20_P21;
        PWMx_InitStructure.PWM_CC1Enable  = DISABLE;      //关闭 PWM1P 输入捕获/比较输出
        PWMx_InitStructure.PWM_PreLoad = DISABLE;         //必须明确设置不预装载，否则，
                                                          输出错误

        PWMx_InitStructure.PWM_MainOutEnable= ENABLE;     //主输出使能，ENABLE，DISABLE
        PWMx_InitStructure.PWM_CEN_Enable   = ENABLE;     //使能计数器，ENABLE，DISABLE
        PWM_Configuration(PWMA, &PWMx_InitStructure);     //初始化 PWM，PWMA，PWMB

}
```

输出模式选择 PWM2 模式的原因是当 ARR 值比 CCR 值小，OC1Ref 为低电平，OC1 输出也为低电平，此时晶体管导通，发射红外信号。整个周期中，只有 1/3 时间导通，降低了功耗及晶体管发热量。另外，在修改通道的输出模式之前，要关闭相应输出通道。此处的初始化，关闭了通道 1 的输出，函数结束时候，没有打开。目的是要发射信号的时候再打开，

而不是初始化的时候，就发射 38 kHz 载波信号。此处也不需要打开中断，在发送数据时刻，再打开中断。

跟上节类似，重写发送脉冲和发送固定电平函数如下，程序中设计的 PWM 宏定义，可以参考 PWM 相关章节。

```
uint16_t  ir_tx_cnt = 0;                          // 用来计时的模块级全局变量
void   IR_sendPulse(uint16_t   pulse)            // 输出脉冲信号
{
    ir_tx_cnt = pulse;
    EAXSFR();
    PWMA_CC1E_Disable();                          // 关闭输出通道
    PWMA_OC1ModeSet(CCMRn_PWM_MODE2);            // 设置 PWM1 模式 2 输出
    PWMA_CC1E_Enable();                           // 使能 CC1E 通道
    PWMA_CC1IE_Enable();                          //使能捕获/比较 1 中断
    EAXRAM();
    while(ir_tx_cnt);
}
void IR_sendPulse(uint16_t      pulse)           // 输出固定电平
{
    ir_tx_cnt = pulse;
    EAXSFR();
    PWMA_CC1E_Disable();                          // 关闭输出通道
    PWMA_OC1ModeSet(CCMRn_PWM_MODE2);            // 设置 PWM1 模式 2 输出
    PWMA_CC1E_Enable();                           // 使能 CC1E 通道
    PWMA_CC1IE_Enable();                          // 使能捕获/比较 1 中断
    EAXRAM();
    while(ir_tx_cnt);
}
```

函数 void IR_sendFrame（uint16_t   address，uint8_t cmd）不需要更改，中断处理如下：

```
void   PWMA_ISR() interrupt PWMA_VECTOR
{
    EAXSFR();
    if(GET_BIT(PWMA_SR1,CC1IF)==1)              // 对应中断标志位置位
    {
        RESET_REG_BIT(PWMA_SR1,CC1IF);          // 中断标志位清零
        if(--ir_tx_cnt == 0)
        {
            PWMA_CC1E_Enable();                  //写 CCMRx 前必须先关闭 CCxE 通道
            PWMA_OC1ModeSet(CCMRn_FORCE_VALID); //设置 PWM1 强制为有效高电平
            PWMA_CC1E_Enable();                  //打开 PWM1P 比较输出
```

```
            PWMA_CC1IE_Disable();                              // 关闭 PWM1P 中断
        }
    }
    EAXRAM();
}
```

上述中断函数的原理，当一个周期中计数器的值等于 CCR 值时触发中断，即一个 26.3 μs 就中断一次。然后判断中断类型并清零中断标志位，判断计数全局变量是否为 0，不为 0 则退出，相当于把延时转化为了计数。上述代码中采用的是输出通道比较中断，也可以采用溢出更新中断。

【范例 4】 1 s 定时发送地址码为 0x1234，命令码为 0x56 的红外线数据，通过串口打印输出。

红外输出初始化如下，红外接收解码部分跟前面一样，这里省略。

```
void test13_send(void)
{
    BSP_IR_initSend();                                         // 红外发射初始化
}
```

在 1 s 定时器任务中，加入如下代码：

```
void task1(void * param)
{
    param = param;
    IR_sendFrame(0x1234,0x56);                                 // 红外发送数据
}
```

输出结果如图 13.15 所示，从图中可以看到，每 1 s 中就会输出接收到的红外数据，跟发送的红外数据一致，说明程序正确。

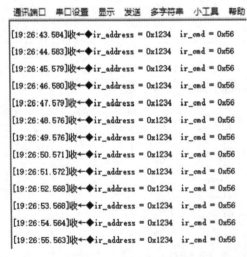

图 13.15　串口输出结果

## 第 14 章

文件系统

文件系统是为了存储和管理数据，在存储介质建立的一种组织结构，这些结构包括操作系统引导区、目录和文件。常见的 Windows 下的文件系统格式包括 FAT32、NTFS、exFAT。在使用文件系统前，要先对存储介质进行格式化。格式化先擦除原来内容，在存储介质上新建一个文件分配表和目录。这样，文件系统就可以记录数据存放的物理地址，剩余空间。

使用文件系统时，数据都以文件的形式存储。写入新文件时，先在目录中创建一个文件索引，它指示了文件存放的物理地址，再把数据存储到该地址中。当需要读取数据时，可以从目录中找到该文件的索引，进而在相应的地址中读取出数据。具体还涉及逻辑地址、簇大小、不连续存储等一系列辅助结构或处理过程。

文件系统的存在使用户在存取数据时，不再是简单地向某物理地址直接读写，而是要遵循它的读写格式。如经过逻辑转换，一个完整的文件可能被分开成多段存储到不连续的物理地址，使用目录或链表的方式来获知下一段的位置。

前面章节的 SD 卡驱动只完成了向物理地址写入数据的工作，而根据文件系统格式的逻辑转换部分则需要额外的代码来完成。实质上，这个逻辑转换部分可以理解为当用户需要写入一段数据时，由它来求解向什么物理地址写入数据、以什么格式写入及写入一些原始数据以外的信息（如目录）。这个逻辑转换部分代码我们也习惯称之为文件系统。

14.1 Petit FatFs 文件系统简介

FatFs 是面向小型嵌入式系统的一种通用的 FAT 文件系统。它完全是由 ANSI C 语言编写并且完全独立于底层的 I/O 介质。FatFs 支持 FAT12、FAT16、FAT32 等格式，Petit FatFs 是 FatFs 的精简版，比较适用于低端 8 位单片机中。可以用在小 RAM 的单片机中，RAM 可以小于扇区的 RAM（512bytes）中。根据官方介绍，有如下限制：（1）只能挂载一个设备。（2）Petit FatFs 不能创建文件，只能对已存在的文件进行操作。（3）写函数只能写到原来文件的大小，不能扩展大小，不能更新文件时间信息，不能写只读文件。

本章利用前面写好的 SD 卡驱动程序，把 Petit FatFs 文件系统代码移植到工程之中，就可以利用文件系统的各种函数，对 SD 卡以"文件"格式进行读写操作了。Petit FatFs 文件系统的源码可以从 FatFs 官网下载: http:// http://elm-chan.org/fsw/ff/00index_p.html。

最新版本软件源码共有 diskio.c、diskio.h、pff.c、pff.h、pffconf.h 共 5 个文件。diskio.c 是与底层驱动相关的文件，pff.c 是应用层调用文件，pffconf.h 是各种配置宏定义文件。

14.2 Petit FatFs 应用层源码

pffconf.h 这个头文件包含了对 Petit FatFs 功能配置的宏定义，通过修改这些宏定义就可以裁剪 Petit FatFs 的功能。pff.c 是 Petit FatFs 核心文件，文件管理的实现方法。该文件独立于底层介质操作文件的函数，利用这些函数实现文件的读写。

（1）FRESULT pf_mount（FATFS * fs）：为 Petit FATFs 模块注册或者卸载一块工作区域，它包括了设备的初始化（diskio.c 中的 disk_initialize）、文件系统的设置（FAT32、FAT）等，是 PetitFATFs 能够工作的前提，在调用其他应用层函数前应先调用此函数。一般用法是：

```
FATFS      fatfs;                          //定义一个文件系统对象
if (pf_mount(&fatfs)) printf("Failed");    //如果返回 1，则挂载失败
```

（2）FRESULT pf_open（const char * path）：打开一个已经存在的文件，在对文件进行读操作和移动读写指针前，首先应该调用该函数。打开的文件必须是已存在的。一般用法是：

```
if (pf_open("MESSAGE.TXT") )      printf("Failed");     //如果返回 1，则打开失败
```

（3）FRESULT pf_read（void * buff，WORD btr，WORD * br）：读一个文件。函数的三个参数分别表示读出数据存放的地址，读出数据的大小，返回真正读出的数据的大小。

（4）FRESULT pf_write（const void * buff，WORD btw，WORD * bw）：写一个文件。函数的三个参数分别表示写入的数据存放的地址，要写入的数据的大小，返回真正写入的数据的大小。

（5）FRESULT pf_lseek（DWORD offset）：移动读/写指针。参数表示从第几个数据开始操作。此函数是打开文件以后，在文件内进行的地址跳转，它跳转的是字节，都是以这个文件为起始点跳转。

（6）FRESULT pf_opendir（DIR * dp， const char * path）：打开一个目录。第一个参数表示指向空白目录结构，第二个表示指向一个已存在的目录名。此函数用于打开文件夹，提供指定文件夹的名字 path，经过该函数处理会把文件夹的基本信息更新到 dp 中，然后用户利用这个 dp 数据可以找到该文件夹下的各文件。

（7）FRESULT pf_readdir（DIR * dp， FILINFO * fno）：读一个目录项。主要读取一个项目下的相关信息，如文件夹下的各文件名。此函数使用前要先用上面的函数打开文件夹，获取更新后的 dp 数据，才能在文件夹下读取文件夹内的各文件信息。

使用者在使用应用层函数时只需调用即可无须理会 Petit FATFs 的内部结构以及复杂的 FAT 协议。中间层 Petit FATFs 包含了 FAT 的读写协议和最底层 Low Level Disk I/O 完全分离，所以一般不用修改。Low Level Disk I/O 位于最底层，它不是 Petit FATFs 模块的一部分，需要根据不同的单片机和不同的存储媒介进行编写，是移植过程中最重要的一部分。

14.3 Petit FatFs 的移植过程

diskio.c 文件是 Petit FatFs 移植最关键的文件，包含底层存储介质的操作函数，这些函数需要用户自己实现，主要添加底层驱动函数。diskio.h 定义了 Petit FatFs 用到的宏，以及 diskio.c 文件内与底层硬件接口相关的函数声明。

移植 Petit FatFs，用户在添加了相应的头文件之后，只需要修改 ffconf.h 和 diskio.c 两个文件，pff.c、pff.h 以及 diskio.h 三个文件不需要改动。具体需要修改 disk_initialize、disk_readp 和 disk_writep 三个函数，然后更改 pffconf.h 中宏的数值进行功能裁剪，便完成移植过程，可以调用相关函数。

底层设备输入输出要求实现存储设备的读写操作函数、存储设备信息获取函数等。使用 TF 卡作为物理设备，在前面章节已经编写好了 TF 卡的驱动程序，这里就直接使用。

（1）DSTATUS disk_initialize （void）：存储媒介的初始化，一般成功则返回 0，否则返回 1 即可。代码如下：

```
DSTATUS disk_initialize (void)
{
    DSTATUS stat;
    if(0== SDcard_Init())
    {
        stat = RES_OK;                  // SD 卡初始化成功
    }
    else
    {
        stat =RES_ERROR;                // SD 卡初始化失败
    }
    return stat;
}
```

注意 RES_OK 是枚举类型中的成员，数值为 0。RES_ERROR 是枚举类型中的成员，数值为 1。

（2）DRESULT disk_readp（BYTE* buff，DWORD sector，UINT offset，UINT count）：读部分扇区。注意该函数中读出数据 count 和偏移地址 offset 之和最大 512。

```
DRESULT disk_readp (
        BYTE* buff,              /* 读出缓冲区地址 */
        DWORD sector,            /* 扇区地址 */
        UINT offset,             /* 扇区中的偏移个数 */
        UINT count               /* 读出数据个数 */
)
{
    DRESULT   res;
    res  =  SDcard_read_buffer(sector,offset,count,buff);        // 调用 SD 卡读函数
    return   res;
}
```

为了和 disk_readp 函数的传入参数相互匹配，对前面的 TF 卡相关驱动函数进行了更改，代码如下：

```
uint8_t   SDcard_read_buffer(uint32_t   sector_addr, uint16_t   offset, uint16_t   count, uint8_t *
buffer)
{
    uint32_t  addr = sector_addr * 512;      // 字节地址
    uint8_t   r1,  res;
    uint16_t  n,  i,  temp;
    r1 = send_cmd(CMD17,addr);               // 发送 CMD17 命令
    if(r1==0)                                // 发送命令成功
    {
```

```
        n = 100;                               /* 最多读 n 次 */
        do {
            res = SPI_ReadByte();              // 读状态
        } while ((res != 0xfe) && --n);        // 读到 0xfe，或者 n=0，则跳出等待
        if(n==0)
        {return 1;}                            // 超时失败退出
        else
        {
            if(offset>0)                       // 说明有偏移
            {
                for(i=0;i<offset;i++)          // 读取 512 个数据到缓冲区
                {
                    SPI_ReadByte();            // 将偏移值循环掉
                }
            }
            for(i=0;i<count;i++)               // 读取 512 个数据到缓冲区
            {
                buffer[i] = SPI_ReadByte();
            }
            temp = 512 - offset - count;       // 剩余数据
            for(i=0;i<temp;i++)                // 读取 512 个数据到缓冲区
            {
                SPI_ReadByte();
            }
            SPI_ReadByte();                    // 读第 1 个 CRC
            SPI_ReadByte();                    // 读第 2 个 CRC
        }
    }
    else
    {
        return 1;                              // 失败退出
    }
    set_nss_out(1);                            // 取消片选
    SPI_WriteByte(0xFF);                       // 空闲时钟
    return 0;                                  // 返回成功标志
}
```

（3）DRESULT disk_writep （BYTE * buff， DWORD sc）：写部分扇区，里面只有两个参数，写入的数据地址* buff 与第几个扇区 sc 两个数据。但在编写这个程序的时候要注意，由于 Petit FatFs 内部调用函数必须按照以下的规则来，当 buff 指向一个空指针，当 sc 不为

0 时，则表示对这个扇区的写操作进行初始化；当 sc 为 0 时，则表示对这个扇区的写操作进行结束操作；当 buff 指向一个内存缓冲区，则是进行正常的读写。

```
DRESULT    disk_writep (
        BYTE* buff,      /* 写入数据地址 */
        DWORD sc         /* 写入数据个数 */
)
{
        DRESULT res;
        res = SDcard_write_buffer(buff, sc);      // 调用 TF 卡写函数
        return res;
}
```

为了和 disk_writep 函数的传入参数相互匹配并满足前述规则，对前面的 TF 卡相关驱动函数进行了更改，代码如下：

```
uint8_t    SDcard_write_buffer(uint8_t * buff, uint32_t sc)
{
    static      uint16_t xdata   wc;
    uint8_t   res, tmp;
    uint16_t   n, i, bc;
    if (!buff)                                    // 指向空指针
    {
        if (sc)                                   // sc 不为零，进行写操作初始化
        {
            if (!(CardType & CT_BLOCK)) sc *= 512;    // 转换为字节地址
            if (send_cmd(CMD24, sc) == 0)             // 单扇区写
            {
                for(i=0;i<15;i++)
                {
                    SPI_WriteByte(0xFF);              // 给出至少 100 个空闲时钟
                }
                SPI_WriteByte(0xFE);                  // 写的数据头 0xFE
                wc = 512;                             // 写 512 个数据
                res = RES_OK;
                return res;
            }
            else
            {return 1; }        // 失败返回
        }
        else                    // 写操作结束
        {
```

```
                  bc = wc + 2;
                  while(bc--) SPI_WriteByte(0xFF);          // 剩余数据写 0xFF，含 2 个 CRC 字节
                  n = 1000;                                   // 最多读 n 次
                  do {
                      tmp = SPI_ReadByte();                   // 读状态
                  } while (((tmp&0x1F) != 0x05) && --n);      // 读到 0x05，或者 n=0，则跳出等待
                  if(n==0) return 1;                          // 失败退出
                  n = 1000;                                   // 最多读 n 次，此处转换时间稍长点
                  do {
                      tmp = SPI_ReadByte();                   // 读状态
                  } while ((tmp != 0xFF) && --n);             // 读到 0xFF，或者 n=0，则跳出等待
                  if(n==0) return 1;                          // 失败退出
                  set_nss_out(1);                             // 取消片选
                  SPI_WriteByte(0xFF);                        // 空闲时钟
                  res = RES_OK;
                  return res;                                 // 返回成功标志
                  }
          }
          else
          {
                  bc = sc;                                    // sc 可能小于 512
                  while(bc && wc)
                  {
                      SPI_WriteByte(*buff++);                 // 向扇区写入收据
                      wc - -; bc - -;                         //  bc <= sc;
                  }
                  res = RES_OK;
                  return res;
          }
  }
```

注意该函数看起来较为复杂，因为 Petit FATFs 调用该函数时候采用了下面的顺序，SDcard_write_buffer（0，1），开始写；SDcard_write_buffer（buff，sc），写数据；SDcard_write_buffer（0，0），结束写操作。三个子过程写入一个函数中，在该函数内部相当于状态机判断后转换到相应的操作。这三个子过程构成一个完整的写扇区过程。

14.4 Petit FatFs 的功能裁剪

通过更改 pffconf.h 中宏的数值，可以开启或者关闭相关功能。

（1）#define PF_USE_READ。有 0 和 1 两个值可被选择，选择 0 则不使能文件读操

作，选择 1 则使能读文件操作，在这里我们选择 1，使能读文件操作。

（2）#define　PF_USE_DIR。为 1 时使能打开一个目录和读一个目录项操作，为 0 时则不使能相应操作，这里设置其值为 1，使能该项功能。

（3）#define　PF_USE_LSEEK。有 0 和 1 两个选择项。1 时使能移动读/写指针操作，为 0 时则禁止。这里设置其值为 1，使能移动指针操作。

（4）#define　PF_USE_WRITE。为 1 时使能写文件操作，为 0 时禁止写文件操作。这里设置其值为 1，使能写文件操作。

（5）#define　PF_FS_FAT32。为 0 时仅支持 FAT16 文件系统，为 1 时支持 FAT32 文件系统。FAT32 文件系统是 FAT16 文件系统的升级，而且现在 SD 卡在出厂时一般都默认被格式化为 FAT32 文件系统，所以设置其值为 1。

到这里 Petit FATFs 文件系统的移植过程完成。

14.5　Petit FatFs 应用范例

【范例 1】　通过 OLED12832 播放 BadApple 动画。首先通过下面的 Matlab 程序从视频文件 BadApple.mp4 中抽取出 128×32 分辨率的 9480 张 bmp 图片，然后对该图片二值化处理，将 9480 张图片数据保存为 BadApple.bin 文件。

```
clc; clear;
% 定义常量
VIDEO_NAME = 'BadApple.mp4';
IMAGE_WIDTH = 128;
IMAGE_HEIGHT = 32;
PATH = './images/';
POSTFIX = '.bmp';
% numOfImages = 9480; video.NumberOfFrames
% 处理视频
if exist(PATH, 'dir') == 0
    mkdir(PATH);
end
video = VideoReader(VIDEO_NAME);
numOfImages = video.NumberOfFrames; % 9480
for i = 1 : numOfImages
    frame = read(video, i);
    frame = imresize(frame, [IMAGE_HEIGHT IMAGE_WIDTH]); % 调整大小为 128x64
    name = sprintf('%04d', i – 1);
    path = [PATH, name, POSTFIX];
    imwrite(frame, path); % 保存帧为 BMP 图片
end
% 读取并处理图片
```

```matlab
imgs = zeros(numOfImages, IMAGE_WIDTH * IMAGE_HEIGHT);
for i = 1 : numOfImages
    A = logical([]);
    name = sprintf('%04d', i - 1);
    path = [PATH, name, POSTFIX];
    img = imread(path);                    % 顺次读取文件 0000.bmp ~ 9479.bmp
    bw = imbinarize(img);                  % 和 im2bw 会有一点点不同
    for j = 1 : 4                          % page
        for k = 1 : 128
            B = bw(1 + 8 * (j - 1) : 8 + 8 * (j - 1), k)';
            A = [A, B];
        end
    end
    imgs(i, :) = A;
end
% 编码
bin = uint8(zeros(numOfImages, IMAGE_WIDTH * IMAGE_HEIGHT / 8));
for i = 1 : numOfImages
    for j = 1 : IMAGE_WIDTH * IMAGE_HEIGHT / 8
        for k = 0 : 7
            bin(i, j) = bin(i, j) + imgs(i, k + 1 + (j - 1) * 8) * 2^k;
        end
    end
end
% 保存为 bin 文件
bin = bin';
fp = fopen('BadApple.bin', 'wb');
fwrite(fp, bin, 'uint8');
fclose(fp);
```

通过读卡器将 TF 卡格式化为 FAT32 格式，并将 BadApple.bin 文件放到该 TF 卡中。运行下面的代码可以实现 OLED12832 输出动画效果。

```c
void test16(void)
{
    FATFS    fatfs;                        // 定义一个文件系统对象
    FRESULT res;
    uint16_t br,i;
    uint8_t readData[512];
    if (pf_mount(&fatfs))
    {
```

```
            printf("mount failure!\r\n");                          // 加载失败
    }
    res = pf_open("badapple.bin");                                 // 打开文件
    if(res == FR_OK)                                               // 打开成功
    {
        while(1)
        {
            pf_read(readData,512,&br);
            oled_show_image(0, 0,128, 32, readData);               //显示图片
            oled_display();
            oled_clear();
            i++;
            if(i==9480) break;
        }
    }
    else
    {
        printf("open failure!\r\n");                               // 加载失败
    }
}
```

以上代码只是列出了文件系统和显示刷新功能主要代码。pf_read 函数的特点，不仅可以读取路径下的文件数据，在不改变路径的前提下它会自动加地址读取后面的数据。pf_read（readData，512，&br）就是自动增加地址，循环读取 512 个字节数据到 readData 数组。

第 15 章

低功耗与
可靠性设计

15.1 低功耗设计

文件系统是为了存储和管理数据，在存储介质建立的一种组织结构，这些结构包括操作系统引导区、目录和文件。常见的 Windows 下的文件系统格式包括 FAT32、NTFS、exFAT。在使用文件系统前，要先对存储介质进行格式化。格式化先擦除原来内容，在存储介质上新建一个文件分配表和目录。这样，文件系统就可以记录数据存放的物理地址，剩余空间。

使用文件系统时，数据都以文件的形式存储。写入新文件时，先在目录中创建一个文件索引，它指示了文件存放的物理地址，再把数据存储到该地址中。当需要读取数据时，可以从目录中找到该文件的索引，进而在相应的地址中读取出数据。具体还涉及逻辑地址、簇大小、不连续存储等一系列辅助结构或处理过程。

文件系统的存在使用户在存取数据时，不再是简单地向某物理地址直接读写，而是要遵循它的读写格式。如经过逻辑转换，一个完整的文件可能被分开成多段存储到不连续的物理地址，使用目录或链表的方式来获知下一段的位置。

前面章节的 SD 卡驱动只完成了向物理地址写入数据的工作，而根据文件系统格式的逻辑转换部分则需要额外的代码来完成。实质上，这个逻辑转换部分可以理解为当用户需要写入一段数据时，由它来求解向什么物理地址写入数据、以什么格式写入及写入一些原始数据以外的信息（如目录）。这个逻辑转换部分代码我们也习惯称之为文件系统。

15.1.1 电源管理寄存器

STC8H8K64U 系列单片机的系统电源管理由电源控制寄存器 PCON 进行，如表 15.1 所示。

表 15.1　STC8H8K64U 系列单片机的电源控制寄存器

符号	地址	B7	B6	B5	B4	B3	B2	Bl	B0
PCON	87H	SMOD	SMOD0	LVDF	POF	GF1	GF0	PD	IDL

1. 空闲模式

空闲模式的进入：置位 IDL=1，则单片机进入空闲模式，当单片机被唤醒后，该控制位由硬件自动清零。

空闲模式的状态：进入空闲模式后，只有 CPU 停止工作，其他外部设备依然在运行。

空闲模式的退出：通过外部复位 RST 引脚硬件复位唤醒；通过外部中断、定时器中断、低压检测中断及 A/D 转换中断中的任何一个中断的产生都会引起 IDL 位被硬件清零，从而使单片机退出空闲模式。单片机被唤醒后，CPU 将继续执行进入空闲模式语句的下一条指令，之后将进入相应的中断服务子程序。

2. 掉电模式

掉电模式的进入：置位 PD=1，则单片机进入掉电模式，当单片机被唤醒后，该控制位由硬件自动清零。

掉电模式的状态：单片机进入掉电模式后，CPU 及全部外部设备均停止工作，但 SRAM 和 XRAM 中的数据一直维持不变。

掉电模式的退出：通过外部复位 RST 引脚硬件复位唤醒；通过 INT0(P3.2)、INT1(P3.3)、INT2（P3.6）、INT3（P3.7）、INT4（P3.0）、T0（P3.4）、T1（P3.5）、T2（P1.2）、T3（P0.4）、T4（P0.6）、RXD（P3.0/P3.6/P1.6/P4.3）、RXD2（P1.0/P4.6）、RXD3（P0.0/P5.0）、RXD4（P0.2/P5.2）、I2C_SDA（P1.4/P2.4/P3.3）以及比较器中断、低压检测中断唤醒；通过内部掉电唤醒专用定时器唤醒。

当单片机进入空闲模式或者掉电模式后，中断的产生使单片机被唤醒，CPU 将继续执行进入省电模式语句的下一条指令；当下一条指令执行完，是继续执行下一条指令还是进入中断是有一定区别的，所以建议在设置单片机进入省电模式的语句后加几条_nop_语句。

LVDF：低压检测标志位。当系统检测到低压事件时，硬件自动将此位置 1，并向 CPU 提出中断请求。此位需要用户软件清零。

POF：上电标志位。当硬件自动将此位置 1。

SMOD0：帧错误检测控制位。0：无帧错误检测功能；1：使能帧错误检测功能。此时 SCON 的 SM0/FE 为 FE 功能，即为帧错误检测标志位。

GF0、GF1 是通用用户标志 0 和 1，用户可以任意使用。

15.1.2 掉电唤醒寄存器

内部掉电唤醒定时器是一个 15 位的计数器（由 WKTCH[6:0]，WKTCL[7:0]）组成 15 位 ）。用于唤醒处于掉电模式的 MCU。

表 15.2 STC8H8K64U 系列单片机的掉电唤醒寄存器

符号	地址	B7	B6	B5	B4	B3	B2	B1	B0
WKTCL	AAH								
WKTCH	ABH	WKTEN							

WKTEN：掉电唤醒定时器的使能控制位。0：停用掉电唤醒定时器；1：启用掉电唤醒定时器。

如果 STC8H8K64U 系列单片机内置掉电唤醒专用定时器被允许（通过软件将 WKTCH 寄存器中的 WKTEN 位置 1），当 MCU 进入掉电模式后，掉电唤醒专用定时器开始计数，当计数值与用户所设置的值相等时，掉电唤醒专用定时器将 MCU 唤醒。MCU 唤醒后，程序从上次设置单片机进入掉电模式语句的下一条语句开始往下执行。掉电唤醒之后，可以通过读 WKTCH 和 WKTCL 中的内容获取单片机在掉电模式中的睡眠时间。这里读 WKTCH 和 WKTCL，实际上是读其对应的计数器 WKTCH_CNT 和 WKTCL_CNT，WKTCH 和 WKTCH_CNT，WKTCL 和 WKTCL_CNT 的地址相同。

用户在寄存器{WKTCH[6:0]，WKTCL[7:0]}中写入的值必须比实际计数值少 1。如用户需计数 10 次，则将 9 写入寄存器{WKTCH[6:0]，WKTCL[7:0]}中。同样，如果用户需计数 32767 次，则应对{WKTCH[6:0]，WKTCL[7:0]}写入 7FFEH（即 32 766）。计数值 0 和计数值

32 767 为内部保留值，用户不能使用。内部掉电唤醒定时器有自己的内部时钟，掉电唤醒定时器计数一次的时间就是由该时钟决定的。内部掉电唤醒定时器的时钟频率约为 32 kHz，误差较大。用户可以通过读 RAM 区 F8H 和 F9H 的内容（F8H 存放频率的高字节，F9H 存放低字节）来获取内部掉电唤醒专用定时器出厂时所记录的时钟频率。

掉电唤醒专用定时器计数时间的计算公式如下：

$$掉电唤醒定时器定时时间 = 10^6 \times 16 \times 计数次数/F_{wt}（\mu s）$$

F_{wt}——RAM 区 F8H 和 F9H 获取到的内部掉电唤醒专用定时器的时钟频率。

假设 F_{wt}=32 kHz，则有：

{WKTCH[6:0],WKTCL[7:0]}	掉电唤醒专用定时器计数时间
1	$10^6 \div 32K \times 16 \times (1 + 1) \approx 1$ ms
9	$10^6 \div 32K \times 16 \times (1 + 9) \approx 5$ ms
99	$10^6 \div 32K \times 16 \times (1 + 99) \approx 50$ ms
999	$10^6 \div 32K \times 16 \times (1+999) \approx 0.5$ s
4 095	$10^6 \div 32K \times 16 \times (1 + 4095) \approx 2$ s
32 766	$10^6 \div 32K \times 16 \times (1 + 32767) \approx 16$ s

从上表中可以看到，内部唤醒定时器最长的定时时间是 16 s 左右。说明单片机进入掉电模式后，如果开启了掉电唤醒定时器，则最长时间 16 s 就要唤醒。

【范例 1】 读取内部掉电唤醒定时器的时钟频率，设置调电时间为 10 s。正常工作时候，单片机每秒通过串口输出一串信息，单片机工作 5 s 便就进入掉电模式。

初始化程序如下：

```
#define    WakeTimerSet(scale) WKTCL = (scale) % 256,WKTCH = (scale) / 256 | 0x80
void    test15(void)
{
        uint32_t    freq = 0;
        uint16_t    scale = 0;
        uint8_t     wktch,wktcl;
        uint8_t    idata * pData = 0xF8;           //要明确指定 idata 区域
        wktch = *(pData + 0);                       // 0x78 地址空间
        wktcl = *(pData + 1);                       // 0x79 地址空间
        freq = (wktch * 256 + wktcl);
        printf("freq = %lu Hz\r\n ",freq);
        scale = 10 * freq    / 16 - 1;             // 写入寄存器值比实际值少 1
        WakeTimerSet(scale);                        // 使能掉电唤醒定时器并赋值
}
```

1 s 定时器任务如下：

```
void task1(void * param)
```

```
{
    param = param;
    printf("单片机在工作!\r\n");
}
```

5 s 定时器任务如下：

```
#define    MCU_POWER_DOWN()  PCON |= 2            /* MCU 进入掉电模式 */
void   task2(void * param)
{
    param = param;
    MCU_POWER_DOWN();                            // 进入掉电模式
    _nop_();_nop_();_nop_();
    _nop_();_nop_();
}
```

图 15.1 是串口输出结果，从结果中可以看到，内部掉电唤醒定时器时钟频率为
34 425 Hz，工作 5 s 之后，会掉电 10 s，再工作 5 s，
跟预想效果一致，说明程序正确。

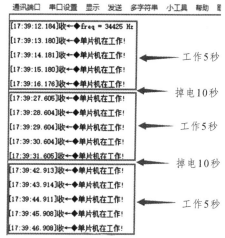

图 15.1　串口输出结果

15.2　可靠性设计

STC8H8K64U 系列单片机的复位分为硬件复位
和软件复位两种。硬件复位时，所有的寄存器的值会
复位到初始值，系统会重新读取所有的硬件选项。同
时根据硬件选项所设置的上电等待时间进行上电等
待。硬件复位主要包括：

- 上电复位，1.7 V 附近；
- 低压复位，LVD-RESET（2.0 V、2.4 V、2.7 V、
3.0 V 附近）；
- 复位脚复位（低电平复位）；
- 看门狗复位。

软件复位时，除与时钟相关的寄存器保持不变外，其余的所有寄存器的值会复位到初始
值，软件复位不会重新读取所有的硬件选项。软件复位主要包括：

- 写 IAP_CONTR 的 SWRST 所触发的复位。

15.2.1　看门狗复位（WDT_CONTR）

在工业控制/汽车电子/航空航天等需要高可靠性的系统中，为了防止"系统在异常情况
下，受到干扰，MCU/CPU 程序跑飞，导致系统长时间异常工作"，通常是引进看门狗，如果
MCU/CPU 不在规定的时间内按要求访问看门狗，就认为 MCU/CPU 处于异常状态，看门狗

就会强制 MCU/CPU 复位，使系统重新从头开始执行用户程序。

STC8H8K64U 系列的看门狗复位是热启动复位中的硬件复位之一。看门狗复位状态结束后，系统固定从 ISP 监控程序区启动，与看门狗复位前 IAP_CONTR 寄存器的 SWBS 设置无关。图 15.2 所示为看门狗控制寄存器。

符号	地址	B7	B6	B5	B4	B3	B2	B1	B0
WDT_CONTR	C1H	WDT_FLAG	—	EN_WDT	CLR_WDT	IDL_WDT	WDT_PS[2:0]		

图 15.2 看门狗控制寄存器

WDT_FLAG：看门狗溢出标志。看门狗发生溢出时，硬件自动将此位置 1，需要软件清零。

EN_WDT：看门狗使能位。0：对单片机无影响；1：启动看门狗定时器。看门狗定时器可使用软件方式启动，也可硬件自动启动，一旦硬件启动看门狗定时器后，软件将无法关闭，必须对单片机进行重新上电才可关闭。软件启动看门狗只需要对 EN_WDT 位写 1 即可。若需要硬件启动看门狗，则需要在 ISP 下载时进行如图 15.3 所示的设置。

CLR_WDT：看门狗定时器清零。0：对单片机无影响；1：清零看门狗定时器，硬件自动将此位复位。

IDL_WDT：IDLE 模式时的看门狗控制位。0：IDLE 模式时看门狗停止计数；1：IDLE 模式时看门狗继续计数。

WDT_PS[2:0]：看门狗定时器时钟分频系数。

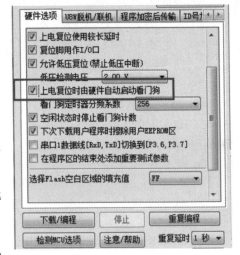

图 15.3 硬件启动看门狗配置

WDT_PS[2:0]	分频系数	12M 主频时的溢出时间	20M 主频时的溢出时间
000	2	≈ 65.5 ms	≈ 39.3 ms
001	4	≈ 131 ms	≈ 78.6 ms
010	8	≈ 262 ms	≈ 157 ms
011	16	≈ 524 ms	≈ 315 ms
100	32	≈ 1.05 s	≈ 629 ms
101	64	≈ 2.10 s	≈ 1.26 s
110	128	≈ 4.20 s	≈ 2.52 s
111	256	≈ 8.39 s	≈ 5.03 s

看门狗溢出时间计算公式：看门狗溢出时间 $= 12 \times 32768 \times 2^{(\text{WDT\_PS}[2:0]+1)}/\text{SYSclk}$。从公式中看，看门狗定时器就是一个 15 位的计数器，计数从 0 到 32 767，再次计数则溢出，故总共计数 32 768 次。上述公式理解为：系统时钟 12 分频后，再由看门狗定时器进行进一步分频，然后进行计数，在溢出之前如果不对看门狗定时器清零，则会发生溢出，系统复位。

为了方便看门狗定时器相关寄存器的配置，定义如下结构体类型。

```c
typedef struct
{
    uint8_t    WDT_Enable;      //看门狗使能，ENABLE，DISABLE
    uint8_t    WDT_IDLE_Mode;   //IDLE 模式停止计数，WDT_IDLE_STOP，WDT_IDLE_RUN
    uint8_t    WDT_PS;          //看门狗定时器时钟分频系数
} WDT_InitTypeDef;
```

结构体初始化函数如下：

```c
#define   D_EN_WDT            (1<<5)
#define   WDT_PS_Set(n) WDT_CONTR = (WDT_CONTR & ~0x07) | (n & 0x07)    // 时钟分频系
数设置
void WDT_Init(WDT_InitTypeDef *WDT)
{
    if(WDT->WDT_Enable == ENABLE)   WDT_CONTR = D_EN_WDT;   //使能看门狗
    WDT_PS_Set(WDT->WDT_PS);                                //看门狗定时器时钟分频系数
    if(WDT->WDT_IDLE_Mode == WDT_IDLE_STOP) WDT_CONTR &= ~0x08;
                                                           //IDLE 模式停止计数
    else                        WDT_CONTR |= 0x08;   //IDLE 模式继续计数
}
```

看门狗的喂狗函数如下：

```c
void WDT_Clear (void)
{
    WDT_CONTR |= D_CLR_WDT;     // 喂狗
}
```

【范例 2】   设定看门狗喂狗时间为 2.097 2 s 以内，定时器任务 1 s 喂 1 次狗，喂狗 5 次之后，不再喂狗。观察超过 2.097 2 s 之后，程序应该重新启动。选定系统时钟为 24 MHz，对应看门狗分频系数为 6 时，看门狗溢出时间为 2.097 2 s。

```c
void test15_new(void)
{
    WDT_InitTypeDef WDT_InitTypeSturct;
    WDT_InitTypeSturct.WDT_Enable = ENABLE;            //看门狗使能，ENABLE，DISABLE
    WDT_InitTypeSturct.WDT_IDLE_Mode = WDT_IDLE_STOP;  //IDLE 模式停止计数
    WDT_InitTypeSturct.WDT_PS = WDT_SCALE_128;         //看门狗定时器时钟分频系数
    WDT_Init(&WDT_InitTypeSturct);
    printf("开始!\r\n");
}
```

1 s 定时器任务如下：

```c
void   task3(void * param)
{
```

```
        static uint8_t feedDog = 1;

        param = param;

        if(feedDog<6)

        {

            WDT_Clear();          // 喂狗

            printf(" 喂狗  %bd  次\r\n",feedDog);

        }

        else

        {

            printf(" 不喂狗  %bd  次\r\n",feedDog-5);

        }

        feedDog++;

    }
```

输出结果如图 15.4 所示。

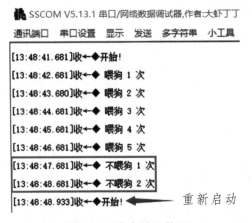

图 15.4　输出结果截图

从图 15.4 中可以清楚看到，喂狗 5 次之后到重新启动花费了 2.252 s，超过了 2.097 2 s，所以会重新启动。在 2.097 2 s 内，只能输出了 2 次不喂狗信息。

15.2.2　软件复位

符号	地址	B7	B6	B5	B4	B3	B2	B1	BO
IAP_CONTR	C7H	IAPEN	SWBS	SWRST	CMD_FAIL	—	—	—	—

IAP_CONTR 特殊功能寄存器

SWBS：软件复位启动选择。0：软件复位后从用户程序区开始执行代码。用户数据区的数据保持不变；1：软件复位后从系统 ISP 区开始执行代码。用户数据区的数据会被初始化。

SWRST：软件复位触发位。0：对单片机无影响；1：触发软件复位。

IAPEN 和 CMD_FAIL 是 EEPROM 相关控制位。

【范例 3】　单片机每秒输出正常工作信息，过 5 s 后，显示"软件重启"信息并执行软件复位重启，代码如下：

```
#define    SOFT_RESET_START()   IAP_CONTR |= IAP_SWRST        // 开始软件启动
void task1(void * param)
{
    static   uint8_t   i = 1;
    param = param;
    if(i<6)
    {
        printf("正常工作 %bd 秒 \r\n",i++);
    }
    else
    {
        printf("软件重启\r\n");
        delay(100);
        SOFT_RESET_START();                    // 开始软件启动
    }
}
```

串口输出结果如图 15.5 所示。

图 15.5　串口输出结果

从图 15.5 所示结果中看到，正常输出 5 次之后，输出"软件重启"信息，并开始重启。

15.2.3　低压复位

符号	地址	B7	B6	B5	B4	B3	B2	B1	B0
RSTCFG	FFH	—	ENLVR	—	P54RST	—	—	LVDS[1:0]	

P54RST：RST 管脚功能选择。0：RST（P54）管脚用作普通 I/O 口；1：RST 管脚用作复位脚（低电平复位）。

图 15.6 是低压复位电路，在软件中可以设置 P54RST 为 1，则 RST 管脚检测到低电平后，

就会复位从系统 ISP 区开始执行代码。

如果不在程序中，通过软件设置 P54RST 为 1，可以在 STC_ISP 下载软件时候，不勾选
"复位脚用作 I/O 口"，也能够设置 P54 为复位管脚功能。如图 15.7 所示。如果此处勾选"复
位脚用作 I/O 口"，在程序中又软件设置 P54RST 为 1，则相当于在程序中把该功能重置了，
所以，P54 还是复位功能而不是普通 I/O 口功能。

图 15.6　硬件复位电路

图 15.7　复位管脚功能设置

ENLVR：低压复位控制位。0：禁止低压复位。当系统检测到低压事件时，会产生低压
中断；1：使能低压复位。当系统检测到低压事件时，自动复位。

LVDS[1:0]：低压检测门槛电压设置。LVDS[1:0] = 00、01、10、11 时候，分别对应 1.9 V、
2.3 V、2.8 V、3.7 V。

【范例 4】　断电时候，将数据保存到 EEPROM 中，开机时候读出保存数据并显示。

```
#define     LVD_InterruptEnable()      ELVD = 1
void    test15_lvds(void)
{
printf("开始\r\n");
EEPROM_read_n(0,&power_down,1);          // 从 EEPROM 读取断电数据
EEPROM_SectorErase(0);                   // 擦除扇区耗时,方便低压中断保存数据
if(power_down==0xFF)
{
    printf("还没有写入 EEPROM\r\n");
}
else
{
    printf("断电 %bu 次\r\n",power_down++);
}
LVD_InterruptEnable();    // 使能低压中断,必须放到子函数最后,或者 while（1）前面,否则有问题
}
```

低压复位中断函数如下，在 STC_ISP 软件中，不勾选"允许低压复位"选项。

```
#define          LVDF              (1<<5)                    // 低压检测标志
#define     RESET_LVDF_BIT()        PCON &= ~LVDF            // 清零低压检测标志位
void   LVD_ISR(void)   interrupt LVD_VECTOR                  // 低压复位中断
{
if(0xFF == power_down)
{
     power_down = 1;
}
EEPROM_write_n(0,&power_down,1);
RESET_LVDF_BIT();              // 清零低压检测标志位

}
```

输出结果如图 15.8 所示，输出结果与预想一致。

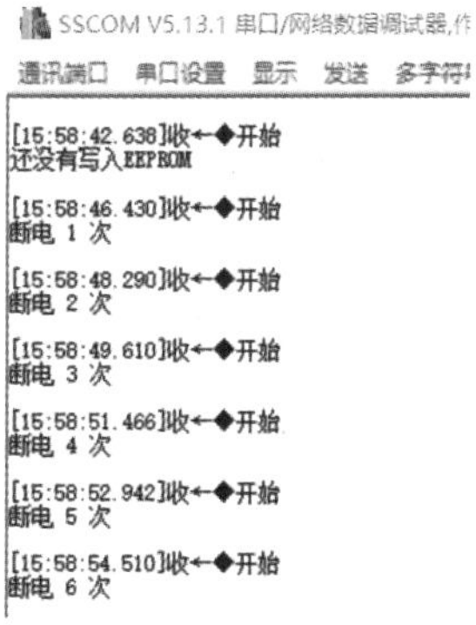

图 15.8　输出结果显示

参考文献

[1] 丁向荣. 单片微机原理与接口技术——基于 STC8H8K64U 系列单片机[M]. 北京：电子工业出版社，2021.

[2] 李友全. 51 单片机轻松入门——基于 STC15W4K 系列[M]. 北京：北京航空航天大学出版社，2015.

[3] 何宾. STC8 系列单片机开发指南[M]. 北京：电子工业出版社，2018.

[4] 刘火良. STM32 库开发实战指南：基于 STM32F103[M]. 2 版. 北京：机械工业出版社，2017.

[5] 丁向荣. 单片机应用系统与开发技术项目教程[M]. 2 版. 北京：清华大学出版社，2022.

[6] 刘永立. 单片机技术应用开发[M]. 北京：中国财富出版社，2017.